# 计算机科学与技术专业核心教材体系建设——建议使用时间

| 课程系列 | 基础系列 | 电类系列 | 程序系列 | 系统系列 | 应用系列 | 选修系列 |
|---|---|---|---|---|---|---|
| 四年级下 | | | | | | |
| 四年级上 | | | 软件工程综合实践 | 计算机体系结构 | 计算机图形学 | 机器学习<br>物联网导论<br>大数据分析技术<br>数字图像技术 |
| 三年级下 | | | 软件工程<br>编译原理 | | 人工智能导论<br>数据库原理与技术<br>嵌入式系统 | |
| 三年级上 | | | 算法设计与分析 | 计算机网络 | | |
| 二年级下 | | | 数据结构 | 计算机系统综合实践 | | |
| 二年级上 | 离散数学(下) | 数字逻辑设计<br>数字逻辑设计实验 | 面向对象程序设计<br>程序设计实践 | 操作系统 | | |
| 一年级下 | 离散数学(上)<br>信息安全导论 | 电子技术基础 | 计算机程序设计 | 计算机原理 | | |
| 一年级上 | 大学计算机基础 | | | | | |

面向新工科专业建设计算机系列教材

# 操作系统

罗 宇◎编著

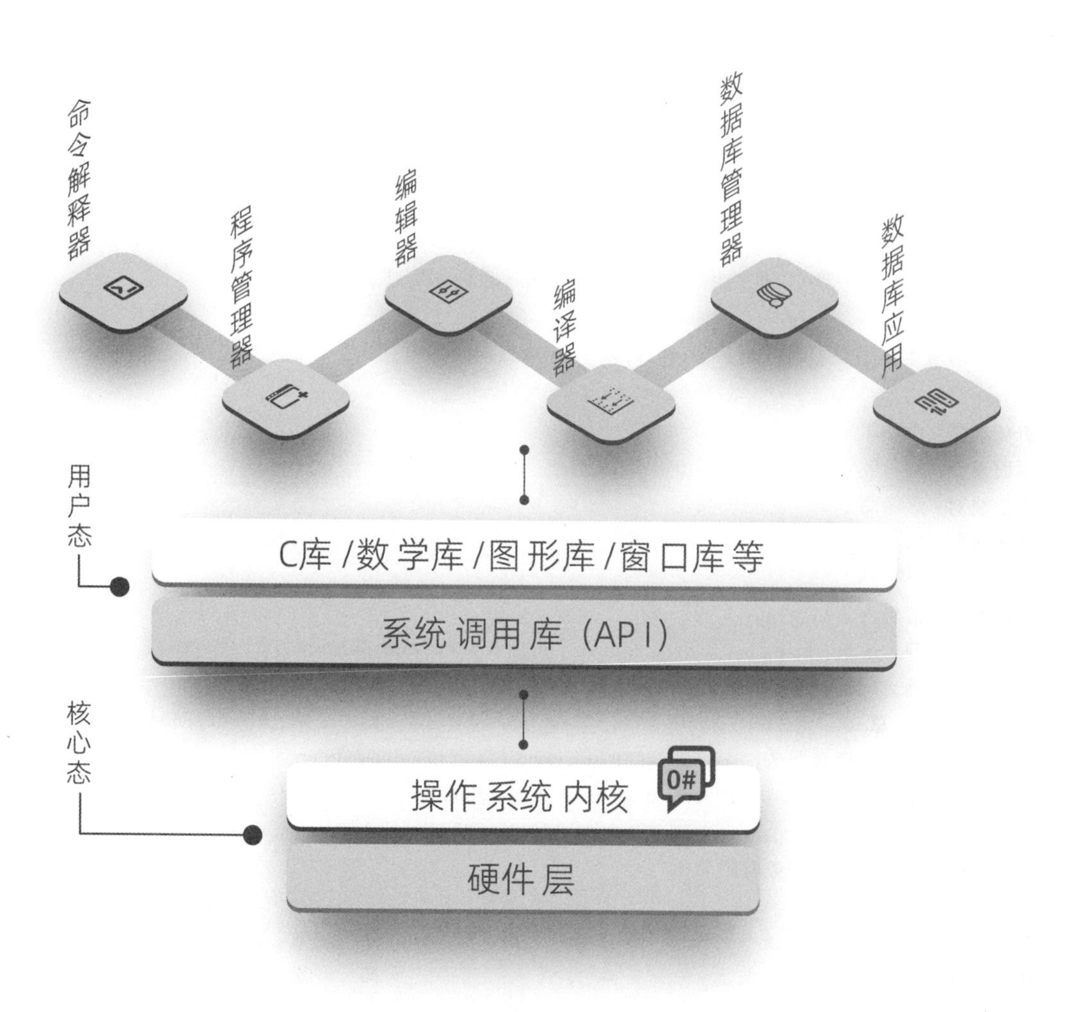


清華大学出版社
北京

## 内容简介

本书是以操作系统核心内容为基础，以操作系统考研大纲为边界，以操作系统技术发展演进为线索编写的操作系统学习及考研指导教材。操作系统作为计算机系统的核心系统软件，负责管理和控制计算机系统的资源并组织用户以进程为单位高效协调地使用这些资源。本书从支持多道程序并发执行机制出发，以操作系统进程管理、存储管理、I/O管理及文件系统功能模块为主线，介绍操作系统的概念、功能、组成、处理流程等内容。本书主要内容包括：操作系统概述，操作系统运行机制与用户接口，进程与处理器管理，同步互斥与通信、死锁，存储管理，设备管理，文件系统。附录提供与课程配套的实验参考资料。每章后面有核心知识点、问题与思考。

本书可作为高等学校计算机大类相关专业教材和考研参考书，也可供从事计算机系统研究、开发、维护和应用的专业人员阅读。



**图书在版编目(CIP)数据**

操作系统/罗宇编著. —北京：清华大学出版社，2023.1
面向新工科专业建设计算机系列教材
ISBN 978-7-302-62344-1

Ⅰ. ①操… Ⅱ. ①罗… Ⅲ. ①操作系统—高等学校—教材 Ⅳ. ①TP316

中国版本图书馆 CIP 数据核字(2022)第 253744 号

**责任编辑**：白立军　薛　阳
**封面设计**：刘　乾
**责任校对**：焦丽丽
**责任印制**：宋　林

**出版发行**：清华大学出版社
　**网　　址**：http://www.tup.com.cn，http://www.wqbook.com
　**地　　址**：北京清华大学学研大厦A座　　**邮　　编**：100084
　**社 总 机**：010-83470000　　**邮　　购**：010-62786544
　**投稿与读者服务**：010-62776969，c-service@tup.tsinghua.edu.cn
　**质量反馈**：010-62772015，zhiliang@tup.tsinghua.edu.cn
　**课件下载**：http://www.tup.com.cn，010-83470236
**印 装 者**：三河市铭诚印务有限公司
**经　　销**：全国新华书店
**开　　本**：185mm×260mm　**印　　张**：16.25　**插　　页**：1　**字　　数**：377千字
**版　　次**：2023年1月第1版　**印　　次**：2023年1月第1次印刷
**定　　价**：49.80元

产品编号：091099-01

# 出版说明

## 一、系列教材背景

人类已经进入智能时代,云计算、大数据、物联网、人工智能、机器人、量子计算等是这个时代最重要的技术热点。为了适应和满足时代发展对人才培养的需要,2017年2月以来,教育部积极推进新工科建设,先后形成了"复旦共识""天大行动"和"北京指南",并发布了《教育部高等教育司关于开展新工科研究与实践的通知》《教育部办公厅关于推荐新工科研究与实践项目的通知》,全力探索形成领跑全球工程教育的中国模式、中国经验,助力高等教育强国建设。新工科有两个内涵:一是新的工科专业;二是传统工科专业的新需求。新工科建设将促进一批新专业的发展,这批新专业有的是依托于现有计算机类专业派生、扩展而成的,有的是多个专业有机整合而成的。由计算机类专业派生、扩展形成的新工科专业有计算机科学与技术、软件工程、网络工程、物联网工程、信息管理与信息系统、数据科学与大数据技术等。由计算机类学科交叉融合形成的新工科专业有网络空间安全、人工智能、机器人工程、数字媒体技术、智能科学与技术等。

在新工科建设的"九个一批"中,明确提出"建设一批体现产业和技术最新发展的新课程""建设一批产业急需的新兴工科专业"。新课程和新专业的持续建设,都需要以适应新工科教育的教材作为支撑。由于各个专业之间的课程相互交叉,但是又不能相互包含,所以在选题方向上,既考虑由计算机类专业派生、扩展形成的新工科专业的选题,又考虑由计算机类专业交叉融合形成的新工科专业的选题,特别是网络空间安全专业、智能科学与技术专业的选题。基于此,清华大学出版社计划出版"面向新工科专业建设计算机系列教材"。

## 二、教材定位

教材使用对象为"211工程"高校或同等水平及以上高校计算机类专业及相关专业学生。

## 三、教材编写原则

(1) 借鉴 *Computer Science Curricula* 2013(以下简称 CS2013)。CS2013 的核心知识领域包括算法与复杂度、体系结构与组织、计算科学、离散结构、图形学与可视化、人机交互、信息保障与安全、信息管理、智能系统、网络与通信、操作系统、基于平台的开发、并行与分布式计算、程序设计语言、软件开发基础、软件工程、系统基础、社会问题与专业实践等内容。

(2) 处理好理论与技能培养的关系,注重理论与实践相结合,加强对学生思维方式的训练和计算思维的培养。计算机专业学生能力的培养特别强调理论学习、计算思维培养和实践训练。本系列教材以"重视理论,加强计算思维培养,突出案例和实践应用"为主要目标。

(3) 为便于教学,在纸质教材的基础上,融合多种形式的教学辅助材料。每本教材可以有主教材、教师用书、习题解答、实验指导等。特别是在数字资源建设方面,可以结合当前出版融合的趋势,做好立体化教材建设,可考虑加上微课、微视频、二维码、MOOC 等扩展资源。

## 四、教材特点

### 1. 满足新工科专业建设的需要

系列教材涵盖计算机科学与技术、软件工程、物联网工程、数据科学与大数据技术、网络空间安全、人工智能等专业的课程。

### 2. 案例体现传统工科专业的新需求

编写时,以案例驱动,任务引导,特别是有一些新应用场景的案例。

### 3. 循序渐进,内容全面

讲解基础知识和实用案例时,由简单到复杂,循序渐进,系统讲解。

### 4. 资源丰富,立体化建设

除了教学课件外,还可以提供教学大纲、教学计划、微视频等扩展资源,以方便教学。

## 五、优先出版

### 1. 精品课程配套教材

主要包括国家级或省级的精品课程和精品资源共享课的配套教材。

### 2. 传统优秀改版教材

对于已经出版、得到市场认可的优秀教材,由于新技术的发展,计划给图书配上新的教学形式、教学资源的改版教材。

**3. 前沿技术与热点教材**

反映计算机前沿和当前热点的相关教材，例如云计算、大数据、人工智能、物联网、网络空间安全等方面的教材。

## 六、联系方式

联系人：白立军

联系电话：010-83470179

联系和投稿邮箱：bailj@tup.tsinghua.edu.cn

面向新工科专业建设计算机系列教材编委会

2019 年 6 月

# 面向新工科专业建设计算机系列教材编委会

FOREWORD

# 前言

本书尝试从问题出发，从技术发展和演进的角度给读者描述操作系统最核心的知识点。

操作系统是计算机上的核心系统软件，它负责控制和管理整个计算机系统的资源并组织用户以进程为单位高效协调使用这些资源，使计算机各部件极大程度地并行运行。操作系统课程是计算机大类专业的核心课程。随着计算机技术的发展，各类嵌入式系统得到广泛应用，其他相关专业也相继把操作系统作为一门重要的必修或选修课程。

本书阐述了操作系统的基本工作原理及设计方法，以多道程序技术为基础，以通用操作系统主要功能模块为主线，介绍操作系统的概念、组成、功能、处理流程、设计等内容。

本书主要素材来自作者主编的“十二五”普通高等教育本科国家级规划教材。作者长期从事计算机操作系统设计开发和操作系统教学工作，根据近40年的银河系列机操作系统开发经验和教学实践积累，参考了国内外近几年出版的教材和文献，并结合科研及开发工作对操作系统教学的要求，注意到当前我国计算机教育操作系统课程学时减少的现实情况，参考了全国硕士研究生入学统一考试操作系统大纲，精心编写了本书，剔除了传统操作系统教科书已无实际使用价值的内容，加强实用操作系统的典型处理方法，使本书的内容具有先进性及实用性。

本书章节布局主要以知识点逻辑结构为框架，在每章末尾增加了问题与解题思路环节，有利于以问题为抓手引出解决问题的技术，从另一个维度描述了知识点的关联性，通过提出问题，把解决问题的有关知识点串联起来，起到启发学生寻找解决问题方法的作用。

教材内容：

第1章介绍操作系统的构成、简史及现状。

第2章介绍操作系统的运行机制、API和用户操作界面。

第3章介绍进程管理及线程的基本思想。

第4章介绍并发编程及死锁。

第5章介绍存储管理。

第6章介绍设备管理。

第7章介绍文件系统。

附录提供了可参考的课程实验及实验用其他参考资料。

本书适于32～48学时的课堂教学。建议在讲前3章时布置多进程(或多线程)编程实验,穿插讲解习题及课程实验内容。本课程更多资源(含教学视频、教学课件、教学大纲、习题、问答、试题等)可参看爱课程网站罗宇老师的国家精品资源共享课“操作系统”。

本书可作为高等院校计算机大类操作系统课教材,也可以作为操作系统考研的参考书。书中疏漏及不足之处恳请专家、读者指正。

作者可为任课老师提供课件,联系电话13973116559。

作　者

于长沙·国防科技大学计算机学院

2022年10月

CONTENTS

# 目录

第1章

# 操作系统概述

操作系统是计算机系统及智能嵌入式设备不可或缺的基础软件，是系统资源的管理、调度、控制中心。一方面，操作系统为用户提供操作使用环境、为用户程序提供系统公共服务；另一方面，操作系统采用合理有效的方法组织多个任务共享计算机的各种资源，最大限度地提高资源的利用率。

本章将介绍操作系统组成及操作系统在计算机系统中的地位和作用，讨论操作系统服务接口"系统调用"、所管资源的使用方式及为满足资源高效利用所支持的任务并发运行机制。通过阐述操作系统历史的演变过程，读者将对操作系统的有关概念及技术的产生和发展有一定了解，以培养读者基于硬件技术进步及应用需求引领来设计操作系统功能模块的能力。

## 1.1 操作系统概念

众所周知，中央处理器(CPU)、主存、磁盘、终端、网卡等硬件资源通过主板连接构成了看得见、摸得着的计算机硬件系统。为了能使这些硬件资源高效地、尽可能并行地被用户程序使用，也为了给用户程序提供易用的访问这些硬件资源及存放于磁盘上的程序或数据等软件资源的方法，必须为计算机配备操作系统。

操作系统的作用是高效管理计算机的处理器、主存、外部设备等硬件资源，及存放于存储设备的文件等软件资源，并组织用户多个任务(以进程或线程的形式)同时或分时使用这些资源。

资源的有效利用及资源使用的便利性是操作系统要实现的两个重要目标。为此，操作系统对资源的管理原则是尽可能共享、减少闲置时间。另外，操作系统提供专门的"系统调用"接口方便上层用户程序调用系统提供的服务，来使用这些资源，提供专门的命令行或窗口用户界面供用户启动各种任务程序。

操作系统要管理的资源主要有处理器、主存、外部设备及外存空间(文件)。操作系统管理着这些资源，对应的程序模块是进程管理、存储管理、设备管理及文件系统，这些模块向上层软件以系统调用的方式提供了资源使用服务。

### 1.1.1 系统的软件构成

计算机系统的软件层次及构成如图1.1所示。

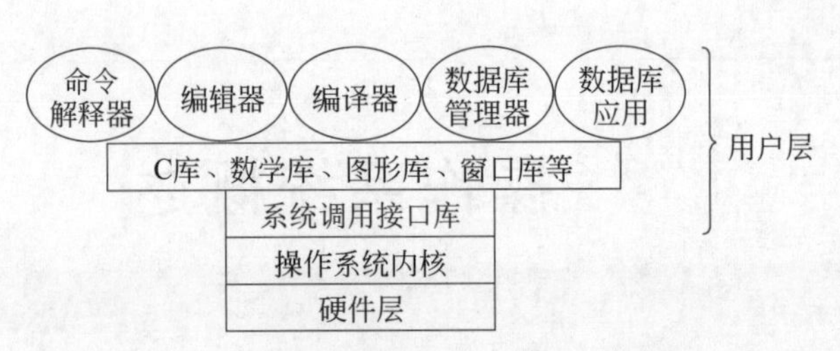


图 1.1 计算机系统的软件层次及构成

当用户在计算机中安装操作系统时，如图 1.1 所示的操作系统内核、命令解释器、编辑器、编译器、各种库程序，甚至数据库管理器、Web 服务器等都从安装介质复制到了计算机系统的磁盘上。

命令解释器是必不可少的一个程序，用户通过它输入命令行来使用计算机系统。注意，在提供窗口界面的系统中，用户通过与命令解释器功能对等的**程序管理器**，如 Windows 的 explorer.exe，来使用计算机。

在现代操作系统实现中，命令解释器程序没有作为操作系统内核的组成部分，但它是不可缺少的，用户在终端输入的命令就是由命令解释器程序接收并解释执行的。其他的操作系统内核层之上的程序则是根据计算机的功能定位而选择安装的。如果将计算机定位成程序开发用的工作站，那么用户必须安装编辑器进行程序编辑，并安装编译器进行程序编译。如果把计算机作为一个网络上的 Web 服务器，那么必须安装 Web 服务器程序。这些在操作系统内核层之上的程序，不管是命令解释器、Web 服务器或用户自编的程序，都是作为任务，通过操作系统提供的进程机制来运行的。

狭义上，操作系统只包含如图 1.1 所示的**操作系统内核**，它是一个非常重要的系统程序，管理着系统中所有的公共资源，并提供程序运行的进程/线程机制。由于操作系统内核工作的重要性、特殊性，它必须在一种特殊的保护状态下运行，以免受到上层程序的干扰和破坏。它提供一组称为**系统调用**的接口，供上层程序调用，从而保证操作系统内核在特殊保护状态下运行，并且满足上层程序对系统资源的申请、使用、释放以及进程的创建、结束等诸多服务的调用。

图 1.1 中的各种库程序实际上就是一些可以重用的、公用的子程序，它们提供形形色色的功能。系统提供这些库程序是为了方便用户编程，用户不必为了实现一个通用的功能再重写程序代码，而只要引用库程序中的函数即可。库程序可以看成一些通用的、公共的程序集合，可以是复杂的计算函数，也可以是进一步调用操作系统内核提供的资源服务实现的复合功能的函数，如 C 库中的 printf()函数，它就需要进一步调用 write 系统调用完成数据输出。

### 1.1.2 系统调用

从图 1.1 可以看出，操作系统内核位于计算机硬件之上。操作系统内核为用户层程序提供服务，这些服务以系统调用方式提供。系统调用与普通函数调用有相似性，但又有特殊性。操作系统内核提供了一些可以被任意用户层程序调用的涉及所管资源使用的公共服务，所以用户不需要再编写实现这些服务功能的程序，只要调用操作系统提供相应的"系统调用"函数即可。

要特别注意系统调用的特殊性，即系统调用处理程序运行在一种特殊的保护状态(核心态)下。在这种状态下，程序可以执行一些特权指令，访问用户层程序访问不到的系统存储空间。

系统调用之所以具有这样的特殊性，是因为系统调用服务程序涉及系统资源的操作，不应该被不信任的用户程序以普通函数调用方式调用，以免出现操作系统内核被破坏。系统调用指令中没有要调用的函数地址，在转到一个约定的固定地址后，靠系统调用号来区别转到不同的内核函数运行，这样可以杜绝地址出错引起操作系统内核崩溃。图 1.1 中的系统调用接口库中的函数中就包含**系统调用指令**，即所谓的"trap"指令，由它转入操作系统内核程序，而上层的用户程序只需要按照普通函数调用来调用系统调用库中的函数即可，这样做的目的是方便高级语言编程者编程。

哪些程序作为普通库函数，哪些程序必须作为系统调用呢？举例来说，求$\sqrt{x}$的值是许多用户程序都要做的工作，可以把它作为一个公共子程序实现。那么它需要作为系统调用在操作系统内核实现吗？回答是否定的。虽然计算$\sqrt{x}$需要许多条机器指令来实现，但因为它只是纯计算，不涉及系统的其他共享资源，因此可以把它作为数学函数库中的子程序来实现。

计算机都使用磁盘来存放系统或用户的程序及数据，存放在磁盘中的程序或数据称为文件。当一个用户程序要访问某个文件中的某段信息的时候，需要知道这段信息存放在磁盘的哪个扇区中，需要向磁盘控制器发送读扇区的请求，需要查看扇区信息是否已经读入主存。如果这些操作都交给用户来编程，不仅复杂，而且重复。因此，操作系统给用户提供一个简单的统一的文件操作界面，即每个文件可以按照读/写方式打开，然后进行读/写操作，最后关闭文件。用户无须知道磁盘是怎么工作的、如何读/写数据，也不需要知道要读/写的数据放在磁盘的哪个扇区中，只需要知道读/写哪个文件的哪一段数据即可，利用这个简单的文件操作界面就可以与磁盘进行数据交换。至于确定文件信息在哪个扇区中、如何读这个扇区，则由操作系统的 read 系统调用处理程序及下层的文件系统模块、磁盘驱动程序来实现。因为磁盘和文件属于共享资源，对其操作的程序属于操作系统内核程序，需要通过对应的系统调用接口来调用并运行。

### 1.1.3　资源共享

计算机由处理器、主存、辅存、终端设备、网络设备等硬件资源组成。处理器提供程序执行能力；主存、辅存提供程序和数据的存储能力；终端设备提供人机交互能力；网络设备提供机间通信能力。这些硬件资源要能被计算机用户高效地使用，必须有适合每种硬件资源特点的资源分配和使用机制。

为使硬件资源充分利用，必须允许多用户或单用户以多任务方式同时使用计算机，以便让不同的资源由不同的用户任务同时使用，减少资源的闲置时间。例如，当一个用户任务将文件内容从磁盘向主存的缓冲区读出时，另一个用户任务可以让自己的程序在处理器上运行。这样，处理器、主存、磁盘同时工作，也就提高了资源利用率。

要让每种资源被多用户任务充分利用，就需要研究每种资源的特点。对于单处理器来说，它只能执行一个指令流。如果多个用户任务都要使用它，那只有让多个用户任务的程序分时地在处理器上运行，也就是说，处理器交替地运行多个用户任务中的程序。这意味着，操作系统要合理调度多用户任务使用处理器。存储设备为程序和数据提供存放空间，只要多个用户的程序和数据按照规定的位置存放，互不交叉占用，它们是可以共存的，操作系统要做的事就是管理存储空间，把适用的空间分配给用户的程序和数据使用，当用户任务访问这些程序和数据时要能够找到它们。

针对不同资源特点，资源管理包含两种资源共享使用的方法："时分"和"空分"。

(1) **时分**就是由多个用户进程分时地使用该资源。多任务分时地在处理器上运行，我们称任务在处理器上**并发**运行。还有很多其他的资源也必须分时地使用，如设备控制器等，这些控制部件包含控制 I/O 的逻辑，必须分时地使用。

(2) **空分**是针对存储资源而言，存储资源的空间可以被多个用户进程共同以不同空间各自占用的方式使用。

在时分共享使用的资源当中，有如下两种不同的使用方法。

(1) **独占式**使用。独占表示某用户任务必须占用资源执行对资源的多个操作，得到一个逻辑完整的结果。例如，如果多用户任务使用打印机，那么对打印机的独占式使用是指多用户任务一定是轮流地使用该打印机的，每个用户任务使用打印机时，执行了多条打印指令，打印了一个完整的对象(如完整的文件)。这里，每个用户任务要执行多条打印指令，为了不让多条打印指令在执行过程中被别的打印任务中断，用户任务需要在执行打印指令前申请独占该打印机资源，执行完所有打印指令后再释放。这种方式的使用，实质上就是互斥使用。

(2) **非独占式**使用。这种共享使用是指用户任务占用该资源无须得到一个逻辑上的完整的结果，或者说一次使用就是一个逻辑完整的结果。例如，对处理器的使用，用户任务随时都可以被剥夺处理器，只要运行现场保存好了，下次该用户任务再次占用处理器时就可以恢复现场继续运行。

操作系统应针对不同的资源类型，实现不同的资源分配和使用策略，并为资源分配、释放、使用提供相应的系统调用接口。

### 1.1.4 并发运行机制

用户要实现各种任务，必须执行相应的程序。用处理器来执行程序，用程序驱动外部设备来进行数据交换。用户的意图由程序及程序的输入参数表示出来，为了实现用户意图，必须让实现相应功能的程序执行；为了能让程序执行，需要由操作系统给程序及程序数据安排存放空间；为了能提高资源利用率，增加并发度，还必须让多个用户程序能分时占用处理器；为了能够让一个程序还没运行完就让另一个程序占用处理器运行，就必须保存上一个程序的运行现场。因此，必须要对实现各种用户意图的各个程序的执行过程进行描述和控制。

说明程序执行的状态、现场、标识等各种信息，有选择地调度某个程序占用处理器运行，这些工作必须由操作系统完成，这也是为了实现程序对处理器的分时轮流使用。

操作系统一般用**进程**(或线程)机制来实现程序的执行。

进程是指程序的执行,即程序针对某个数据集合的处理过程。操作系统的**进程调度程序**选择进程到处理器上运行。操作系统为用户提供进程创建和结束等的系统调用功能,使用户能够创建新进程以运行新的程序。

系统加电启动,操作系统要进行系统初始化,然后为每个用户创建第一个用户进程,用户的其他进程则可以由先前生成的用户进程通过"进程创建"系统调用陆续创建,以完成用户的各种任务。

在支持交互使用计算机的系统中,用户的第一个进程往往运行命令解释器程序(对于图形窗口终端用户而言,就是具有窗口界面的程序管理器,如 Windows 操作系统的 explorer.exe),这个程序会从终端获得用户输入的命令(或用户单击执行程序图标的信息),再进行相应的处理,通常会调用操作系统的"创建进程"系统调用,创建新进程去运行实现命令功能的程序。例如,在 Linux 操作系统控制的终端上输入

```
$cp /home/ly/test.c /home/wq/hello.c
```

那么,这一行字符串会由命令解释器程序获得,它会创建一个子进程,由子进程去运行 cp 实用程序,由 cp 实用程序建立一个新文件/home/wq/hello.c,并把/home/ly/test.c 文件的内容读出来,写到/home/wq/hello.c 中。

有了进程(或线程)机制,就能够实现任务的并发或并行执行。**并发与并行的区别**:并发是让多个任务以进程或线程轮流在处理器上运行,并行则意味着多个任务以进程或线程在不同处理器上同时运行。

## 1.2　操作系统的发展简史

在计算机刚刚诞生的 20 世纪 40 年代,计算机系统仅由硬件和应用软件组成。在这一时期,整个计算机系统是由用户直接控制使用的,所以又称为"手工操作"阶段。

当时用户使用计算机的大致方法是:将程序和数据以穿孔方式记录在卡片或纸带上,把卡片或纸带装在输入设备上;然后在控制台上形成输入命令,启动设备将卡片、纸带信息输入指定的主存单元;接着在控制台上指定主存启动地址,并启动程序运行;最后在打印机等输出设备上取得程序运行的结果。

在这种使用方式下,用户在上机时独占全部资源。随着计算机速度的提高、外部设备的进步,为了提高计算机资源的利用率,为了用户的上机便利,人们提出改进措施,逐步引入了操作系统。

操作系统发展主要经历了:单道批处理时代(20 世纪 50 年代),多道批处理、分时、实时系统时代(20 世纪 60 年代初),多方式通用系统时代(20 世纪 60—70 年代),网络与分布式系统(20 世纪 70 年代后期),图形窗口系统时代(20 世纪 80 年代),多机系统时代(20 世纪 90 年代)等几个主要的发展阶段。

**单道批处理系统**的基本思想是:设计一个常驻主存的程序(监督程序 Monitor),操作员有选择地把若干用户作业合成一批,安装在输入设备上,并启动监督程序。然后,由监

督程序自动控制这批作业运行。监督程序首先把第一道作业调入主存,并启动该作业。一道作业运行结束后,再把下一道作业调入主存启动运行。

监督程序的目的是为用户提供一些可以调用的公共程序,因此引入了"**系统调用**"。另外就是代替人工做一些启动、结束作业等工作,因此引入了"作业控制说明书解释程序"来解释作业控制说明书中的语句,执行所谓的"作业步"。

**多道批处理系统**:在早期的批处理系统中,处理器与外部设备以串行方式工作,故两者的利用率较低。随着外部设备功能加强,能够与处理器并行工作,引入外部设备工作完后通过"中断"通知处理器去做I/O后续工作。这样处理器在外设I/O的时候能够去运行其他程序,因此引入了"多道程序设计(**Multiprogramming**)"的思想,使单道批处理系统发展为多道批处理系统。即在系统中同时存放多道作业,多道作业分时轮流占用处理器运行。即当有作业启动I/O后在等待I/O结束时,其他作业可以占用处理器运行。

**分时系统**:随着与人交互的终端设备出台,一台计算机与多台终端相连接,用户通过各自的终端和终端命令以交互的方式使用计算机系统。结合多道程序设计技术,系统使每个用户都能感觉到好像是自己在独占地使用计算机系统,而操作系统负责协调多个用户任务轮流占用处理器,这便是所谓的"分时"占用与"并发"运行的含义。在协调用户分享处理器时,操作系统通常采用"时间片轮转"原则分配处理器给用户程序。这时引入了"**命令解释器**"来解释执行终端命令。

**实时系统**:系统对来自外部的信息能在规定的时限内做出处理,称为实时系统。"实时"应用可分为两类:一类是实时控制,把计算机用于诸如飞行器的飞行自动控制。这类系统必须确保实时任务在确定时间内完成,又称强实时系统。各类控制系统计算机上运行的"嵌入式操作系统"都属于实时控制类实时系统。另一类是实时事务处理,是把计算机用于铁路订票系统、银行管理系统等需要及时响应的系统。

**多方式通用操作系统**是同时具有批处理、分时、实时功能的系统。**网络与分布式系统**是支持网络和分布处理的系统。**多机系统**是支持共享内存多处理器的操作系统。

另一方面,随着设施设备的智能化,许多设施、设备嵌入处理器并在其上支持多任务运行,因此出现了**嵌入式操作系统**。当前嵌入式操作系统还在不断发展的过程中,主要伴随着手机、穿戴设备、智能家电、车载设备等的发展,对操作系统在实时性、功能和所占存储空间大小权衡上提出了新的要求。

随着高性能通用微处理器,特别是多核(众核)处理器的发展,人们已经成功地提出了用它们构造"多处理器并行"的体系结构。例如,基于共享主存的对称多处理器系统(SMP)、用成百上千甚至上万个微处理器实现基于分布式存储的大规模并行处理器系统(MPP)。这类被称为巨型计算机的并行系统被证明是科学技术发展的重要计算平台。建立在这类并行机上的操作系统与传统操作系统有着明显的区别,其突出的特征是提供各类并行机制。例如,并行文件系统、并行I/O控制、多处理器分配和调度、内存分布共享等。

**安全**也是驱动操作系统技术进步的因素。例如,区分用户程序及操作系统程序运行的"态",确保用户程序除了通过"系统调用"机制外,不能随意转入操作系统程序,保证系统不被破坏。虚拟机技术也是从安全和共享的需要出发而发展起来的技术,确保虚拟机操作系统的故障只局限在虚拟机内。现代操作系统提供了对虚拟机的支持，如 Linux 操作系统的 KVM 虚拟机管理器。

目前常见的通用操作系统是 **Windows** 和 **Linux**。它们功能强大，都属于多方式通用操作系统，都支持多处理器及网络，不但能够作为普通桌面机或服务器的操作系统，特别是 Linux，也作为满足特殊体系结构、特殊用途的基础操作系统，如支持嵌入式、支持 MPP 等。在操作系统发展过程中，还必须提到 UNIX，它是最早的主要以高级语言编写的开源操作系统，变种出了 SUN 公司的 Solaris、IBM 公司的 AIX、惠普公司的 HP UX 等。Linux 内核的实现思想也借鉴了 UNIX，且命令界面及系统调用接口几乎和 UNIX 一样。

## 1.3 常见通用操作系统简介

目前最常用的操作系统是 Windows 系列和 Linux。Linux 内核的实现思想借鉴了在操作系统历史上起到重要作用的 UNIX 操作系统实现思想，命令界面及系统调用接口和 UNIX 一样。

### 1.3.1 Windows 系列及 MS DOS

微软公司于 1975 年成立，最初只有一个 BASIC 编译程序和比尔·盖茨、保罗·艾伦两个人。但现在，微软公司已成为世界上最大的软件公司，其产品涵盖操作系统、开发系统、数据库管理系统、办公自动化软件、网络应用软件等各个领域。Windows 系列操作系统是由微软公司从 1985 年起开发的一系列窗口操作系统产品，包括个人、商用，如图 1.2 所示。

微软公司从 1983 年开始研制 Windows 操作系统。当时，IBM PC 进入市场已有两年，微软公司开发的微型计算机操作系统 DOS 和编程语言 BASIC 随 IBM PC 捆绑销售，取得了成功。Windows 操作系统最初的研制目标是在 DOS 基础上提供一个多任务的图形用户界面。不过，第一个取得成功的图形用户界面操作系统并不是 Windows，而是 Windows 的模仿对象——苹果公司于 1984 年推出的 Mac OS（运行于苹果公司的 Macintosh 计算机上）。Macintosh 计算机及其上的 Mac OS 操作系统风靡美国多年，是当时 IBM PC 和 DOS 操作系统在市场上的主要竞争对手。当年，苹果公司曾对 Windows 操作系统不屑一顾，并大力抨击微软公司抄袭 Mac OS 的外观和灵感。但苹果计算机和 Mac OS 是封闭式体系（硬件接口不公开、系统源代码不公开等），而 IBM PC 和 MS DOS 是开放式体系（硬件接口公开、允许并支持第三方厂家制造兼容机、操作系统源代码公开等），这个关键的区别使得 IBM PC 后来居上，销量超过了苹果计算机，并使在 IBM PC 上运行的 Windows 操作系统的普及率超过了 Mac OS，成为在个人计算机市场占主导地位的操作系统。

#### 1. MS DOS

DOS 是微软公司与 IBM 公司开发的、广泛运行于 IBM PC 及其兼容机上的操作系

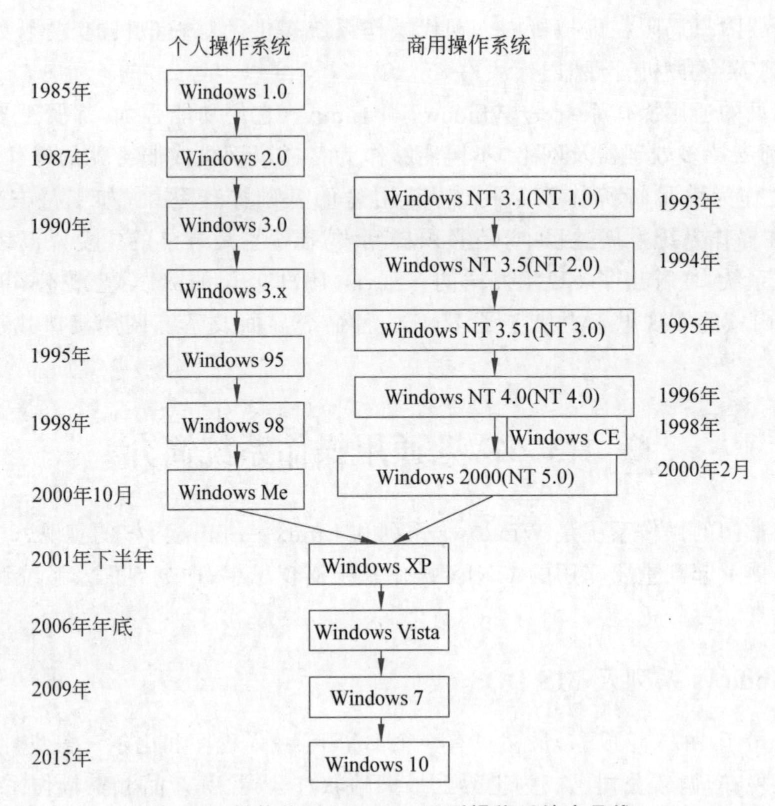


图 1.2 微软公司 Windows 系列操作系统产品线

统,全称是 MS DOS。

20 世纪 80 年代初,IBM 公司开发 IBM PC。当其涉足微型计算机市场时,曾多方考察选择配合该机的操作系统。1980 年 11 月,IBM 和微软公司正式签约,日后的 IBM PC 均使用 DOS 作为标准的操作系统。由于 IBM PC 大获成功,微软公司也随之得到了飞速发展,MS DOS 从此成为个人计算机操作系统的代名词,发展为个人计算机的标准平台。

IBM PC 上所配的操作系统称为 PC DOS,是 IBM 公司向微软公司买下 MS DOS 的版权,经过修改和扩充后而产生的。

MS DOS 最早的版本是 1981 年 8 月推出的 1.0 版,1993 年 6 月推出了 6.0 版,微软公司推出的最后一个 MS DOS 版本是 DOS 6.22,以后不再推出新的版本。MS DOS 是一个单用户微型计算机操作系统,自 4.0 版开始具有多任务处理功能。

**2. Windows Me,Windows 98/95 及 Windows 3.x 的发展历史**

微软公司 Windows 操作系统的个人产品线由 20 世纪 80 年代的 DOS 平台演变而来,其中,影响较大和较突出的版本是 Windows 3.1 和 Windows 95。

Windows 3.1 在 1992 年发布,该系统修改了 3.0 版的一些不足,并提供了更完善的多媒体功能。Windows 操作系统开始流行起来,确定了 Windows 操作系统在 PC 领域的垄断地位。而 Windows 95 一上市就风靡世界。Windows 3.1 及以前的版本均为 16 位系统,因而还不能充分利用硬件的发展提供强大功能。同时,它们必须与 DOS 共同管理系统硬件资源,依赖 DOS 管理文件系统,且只能在 DOS 之上运行,并且它不是多道程序设计系统,因而还不能算是完整的操作系统。而 Windows 95 则重写了操作系统内核,不再基于 DOS 系统,特别是增加了多任务,使得用户可以同时运行多个程序,成了真正的多道程序设计系统,并在提供强大功能(如网络和多媒体功能等)和简化用户操作(如桌面和资源管理等新特性)两个方面都取得了突出的成绩。

2000 年 9 月,微软公司推出 Windows 95/98 的后续版本 Windows Me(Microsoft Windows Millennium Edition,视窗千禧版),较之 Windows 95/98 没有本质上的改进,只是扩展了一些功能,增加了一些驱动程序。Windows Me 的后续版本是把微软公司个人操作系统与商用操作系统合二为一的 Windows XP。这种产品线的合并同时意味着,微软公司以后的个人和商用机器的 Windows 操作系统都基于 Windows NT 内核。

**3. 微软公司的多用户操作系统 Windows NT 系列**

微软公司在 20 世纪 80 年代中后期的主流产品 Windows 和 DOS 都是个人计算机上的单用户操作系统。1985 年,IBM 公司开始与微软公司合作开发商用多用户操作系统 OS/2,1987 年 OS/2 推出后,微软公司开始计划建立自己的商用多用户操作系统。1988 年 10 月,微软公司聘用 Dave Culter 作为 Windows NT 的主设计师,开始组建开发新操作系统的队伍。1993 年 5 月 24 日,经过几百人 4 年多的工作,微软公司正式推出 Windows NT。在相继推出 Windows NT 1.0,2.0,3.0,4.0 后,2000 年 2 月,推出 Windows 2000(原来称为 Windows NT 5.0)。而 Windows 2000 的后一个版本是 Windows XP。后来又推出了 Windows 2003,2006 年推出 Windows Vista,2009 年推出 Windows 7,系统性能得到很大改善。2015 年又推出了 Windows 10。

Windows NT 设计初期采用 OS/2 界面,后来因 Windows 3.1 操作系统的成功又改用 Windows 系列的界面。Windows NT 系列可支持 Intel x86 和部分 RISC CPU。Windows NT 较好地实现了充分利用硬件新特性、可扩充性、可移植性、兼容性等设计目标,支持对称多处理器结构、线程、多个可装卸文件系统(MS DOS FAT、OS/2 HPFS、CDROM CDFS、NT 可恢复文件系统 NTFS 等),内置网络和分布式计算功能。Windows NT 安全性达到美国政府 C2 级安全标准。

Windows NT 的后一个版本与 Windows Me 的后一个版本合二为一,称为 Windows XP。Windows XP 的设计理念是,把以往 Windows 系列软件家庭版的易用性和商用版的稳定性集于一身。现在已经到了 Windows 11。

### 1.3.2　自由软件 Linux 和 freeBSD

1984 年,自由软件的积极倡导者 Richard Stallman 组织开发了一个所谓自由软件的软件体系——GNU(GNU is Not UNIX),并拟订了一份通用公用版权协议(General Public License,GPL)。所谓自由软件是由开发者提供软件的全部源代码,任何用户都有权使用、复制、扩散、修改该软件,同时用户也有义务将自己修改的程序代码公开。自由软件可免费提供给任何用户使用,也包括用于商业目的;并且自由软件的所有源程序代码也是公开的,可免费得到。它的源代码不仅公开而且可自由修改,无论修改的目的是使自由软件更加完善,还是在修改的基础上开发上层软件都没有问题。

自由软件的出现给人们带来很大的好处。首先,免费可使用户节省相当一笔费用;其次,公开源代码可吸引尽可能多的开发者参与软件的查错与改进。在开发协调人的控制下,自由软件新版本的公布、反馈、更新等过程是完全开放的。

目前,人们已很熟悉的一些软件,如因特网域名服务器程序 BIND、Perl 编程语言环境、Web 服务器程序 Apache、TCP/IP 网络软件等,实际上都是自由软件的经典之作。还有 C++ 编译器、FORTRAN 77、SLIP/PPP、IP Accounting、防火墙、Java 内核支持、BSD 邮件发送、Lynx 浏览器、Samba(用于在不同操作系统间共享文件和打印机)、Applixware 的办公套装、starOffice 套件、Corel Wordperfect 等都是著名的自由软件。

1993 年,Linux 的创始人 Linus 把 Linux 奉献给了 GNU,从而使用户能够使用从底层到应用的全套自由软件。

**1. Linux**

Linux 是一个多用户操作系统,是 Linus Torvalds 主持开发的遵循 POSIX 标准(该标准起源于 UNIX 的系统调用接口)的操作系统,它提供了和 UNIX 一样的编程界面,但内核实现则完全重写。虽然 Linux 内核是重新写的,但是实现方法及数据结构基本上都借鉴了 UNIX 的思想。它是一个免费的自由软件,源代码开放,这是它与 UNIX 及其变种的不同之处。UNIX 虽然有过免费发送给学校和科研机构的时代,但是随着其所有者 AT&T 可以经营计算机产品,其所有者开始收取转让费和使用费。由于 UNIX 内核可以有偿转让,所以其变种也非常多,影响了对用户程序的兼容性。

Linus Torvalds 在 2001 年年初的 Linux World 大会前夕推出了 Linux 2.4 内核。Linux 有内核(Kernel)与发行套件(Distribution)两种版本号。内核版本指在 Linus 领导下的开发小组开发的系统内核的版本,如 Linux 2.6,即内核版本 2.6(一般来说,序号的第 2 位为偶数的版本表明这是一个可以使用的稳定版本,如 2.0.35;而序号的第 2 位为奇数的版本一般有一些新的东西加入,是不太稳定的测试版本,如 2.1.88)。而一些组织机构或厂商将 Linux 内核同应用软件和文档包装起来,并提供一些安装界面、系统设定与管理工具,这样就构成了一个发行套件,如最常见的 Slackware、Red Hat、Debian、麒麟等。实际上,发行套件就是 Linux 的一个大软件包。相对于内核版本,发行套件的版本号随发布者的不同而不同,与内核的版本号是相对独立的,如 Slackware 3.5,Red Hat 9,Debian 1.3.1 等。

1) Linux 的产生与发展

Linux 最初是由芬兰赫尔辛基大学计算机系的大学生 Linus Torvalds,在 1990 年年底到 1991 年的几个月中,为了自己的操作系统课程学习和后来上网使用而陆续编写的,在他自己买的 Intel 386 PC 上,利用 Tanenbaum 教授自行设计的微型操作系统 Minix 作为开发平台。据 Linus 说,刚开始的时候他根本没有想到要编写一个操作系统内核,更没想到这一举动会在计算机界产生如此重大的影响。最开始是一个进程切换器,然后是为自己上网需要而自行编写的终端仿真程序,再后来是为他从网上下载文件自行编写的硬盘驱动程序和文件系统。这时,他发现自己已经实现了一个几乎完整的操作系统内核,出于对这个内核的信心和发展愿望,Linus 希望这个内核能够免费扩散使用,但由于谨慎,他并没有在 Minix 新闻组中公布它,而只是于 1991 年年底在赫尔辛基大学的一台 FTP 服务器上发了一则消息,说用户可以下载 Linux 的公开版本(基于 Intel 386 体系结构)和源代码。从此以后,Linux 得到了所有 Linux 爱好者的协力开发。

Linux 的兴起可以说是 Internet 上创造的一个奇迹。由于它是在 Internet 上发布的,网上的任何人在任何地方都可以得到 Linux 的基本文件,并可通过电子邮件发表评论或提供修正代码。这些 Linux 的热心者中,有将它作为学习和研究对象的大专院校的学生和科研机构的研究人员,也有网络黑客等,他们所提供的所有初期的上载代码和评论后来证明对 Linux 的发展至关重要。正是由于众多热心者的努力,使得 Linux 在不到三年的时间里变为一个功能完善、稳定可靠的操作系统。

1993 年,Linux 的第一个产品——Linux 1.0 版问世,它是按完全自由版权进行扩散的。它要求所有的源代码必须公开,而且任何人均不得从 Linux 交易中获利。然而半年以后,Linus 开始意识到这种纯粹的自由软件理想对于 Linux 的扩散和发展来说实际上是一种障碍而不是一股推动力,因为它限制了 Linux 以磁盘复制或者 CD-ROM 等媒体形式进行扩散的可能,也限制了一些商业公司参与 Linux 的进一步开发并提供技术支持的愿望。于是 Linux 决定转向 GPL 版权,这一版权除规定有自由软件的各项许可权之外,还允许用户出售自己的程序复制品。这一版权的转变后来证明对 Linux 的进一步发展确实极为重要。从此以后,有多家技术力量雄厚又善于市场运作的商业软件公司加入了原先完全由业余爱好者和网络黑客参与的这场自由软件运动,开发出了多种 Linux 的发布版本,增加了更易于用户使用的图形界面和众多的软件开发工具,极大地拓展了 Linux 的全球用户基础。Linus 本人也认为:“使 Linux 成为 GPL 的一员是我一生中所做过的最漂亮的一件事。”一些软件公司,如 Red Hat 等也不失时机地推出了自己的以 Linux 为核心的操作系统版本,这大大推动了 Linux 的商品化。在一些大的计算机公司的支持下,Linux 还被移植到 Alpha,PowerPC,MIPS 及 SPARC 等微处理器的系统上。

随着 Linux 用户基础的不断扩大、性能的不断提高、功能的不断增加、各种平台版本的不断涌现,以及越来越多商业软件公司的加盟,Linux 不断地向高端发展,开始进入越来越多的公司和企业计算领域。Linux 被许多公司和 Internet 服务提供商用于 Internet 网页服务器或电子邮件服务器,并已开始在很多企业计算领域大显身手。1998 年下半年,由于 Linux 本身的优越性,它成为传媒关注的焦点,进而出现了当时的“Linux 热”。首先是各大数据库厂商(Oracle,Informix,Sybase 等),继而是其他各大软硬件厂商(IBM,Intel,Netscape,Corel,Adaptec,SUN 公司等),纷纷宣布支持甚至投资 Linux(支持是指该厂商自己的软硬件产品支持 Linux,即可以在 Linux 下运行,最典型的是推出 xxx for Linux 版或推出预装 Linux 的机器等)。

2) Linux 的特点

Linux 能得到如此大的发展,受到各方青睐,是由它的下述特点决定的。

(1) 免费、源代码开放。Linux 是免费的,获得 Linux 非常方便;Linux 开放源代码,使得使用者能控制源代码,安全并易于扩展。因为内核有专人管理,内核版本无变种,所以对用户应用兼容性有保证。

(2) 出色的稳定性和速度性能。

(3) 内核模块化好。用户可以按照 Linux 的使用情景选择内核模块,达到精简内核节省主存的目的。

(4) 功能完善。Linux 包含人们期望操作系统拥有的特性,不仅是 UNIX 的,而且也吸取了其他操作系统的功能,包括多任务、多用户、页式虚存、库的动态链接、文件系统缓冲区大小的动态调整、支持非常多的文件系统。

(5) 极具网络优势。因为 Linux 的开发者是通过 Internet 开发的,所以网络支持功能在开发早期就已加入。而且 Linux 对网络的支持比大部分操作系统都更出色。Linux 拥有世界上最快的 TCP/IP 驱动程序。Linux 支持几乎所有通用的网络协议。

(6) 硬件支持广泛,硬件要求低。刚开始的时候,Linux 主要是为低端 UNIX 用户而设计的,在只有 4MB 主存的 Intel 386 处理器上运行良好。同时,Linux 并不只运行在 Intel x86 处理器上,它也能提供几乎所有的 RISC 处理器的运行版本。

(7) 用户程序众多(而且大部分是免费软件),程序兼容性好。由于 Linux 支持 POSIX 标准,因此大多数 UNIX 用户程序也可以在 Linux 下运行。另外,为了使 UNIX System Ⅴ和 BSD 上的程序能直接在 Linux 上运行,Linux 还增加了部分 System V 和 BSD 的系统接口,使 Linux 成为一个完善的 UNIX 程序开发系统。Linux 也符合 X/Open 标准,具有完全的 X-Window 实现,现有的大部分基于 X-Window 的程序不需要任何修改就能在 Linux 上运行。

3) Linux 的运营方式

Linux 如此大受青睐,客观上是 Linux 在成本、性能和可靠性等方面的优势,而主观上是用户对微软垄断抵制和对免费软件的好感。

Linux 一开始主要在一些软件高手间流行,很快地在 Internet 上吸引了大批的技术专家投入 Linux 的开发工作。它的开发者虽然大多是在业余时间进行开发,但其水平绝不是业余的。从开发模式上看,Linux 采取分布式的开发模式(参加开发的人分布在世界各地,通过网络参加开发)。Linux 及其应用程序的开发大多以项目(Project)为组织形式,项目的参与者都有具体的分工:开发经验丰富、有管理经验的参与者通常担当协调人,负责分派工作和协调工作进度;其他参与者有的从事程序编写,有的负责程序测试。

Linux 内核虽然源代码公开,但对内核版本的确定是由专门的小组进行的。各项目小组开发出来的内核程序,经由专门的小组认可后再加到内核的发行版本中,从而确保了内核版本的一致性。

由于 Linux 独特的分布式开发模式,项目管理工作使用了专门的软件。错误跟踪系统(Bug Tracking)可以替开发者处理来自电子邮件(E-mail)或其他网上资源的错误(Bug)报告,还能定义项目开发者的角色和职责,如编程人员、软件集成人员和测试人员。工作流程管理(Workflow Management)系统除能够分配开发者的职权外,还能进行文档管理、版本控制管理及工作成本评估。项目管理(Project Management)系统能够跟踪相关的工作,提供调度、储备和优化资源的机制。由此看出,Linux 开发的有序性和有效性保证了它的高度可靠性。项目小组开发出的程序经过一段时间的测试之后,就会在 Internet 上发布测试版和源代码,由更广泛的用户继续测试,直到程序相对稳定,才会发布程序的正式版本。正式版本的使用者如果发现错误,可以通过 Internet 报告,问题一般都能迅速得到解决。由于源代码公开,用户也可以自己动手解决问题。因此,Linux 软件往往比商业软件错误更少,而且修改错误更为及时。

Linux 通过 Internet 在全球范围内网罗了一大批职业的和业余的技术专家,在 Internet 上形成了一个数量庞大而且非常主动热心的支持者群体。它们通过网络很快地响应用户所遇到的问题。

Linux 早期主要依靠网上的免费技术支持,虽然这种免费技术支持通常是快速响应的,但终归无法向用户提供百分之百的保证和承诺。近年来,越来越多的商业公司开始提供对 Linux 的收费技术支持。这种收费技术支持更为正规、可靠、有保证,从而进一步增强了大多数 Linux 普通用户的使用信心,进一步改善了 Linux 的形象。例如,Red Hat 可提供每天 24h、每周 7 天(24×7)的电话支持,这些正规的技术支持服务,对于把 Linux 更快地推向企业计算领域无疑是大有帮助的。商业公司的加盟还增加了 Linux 的应用程序,如 Oracle,Informix,Sybase 推出了以 Linux 为平台的数据库系统。商业软件公司推出的 Linux 应用程序弥补了 Linux 缺乏大型应用软件的不足,并能为 Linux 用户提供可靠的服务。

**2. 其他免费操作系统**

1) freeBSD

它是美国加利福尼亚州大学伯克利分校开发的免费支持 POSIX 标准的操作系统。它基于 4.4BSD,改写了原来有版权保护的源自 UNIX 的代码,运行于 Intel x86 平台上。因其高效和完美而被发烧友们誉为“学院公主”。freeBSD 的用户群包括公司、网络服务提供商、研究人员、计算机专家、学生及家庭用户,目前主要用于教育和娱乐领域。

2) Minix

它是一个运行于 Intel x86 平台上的微内核结构的教学用多用户操作系统。其特点是免费,源代码公开。它的接口界面与 UNIX 相同,但内部结构与代码完全不同,从内核、编译器到实用工具和库文件均不含有任何 AT&T UNIX 代码。Minix 由荷兰阿姆斯特丹 Vrije 大学的知名操作系统专家 Andrew S. Tanenbaum 主持设计与实现。

虽然 Minix 的源程序代码完全公开,但它是有版权的,不属于公有,也不同于 GNU 公共许可证下的软件。其版本所有者(Prentice Hall)允许任何人下载 Minix 用于教学或研究领域,但若要把 Minix 用于商业系统或其他产品中,需经 Prentice Hall 许可。

Minix 并不是实用的操作系统。因为为其设计的应用软件大多数用于教学和实验,而由于它简单的设计思想和极小的内核,在教学中得到了广泛应用,特别适合初学者了解操作系统的工作机理。

## 1.3 问题与思考

**1. 起初计算机是给用户独占使用,资源利用率不高。如何提高 CPU 与各外设资源的利用率?**

硬件基础:中断、DMA 技术。

思路:因为外设功能变强大后,外设可以独立于 CPU 与主存交换数据,因此可以在主存多存放几个程序,当某个程序启动 I/O 等结束的时候,保存好该程序的 CPU 寄存器现场,让另外的程序占用 CPU 运行,这样 CPU 和外设在并行工作,资源利用率就提高了。

**2. 如何保证操作系统的服务程序不被用户程序有意或无意破坏?**

硬件基础:用户态/核心态、trap 指令。

思路:用户用访存指令直接读写操作系统数据或随意转到操作系统的程序运行可能会破坏系统安全。操作系统服务程序放于专门的保护空间,访存指令/转移指令执行时,硬件逻辑判断在用户态下如果地址处于保护空间则触发异常,避免指令地址错误导致指令从不当处执行或使数据破坏。只能通过 trap 指令进入,trap 指令无地址,trap 指令会根据操作系统中断/异常向量表中的处理程序地址转入核心态运行系统调用处理程序,系统调用处理程序再根据系统调用号,找到在系统调用表中存放的系统调用处理程序地址,转给对应的系统调用处理程序。

**3. 如何把要独占使用的 CPU 资源,改造成可以轮流地共享使用?**

思路:CPU 资源本来是由程序独占执行的,即从开始执行,必须要等到执行完成才可以分配给其他程序使用,如批处理时代 CPU 分配给一个目标程序后待目标程序执行结束再给下一个目标程序运行,因为程序打断运行就回不到被打断的断点了。如果程序被打断就马上保存程序运行现场(包含 PC 等各种 CPU 的寄存器),CPU 资源就可以以更短的时间片在不同程序间交替执行了。

## 习　题

1.1　操作系统应该包含哪些程序?

1.2　操作系统哪个程序支持用户操作计算机?调用系统服务的指令是什么?为什么不带地址信息?操作系统怎么保证程序在 CPU 上轮流运行?

1.3　主存和处理器这两个计算机资源应该以何种方式使用?

1.4　试述多道程序设计技术的基本思想。为什么采用多道程序设计技术可以提高资源利用率?

1.5　举一个现实生活当中的并发与共享的例子,重点说明人(处理器)如何在多个任务(程序)当中切换,多个任务如何使用同一个工具(资源)。

# 第2章 操作系统运行机制与用户接口

由图 1.1 可以看出，操作系统处在中间层，向下管理和控制硬件资源，向上为上层软件及用户自编程序提供使用方便、功能强大的服务。操作系统的主要功能就是管理处理器、主存、外部设备及文件，并提供支持程序并发与并行运行的机制。广义的操作系统还包含一些如文件列表等常用的实用程序，以命令或图符的形式通过命令解释器或程序管理器供用户使用。对操作系统的这些管理和支持功能，将在后续各章中分别介绍。

操作系统内核程序实现了资源管理并向上提供服务。本章先讨论操作系统内核程序是如何执行的，然后讨论用户与操作系统的系统编程接口及用户操作界面。

## 2.1 中断和异常

通常，主流操作系统提供的主要功能都是由内核程序实现的，处理器在运行上层程序时进入操作系统内核程序运行的重要途径就是通过中断或异常。当中断或异常发生时，运行用户模式程序的处理器会马上进入内核运行。

中断和异常是操作系统的重要概念。中断是与当前运行程序无关的一个外部事件，而异常是由正在运行的指令所产生的。

当初为了由操作系统前身的监督程序能够发现用户误编的死循环程序，首先引入了**时钟中断**，由硬件定时器发出，表示一个固定的时间间隔已到，让监督程序能够记录被中断程序的运行时间，看看程序运行累积时间是否还在事先指定时间内，如果超过指定时间，系统判断发生死循环，对用户程序进行结束处理。现代操作系统扩展了时钟中断的功用，利用时钟中断进行各种计时、启动进程调度程序、定时运行系统各种任务等。

**I/O 中断**的引入是因为外部设备控制器的功能变强，外部设备控制器可以独立控制外部设备进行 I/O，为了开发处理器和外部设备之间的并行操作，当处理器启动外部设备进行 I/O 操作后，外部设备就可以独立于处理器工作了，处理器可以去做与此次 I/O 操作不相关的其他事情，那么外部设备 I/O 操作完成后，还必须告诉处理器，让处理器继续运行 I/O 操作完成后的程序。外部设备控制器告诉操作系统本次 I/O 操作已经完成，必须通过**中断机制**。

**异常**表示处理器执行指令时本身出现算术溢出、零作除数、取数时发生奇偶错、访存指令越界，或执行了一条所谓“trap”的自陷指令等情况，这时也可以中断当前的执行流程，转到相应的错误处理程序或自陷处理程序。**自陷指令**（也称 trap 指令或访管指令）的出现，使得在用户模式下运行的程序可以调用内核程序。用户自编程序或系统实用程序等在处理器上执行时，如欲请求操作系统为其服务，可以安排执行一条自陷指令引起一次特殊的异常。可以说这个异常只是一种特殊的程序调用，特殊在于处理器态从“用户模式”变成了“内核模式”，另一个特殊点在于普通程序调用指令包含被调程序地址，而自陷指令无须给出地址，为了内核的安全，也只允许转到“固定陷入点”的程序执行。

最初，中断和异常并没有区分开，统称为中断。随着它们的发生原因和处理方式的差别越来越明显，才有了以后的中断和异常，因此必须注意中断这个词，在不同的历史阶段有不同的含义。

### 2.1.1 中断和异常的区别

下面来看看计算机系统会有一些什么样的中断和异常。通过对中断和异常进行如下分类，主要是想解释进入内核运行的可能情形，以及不同类型的中断和异常在处理方式上的差别。

目前流行的分类方法是，根据打断当前程序运行的原因把历史上混为一体的中断分为两类。

(1) 中断(Interruption)，也称外中断。指来自处理器正执行指令以外的事件发生，如外部设备发出的各种 **I/O 中断**，表示设备 I/O 处理已完成，希望处理器能够运行中断处理程序向设备发出下一个 I/O 请求，同时让完成 I/O 后的程序能后续运行；**时钟中断**，表示一个固定的时间间隔已到，让处理器运行处理计时程序、启动定时运行的任务等。这一类中断通常是与当前程序(进程)运行无关的事件。每个不同中断具有不同的中断优先级，表示事件的紧急程度。在处理高级中断时，低级中断可以被临时屏蔽。

(2) 异常(Exception)，也称内中断、例外或自陷。指源自处理器正执行指令产生的事件，如程序的非法操作码、地址越界、算术溢出、虚存系统的缺页及专门的自陷指令等。异常不能被屏蔽，一旦出现应立即处理。

下面列举的是更详细的打断处理器当前指令正常执行顺序的各种中断和异常事件。

(1) I/O 中断。这是用于反映外部设备工作状态(如打印机输出结束、磁盘传输结束)的中断。

(2) 时钟中断。固定间隔由时钟部件发生的中断，这也是系统发生最多的中断，操作系统利用时钟中断处理各种计时，如进程时间片是否用完判定、I/O 超时判定等都是由时钟中断处理程序激活的。

(3) 机器故障。它是机器发生错误(如机器校验错、电源故障、主存读数错等)时产生的异常，用于反映硬件故障，以便进入诊断程序。

(4) 程序性异常。指程序执行错误，错误使用指令或错误访问数据引起的，如非法操作码、无效地址、算术溢出等。

(5) 自陷指令。程序由于执行了“trap”指令(系统调用指令)而产生异常。这表示用户程序欲请求操作系统为其完成某项工作(如创建进程、读/写文件等)。

### 2.1.2 中断分级

在计算机系统中，不同的中断源可能在同一时刻发出中断信号，也可能前一中断还未处理完，紧接着又发生了新的中断。为了区分和不丢失每个中断信号，通常用一些固定的触发器来寄存它们，并规定其值为 1 时表示有中断信号，其值为 0 时表示无中断信号。这些寄存中断的触发器组成的寄存器称为"中断寄存器"。其中每个触发器称为一个"中断位"。为了控制方便，一般对中断寄存器的各位顺序编号（如从左至右顺序编号），并称此编号为"中断序号"。

外部中断信号是由不同外部设备产生的，可能在同一时刻由不同外部设备发出多个中断信号，所以存在谁先被响应和处理的优先次序问题。即级别不同的两个以上中断信号同时出现时，首先响应级别高的中断，而且级别高的中断可以打断级别低的中断的处理过程。通常，把中断享有的高、低不同的响应权利称为**中断优先级**。

而当前实际系统中，硬件提供可编程中断控制器。有多少中断级，每个中断应划在哪一级，可由操作系统设计者来设定。一般来说，高速设备的中断优先级高，慢速设备的中断优先级低。因为高速设备的中断被处理器优先响应，可以让处理器尽快地向高速设备发出下一个 I/O 请求，提高高速设备的利用率。但是也要考虑到特殊用户需求，如实时控制系统数据输入设备，处理速度不一定是最快的，但是为了实时控制却要将其中断级别设置为高。如某操作系统把中断级别分为如下几级。

(1) 时钟中断的中断优先级为 6 级；

(2) 磁盘中断的中断优先级为 5 级；

(3) 终端等其他外部设备中断的中断优先级为 4 级。

对同一中断优先级内的若干中断源，按照该中断寄存器中从左至右的顺序来决定处理的先后次序。在多级中断系统中，处理器处理中断的轨迹会复杂些。当多级中断同时产生时，处理器按照优先级由高到低的顺序响应，如图 2.1 所示。当正在处理低级中断时，若出现了高级中断，则高级中断的处理立即打断低级中断的处理，如图 2.2 所示。

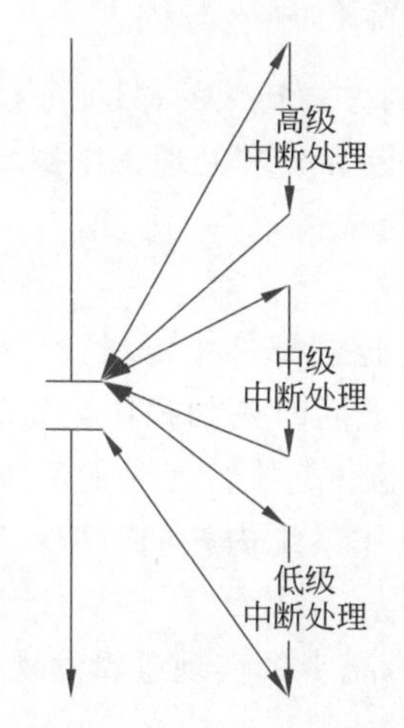


图 2.1　多级中断同时产生的处理器响应轨迹

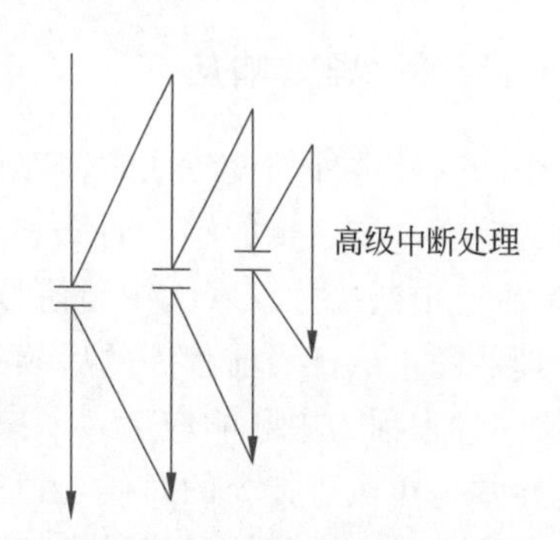


图 2.2　高级中断打断低级中断的处理器响应轨迹

所谓“中断屏蔽”，指禁止响应中断。现代计算机提供可以由程序设置中断屏蔽的方法。例如，在计算机所用的可编程中断控制器中，处理器可以执行特权指令来设置可编程中断控制器的屏蔽码，即使外设将已置上相应屏蔽码的中断位置上，处理器也不会响应该中断。硬件只是保存此次中断，以便将来在屏蔽解除时再处理。通常的设备中断、时钟中断等外部中断可以被暂时禁止响应。

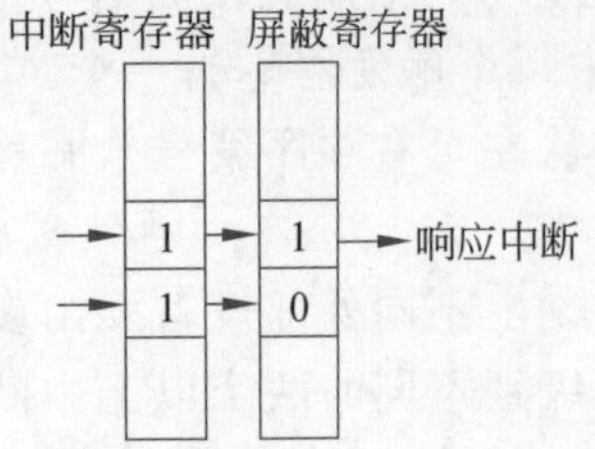

由于操作系统可以通过特权指令来设置中断屏蔽寄存器，从而可由操作系统来决定中断的响应次序，达到由操作系统设计者决定中断级别的目的。如图 2.3 所示，说明了虽然有两个中断发生了，但屏蔽寄存器对应位为 1 的中断先被响应。

图 2.3　设置中断屏蔽位后影响中断响应的情形

在每次响应某个中断时的首要工作，就是重新设置屏蔽寄存器，确保在处理该中断时比该中断优先级低的及同等优先级的中断对应屏蔽位置上，而比该中断优先级高的中断则可以响应。

处理器优先级，指处理器当前正运行程序的中断响应级别。当处理器处于某个优先级时，只允许处理器响应比该优先级高的中断，而屏蔽低于或等于该优先级的中断。设置处理器优先级，即是设置屏蔽寄存器，确保处理器不会响应优先级小于或等于处理器优先级的中断。以前述某系统中断优先级设置为例，当处理器优先级为 5 时，除时钟中断外其他中断全部被屏蔽。

处理器执行指令产生异常，如执行非法指令、trap 指令时不能被屏蔽，必须马上响应处理。在异常处理程序运行时，是否屏蔽外部中断或屏蔽哪些外部中断会根据异常处理的需要设置，一般不需要对外部中断进行屏蔽。

## 2.2　中断/异常响应和处理

操作系统内核程序是不能让用户态程序以转移指令的方式转入的，只能通过中断/异常机制转入。处理器如何响应中断和异常，又如何转到中断和异常处理程序执行呢？

### 2.2.1　中断/异常响应

中断信号是外部设备或时钟部件发出的，在处理器的控制部件中需增设一个能检测中断的逻辑。该逻辑能够在每条机器指令执行周期内的最后时刻扫描中断寄存器，“查看”是否有中断信号。若无中断信号或中断被屏蔽，处理器继续执行程序的后续指令，否则处理器停止执行当前程序的后续指令，无条件地转入操作系统内核的对应中断处理程序，这一过程称为中断响应。

异常是在执行指令的时候，由指令本身的原因发生的，指令的实现逻辑发现异常发生则转入操作系统内核的对应异常处理程序。

在响应中断/异常时，一定会涉及如何保护中断点运行现场，如何找到中断/异常处理程序，中断/异常处理程序在什么处理器模式下运行的问题。下面详细讨论这些问题。

**1. 断点和恢复点**

处理器一旦响应中断，立即开始执行中断处理程序，当中断处理结束后，重新返回中断点的后续指令执行，如图 2.4 所示。故当中断发生时，处理器刚执行完的那条指令地址称为“断点”。一般地，断点应为中断的那一瞬间程序计数器（PC 寄存器）所指指令的前一条指令地址，即中断发生时正在执行的那一条指令的地址。中断时程序计数器所指的地址（即断点的逻辑后续指令）称为“恢复点”。

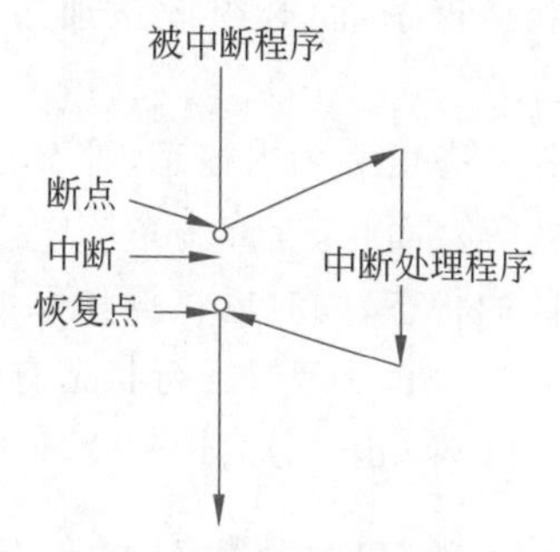

图 2.4　中断处理的处理器响应轨迹图

中断处理是一项短暂性的工作，逻辑上处理完后还要回到被中断的程序，从其恢复点继续运行。为了能实现正确的返回，在中断处理前后必须保存和恢复被中断的程序现场。

所谓现场信息，是指中断那一时刻确保程序继续运行的有关信息，如程序计数器、通用寄存器及一些与程序运行相关的特殊寄存器中的内容。现场的保护和恢复可由硬件、软件共同配合完成，现场信息通常保存在与被中断程序（进程）相关的栈中或保存在中断处理专用栈中。

在异常发生时，返回点会因为不同的异常而有所区别。对于大部分由用户程序指令执行出错而引起的异常，操作系统的处理方式是结束发生异常的程序，因此也不会回到用户程序了。如果通过 trap 指令进行系统调用，则处理完成后返回 trap 指令的下一条指令。对于虚存系统中访存指令的缺页异常（参见存储管理缺页处理相关内容），处理完成后会返回发生异常的指令而重新执行该访存指令，以保证这次访存指令能够顺利执行。

**2. 核心态和用户态**

中断和异常的处理程序不是一般的程序，必须在一种特权状态下运行，因为这些程序需要执行一些特权指令，另外这些程序及涉及资源管理表格所占用的空间也不能被一般的用户程序直接访问。

处理器通常执行两类不同性质的程序：一类是用户自编程序或系统外层的应用程序或实用程序，另一类是内核程序。这两类程序的作用不同，后者是前者的服务提供者和控制者。显然，如果对两类程序给予同等“待遇”，则对系统的安全极为不利，内核程序享有外层程序所不能享有的某些特权。因此，将处理器的程序运行状态分为**核心态**和**用户态**，内核程序在核心态下运行，核心态下处理器允许执行所有的指令（包括特权指令）；而外层所有程序在用户态下运行，特权指令不允许在用户态下执行，用户态下执行的程序也不能直接用访存指令来访问内核程序空间。在**程序状态字**（也可称**处理器状态字**，简写为 PS 或 PSW）寄存器内设置一个标志位，根据其当前值为 1 或 0 来分别表示处理器所运行的程序处在核心态或用户态。特权指令或涉及系统空间的访存指令执行时需要判断这个标志位。

划分了核心态和用户态后，就严格区分了两类不同性质的程序，它们各自有严格区别的存储空间。用户程序中许多涉及共享资源的工作是通过"调用"内核程序代为完成的，当用户程序需要操作系统为之服务时，绝对不能通过通常的程序调用方式来调用操作系统的相应程序，而必须设法通过执行 trap 指令（系统调用）引起一次异常而转入内核程序。

核心态也称为内核态、管态、系统状态、监督方式，用户态也称为目态、用户状态或用户方式等。而且，在许多系统中为了进一步增加系统的安全性，进一步将核心态细分为若干不同的状态，同时也将操作系统分为若干层，不同层次的软件运行在不同的状态。例如，Intel x86 处理器运行状态有 0，1，2，3 环之分，不过 Intel x86 上运行的操作系统（如 Linux 和 Windows）只用到 0 环和 3 环，0 环表示核心态，3 环表示用户态。

**3. 中断/异常向量及 PS 和 PC 寄存器**

一般为系统中每个中断/异常编制一个相应的中断/异常处理程序，并把这些程序的入口地址放在特定的主存单元中。通常将这片存放中断/异常处理程序入口地址的主存单元称为中断/异常向量。

对不同的系统，中断/异常向量中的内容细节也不尽相同。中断/异常向量的每个单元中除存储中断/异常处理程序的入口地址外，还常用来保存处理器状态转换的信息。例如，中断/异常处理程序运行要用到新 PS 值和新 PC 值。

处理器的取指令部件根据 **PC**（程序计数器）寄存器的值到主存中取指令。

**PS**（程序状态字，也可称为处理器状态字）寄存器的值描述处理器的执行状态，主要包含处理器当前运行态、处理器优先级、屏蔽外中断等标志位。

PS 中的处理器优先级表示当前处理器所运行的中断处理程序所对应的中断级别，显然处理器优先级与中断优先级有对应关系。如果处理器优先级等于 4，则表示处理器正在处理中断优先级为 4 的中断，这时 4 级及 4 级以下优先级的中断都应该被屏蔽。

在中断/异常向量中，每个中断/异常占用连续的两个单元：一个单元存放中断/异常处理程序的地址（对应的 PC 值）；另一个单元保存处理中断/异常时处理器应具有的状态（对应的 PS 值）。

中断/异常向量是中断系统中一个非常重要的数据结构。当响应中断/异常时，硬件先把当前 PS 和 PC 寄存器的值作为程序现场保存起来，然后从中断/异常向量的相应单元中取出新的 PS 和 PC 值，并装入 PS 和 PC 寄存器。处理器便根据新装入的 PC 值转去进行中断/异常处理。因为 PS 装入了新值，而且确定处理器状态为核心态，所以中断处理程序总是在 PS 状态域所表示的核心态下执行。

### 2.2.2 中断/异常处理

整个中断/异常从发现到处理完毕是由硬、软件相互配合协调完成的。大部分系统的中断/异常处理过程均类似。中断/异常处理一般包括保存现场、进入相应的中断/异常处理程序、可能重新选择程序（进程）运行、恢复现场等过程，如图 2.5 所示。

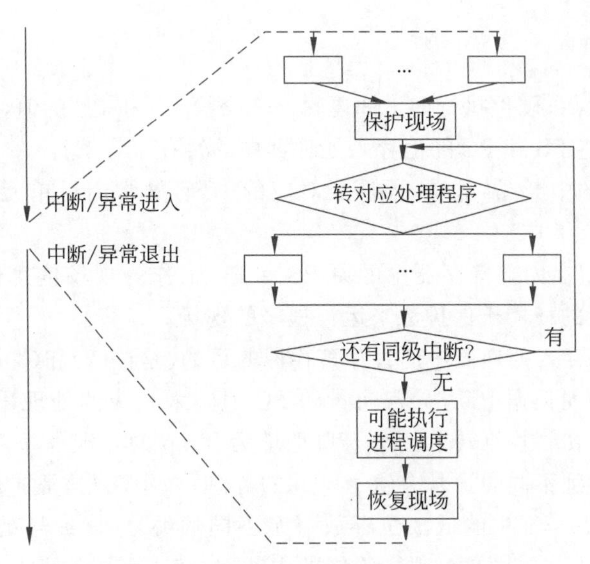


图 2.5　一般的中断/异常处理过程

**【例 2.1】** 下面以某计算机上的 UNIX 系统为例，介绍中断/异常处理过程中各部分的工作。

UNIX 的中断/异常向量如图 2.6 所示，每个中断/异常对应中断/异常向量中的两个单元，分别保存处理该中断/异常时的程序状态字(PS)和中断/异常处理程序的入口地址。

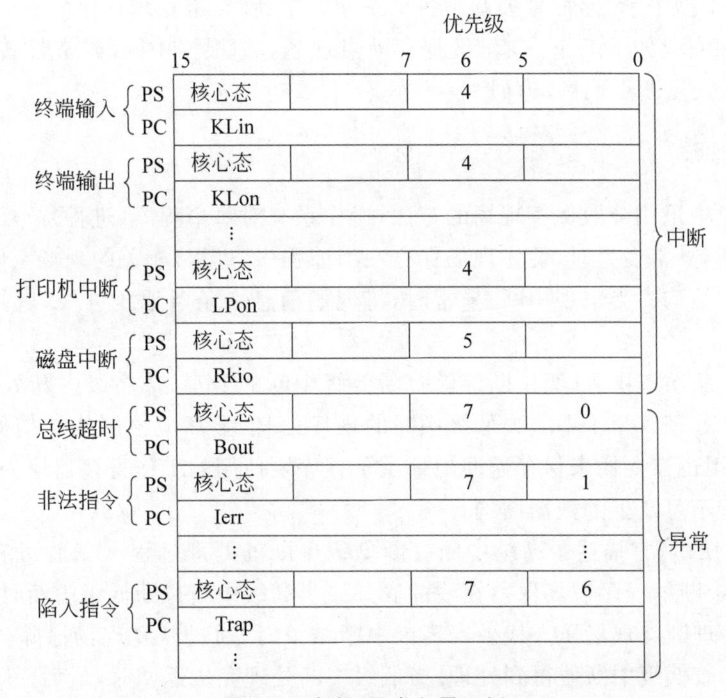


图 2.6　中断/异常向量示例

**1. 中断/异常进入**

中断/异常发生后,硬件执行如下的逻辑——交换 PS 和 PC 的值,具体步骤如下。

(1) 硬件自动将 PS 和 PC 的值存入处理器中的暂存寄存器。

(2) 根据发生的中断/异常号,硬件从对应的中断/异常向量单元中取出新的 PS 和 PC 值,分别装入 PS 和 PC。

(3) 硬件将保留在内部寄存器中的原 PS 和 PC 值作为现场信息保存到与被中断程序相关的栈中,这里的栈用于保护原来运行程序的现场。

将 PS 和 PC 先存入处理器中的暂存寄存器的目的,是让(2)和(3)能够并行。硬件完成以上三步后,控制便根据中断/异常向量的 PC 值转入相应的处理程序。对于异常,在这个例子中,硬件最初将控制转入一个入口地址为 Trap 的处理程序,如图 2.6 所示。因此,为了使软件能区别不同的异常并给予不同的处理,在中断/异常向量相应的异常单元中,分别在对应的 PS 单元中的低 5 位存放一个不同的编号,该编号被称为异常类型号,如总线超时的类型号为 0。总之,对于不同的中断,将转入不同的中断入口程序。对于所有的异常则首先转入公共的入口程序。

一般的中断/异常处理过程均包括如下三个阶段:①保存现场;②根据原因调用相应的处理程序;③恢复现场。

在该例子中,系统专门设置了一个总控程序,负责这三个工作的转入。

对于中断/异常,尽管硬件通过中断/异常向量表项最初转入的处理程序入口各不相同,但在各个处理中,都先记住本次中断/异常号,转入总控程序进行进一步现场保存等公共工作后,再根据中断/异常号去调用各个不同的中断/异常处理程序。

总控程序完成如下工作:①继续保存断点现场;②根据中断/异常号转调中断/异常处理程序;③恢复断点现场,返回。

**2. 保存现场**

在该例子中采用分散保存现场的方法,操作系统对每个程序(进程)分配一片"现场空间",每当中断/异常发生时,便将现场保存在当前程序(进程)相关的现场空间内。现场区均组织成"栈"结构。当出现中断/异常时,将现场信息一条条地压进栈,恢复现场时再逐步退栈。

在多级中断系统中,高级中断能够打断低级中断的处理,待高级中断处理结束后,再返回低级中断处理。为了不丢失低级中断的现场信息,显然应该用栈结构保存现场。当然,子程序调用也需要栈来保存返回地址及子程序要使用的工作寄存器原内容。所以说,**栈是程序运行不可缺少的数据结构**。

如图 2.7 所示,它描述了高级中断打断低级中断的处理过程。在最初响应和处理低级中断时,被中断的程序现场保留在栈的底部。当高级中断打断低级中断时,高级中断则将低级中断处理断点现场压入栈。当高级中断结束时,通过恢复现场撤除栈上的相应现场信息。紧接着低级中断便得到处理,当低级中断处理完成返回时,最后撤除栈上的相应现场信息。只要栈空间足够大,便能保证多级中断的嵌套处理。

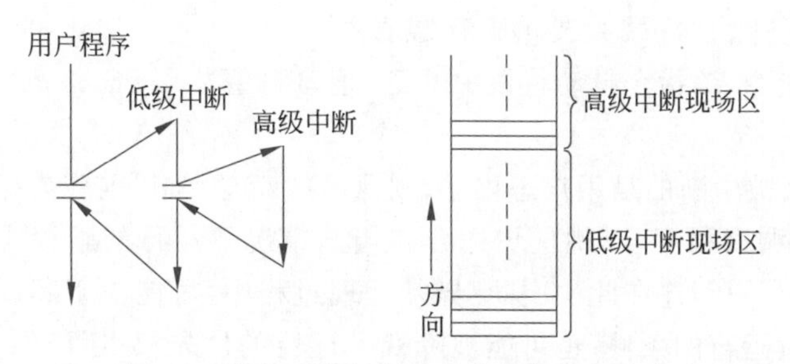


图2.7 高级中断打断低级中断的处理过程

UNIX响应、处理一次中断/异常时的现场内容如图2.8所示。最初响应中断/异常时硬件将PS和PC的内容压在栈底,而后转入相应的中断/异常处理入口程序,将r0寄存器的内容压进栈,进入总控程序后,有必要继续保存剩余现场到栈中,在总控程序调用的中断/异常处理程序中再进一步保存用到的r2～r5寄存器。总而言之,在程序要用某些寄存器之前,寄存器原来的数据作为现场必须先保存到栈中。

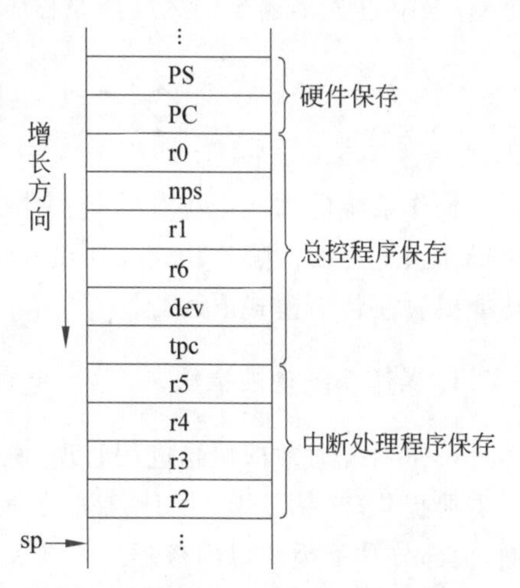


图2.8 UNIX响应、处理一次中断/异常时的现场内容

**3. 中断/异常处理程序**

总控程序在统一保存好现场后,因为中断/异常原因不同,调用对应的中断/异常处理程序,同时将返回总控程序的地址保存在栈中。

I/O中断是表示先前发送给设备控制器的I/O请求已经完成,I/O中断的处理通常会向设备控制器发送下一个I/O请求,并使原来等待I/O结束的进程变为就绪,可进行下一步处理工作。时钟中断是最频繁发生的中断,它是定时发生的,一旦发生时钟中断,时钟中断处理程序需要完成系统及刚被中断的进程的时间统计、软定时器计数减时操作等。

异常处理则需要区分是正常发生的操作系统的系统调用处理(这时运行操作系统的系统调用处理程序),还是产生了其他指令执行出错(如发生溢出等其他异常时,对产生异常的程序进行结束处理)。

**4. 恢复现场**

当中断/异常处理结束后,必须退出中断/异常。在多级中断系统中,当中断处理结束返回时,必须依据原先被中断的程序,完成不同的工作。

(1) 如果此次是高级中断,并且被中断的程序是一个低级中断处理程序,则此次中断返回应返回到该低级中断处理程序。UNIX判断处理器的先前状态若是核心态,则根据保存的现场恢复被中断的低级中断处理程序现场,具体恢复现场的动作如下。

① 从栈中恢复除 PS、PC 之外的寄存器值。

② 执行 rtt 指令，该指令自动将栈中的 PS 值、PC 值装入 PS 和 PC 寄存器中，从而退出此次中断。

（2）如果原来被中断的是用户态程序，则退出中断/异常以前应先考虑进行一次调度选择，即**运行进程调度程序**，以挑选更适合在当前情况下运行的新程序（进程）。这是因为，原来被中断的用户程序在此次中断/异常处理过程中，可能由于其要等待的事件没有发生而不具备继续运行的条件；也可能被降低了运行的优先权；还可能由于此次中断/异常的处理使得其他程序获得了比其更高的运行优先权。为了权衡系统内各个程序（进程）的运行机会，此时有必要进行一次调度选择。在进行了调度选择后，无论是挑选出另外一个新程序（进程），还是仍然选择原程序（进程）继续运行，都必须恢复所选程序的现场。

## 2.3 操作系统运行模式

操作系统的功能模块有哪些？什么时候、如何运行操作系统的功能程序？下面先介绍操作系统主要由哪些功能模块组成，然后说明典型的操作系统运行模式，弄清操作系统功能模块在什么模式下运行。

### 1. 操作系统功能模块

操作系统通常都包含进程管理、存储管理、外部设备管理、文件管理等主要功能模块，还需要提供支持用户使用计算机的命令解释程序或窗口界面程序。以 UNIX/Linux 为例，大部分功能模块以内核程序方式实现，即在核心态下运行，但是有些系统功能以用户程序方式实现，如命令解释程序就是在用户态下运行的。

**【例 2.2】** 以 UNIX/Linux 为例，介绍操作系统的主要功能模块如下。

1）系统的初始化模块

当系统加电后，计算机 ROM 程序按约定将操作系统内核程序目标码加载入主存，并执行系统初始化程序。系统初始化模块入口只在系统启动时进入一次，在以后系统正常运行期间不再进入。首先，系统初始化程序初始化系统数据区及硬件，如初始化空闲物理页帧、系统的各种缓冲池、中断控制器、中断/异常向量表、外部设备等。在初始化各种系统表格后，还要创建 1 号进程。让 1 号进程运行 INIT 程序，创建 tty 终端进程（tty 终端进程会检验从终端输入的用户登录信息，然后运行命令解释程序，从终端读取并解释执行用户命令）。初始化模块还会创建许多只运行内核程序的线程，运行一些需要定期运行的系统任务，如内存回收。当初始化完成后，代表用户的 tty 终端进程已经存在，操作系统的其他功能模块可以以**中断/异常方式**随时被用户程序调用执行。

2）进程管理模块

进程是操作系统组织用户程序在计算机上运行的机制。进程管理模块包含有关进程的系统调用处理，如进程/线程创建和结束、进程通信等，也包含对处理器的分时使用程序，如进程调度和进程切换。这些程序都涉及对管理进程用的进程控制块等数据结构的操作，但它们会在不同的时机被调用。如进程创建、进程通信及进程同步过程往往由用户程序发出系统调用时执行，而进程调度和进程切换则是要重新分配处理器时运行，如当中断/异常处理完成要返回用户态程序时调用执行。

3）存储管理模块

存储管理与进程管理关系密切，因为进程运行必须占有主存空间，因此把进程空间分配程序也划分到存储管理模块中，如主存管理模块、进程空间分配、支持虚空间的进程页面内外存之间交换等。进程空间分配在进程创建时被执行，进程页面交换是希望多个进程轮流占用主存并运行（详见存储管理内容），进程页面交换程序通常作为操作系统独立任务被定时地启动运行。

4）I/O 设备管理模块

I/O 设备管理模块包含设备访问接口程序、数据缓冲管理模块、各种驱动程序用公共程序、各种设备驱动程序和设备中断处理程序等，实现对设备的管理，并为用户提供 I/O 功能。

5）文件管理模块

文件管理模块包含文件访问接口程序、文件系统目录结构管理程序、文件数据缓冲管理模块、辅存空间管理程序等，实现对外部存储设备的管理，并提供用户对文件的使用功能。

**2. 操作系统运行模式**

操作系统的这些功能程序如何运行呢？在 UNIX/Linux 实现中，上述模块都是在核心态下运行的，主要是在中断/异常发生时嵌入用户进程中运行。

当前主流操作系统（如 UNIX/Linux、Windows）都采用嵌入用户进程运行模式，但是微内核模式也是值得深入研究的模式。

1）内核嵌入用户进程运行模式

这种模式可以理解成内核程序当作函数被调用运行。不同于如图 2.9(a)所示的内核作为独立运行单位的模式，如图 2.9(b)所示，操作系统服务程序（各功能模块）、中断处理程序在执行 trap 指令或中断时，利用进程的核心栈空间，运行于进程中。所谓操作系统运行于进程，只是利用了属于该进程的核心栈。

操作系统空间独立于进程的用户空间，而且操作系统空间地址不与进程用户空间地址重叠，各占一片连续地址空间的高部与低部，如图 2.10 所示，如实用的 Linux 或 Windows 的每个进程都有一个自己的用户空间，逻辑编址都是 $0 \sim k$，但是系统空间全系统只有一个，编址为 $k+1 \sim n$。

当运行用户程序的处理器执行 trap 指令或响应中断时，处理器转到核心态下运行，控制转移给内核程序，用户程序的现场被保护起来，启用刚被打断进程的核心栈作为以后程序执行、函数调用的工作用栈。注意，这时只是处理器状态的转换，程序还是认为在当前的用户进程中执行，并没有发生进程切换，而只是在同一进程内的处理器运行态的切换。所以说这种模式把调用内核程序（如系统调用处理程序、中断处理程序）运行，当作一种特殊的函数调用。特殊在程序状态字 PS 会被重置，也无须在 trap 指令中提供函数地址，而是按约定地址转移，保证了系统安全。

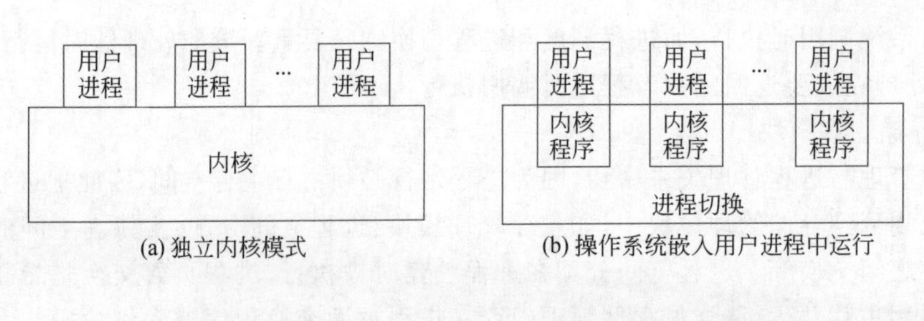


(a) 独立内核模式　　(b) 操作系统嵌入用户进程中运行

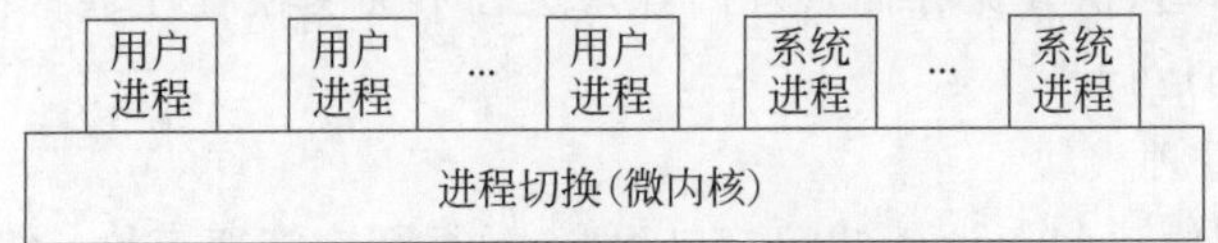


(c) 操作系统功能以系统进程运行

**图 2.9　操作系统的运行模式**

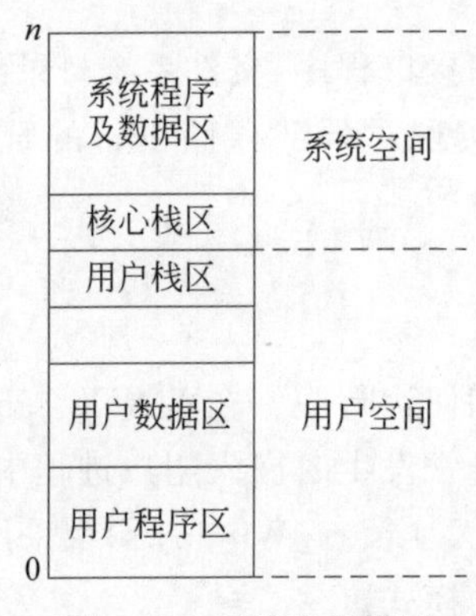


**图 2.10　系统空间描述**

在内核完成它的工作后，如果决定继续原来被中断的用户程序的运行，则又将处理器的状态恢复到用户态，并恢复刚被打断的现场运行。在这种情况下，一个用户进程在运行用户程序的中途可以运行内核程序，运行完后又接着运行原用户程序。在运行完内核程序后如果有高优先级的进程可运行，则可进行进程调度切换。如果决定进行进程切换，则将当前进程置成非运行状态，把选定要运行的进程置成运行状态，再恢复被选进程的现场。逻辑上，进程调度切换程序不属于任一进程。

**本书在操作系统结构和技术实现描述中，如果没有特别指明，都假设操作系统运行模式为该模式。**

2）微内核运行模式

如图 2.9(c)所示，将原来由核心态实现的大部分操作系统功能转由一些用户态运行的进程来实现，系统调用转接代码、进程调度切换代码和中断处理程序还是在核心态下执行。采用该模式，可以使核心态下运行的程序非常少，微内核操作系统 Mach 3.0 就采用这种运行模式。虽然它在模块化、层次化方面有可取之处，但是因为用户程序和操作系统功能程序运行在各自独立的进程中，它们之间在通信、合作时开销大，损失了系统的性能，因此此种结构的操作系统并没有被广泛接纳。华为鸿蒙操作系统采用了微内核结构，但是利用硬件支持改进了内核与进程之间的通信开销。

大部分现代操作系统以如图 2.9(b)所示的模式运行，操作系统内核功能以外的其他系统功能，是由独立的进程实现的。如 UNIX 的 1 号进程，实现对终端用户进程的创建，还有一些如安全检查、FTP、WWW 网络服务等系统功能都采用独立的进程来实现，这些运行系统外围功能的进程又称为系统守护进程。

## 2.4 系统调用

系统调用的引入是在早期的监督程序年代，系统开发者把一些涉及共享资源操作的公共程序事先编好给用户程序调用，因为涉及共享资源，不希望被有意或无意破坏而造成系统死机，故引入了一种没有带地址的调用指令，确保转入约定程序执行。

系统调用是用户态运行程序调用内核服务的接口。系统中的各种共享资源都由操作系统统一掌管，因此在操作系统的上层软件或用户自编程序中，凡是与资源有关的操作(如分配主存、I/O 传输及文件操作等)都必须通过接口向操作系统提出服务请求，并由操作系统代为完成后返回结果。操作系统要组织用户程序运行，要提供与进程相关的系统服务，此外，操作系统还常常为用户提供一些另外的服务(如提供时间、日期、获取当前系统的某些状态等)。

操作系统必须提供某种形式的接口，以便让外层软件通过这种接口使用系统提供的各种功能。人们称这种接口为系统调用(System Call)接口。

所谓系统调用，可以看成用户程序(或用户态运行的系统程序)在程序一级请求操作系统为之服务的一种手段。当外层程序需操作系统为之服务时，可以在程序中安排一条类似于转子指令形式的代码(trap 指令)，实现对操作系统服务程序的调用。

系统调用在功能上和函数调用或过程调用一样，但在具体实现上，为了保护操作系统内核的安全，系统调用指令(trap 指令)和函数调用指令的区别在于：函数调用指令包含要调用程序的地址，而 trap 指令没有地址，必须转到预先约定的入口执行；另外，trap 指令会使处理器从用户态改到核心态运行，而过程调用指令不会改变处理器态。

### 1. trap 指令

计算机系统的程序运行环境被分为核心态和用户态。两种不同状态下运行的程序之间不能发生任何形式的普通子程序调用。在用户态下运行的用户(或某些系统功能)程序，在其运行过程中如欲请求操作系统为其提供服务，显然不可以通过普通转子指令直接调用核心态下运行的程序。但如何将这一愿望通知操作系统呢？还得依赖中断/异常机制为其进行“服务请求”的传递。根据不同的服务请求，通过中断/异常机制来激活操作系统中的不同程序提供所需服务。为此，大部分的机器都提供一条能产生异常的机器指令，称为“trap 指令”(也称为自陷指令或访管指令)，如 Intel x86 的指令 INT 0x80(0x80 代表了异常编号)。例如，某机器 trap 指令执行时，硬件自动完成如下步骤。

(1) PS 内容压入现场栈。

(2) PC 内容压入现场栈。

(3) 从中断向量 034 单元中取出内容装入 PS。

(4) 从中断向量 036 单元中取出内容装入 PC。

不难看出,若程序中安排了一条 trap 指令,当处理器执行该指令时便产生一次“自陷”而进入操作系统内核。

操作系统利用 trap 指令以使用户程序(或用户态运行的系统程序)向操作系统发出服务请求。用户程序(或在用户态运行的其他系统程序)用系统调用类型号指定此次所需的服务。系统调用类型号可存于约定寄存器传递给内核程序。

**如何通过 trap 指令转到内核的对应系统调用服务程序呢?** 中断/异常机制按照硬件 trap 指令对应的异常号,查到中断/异常向量表中 trap 对应表项保存的自陷处理总控程序地址,将控制转入自陷处理总控程序。自陷处理总控程序最后会根据约定寄存器中系统调用类型编号,找到如图 2.11 所示的系统调用散转表中对应的服务程序地址,转具体的系统调用服务程序。

| 编号 | 参数个数 | 服务程序入口地址 |
| --- | --- | --- |
| 0 | 0 | do_fork |
| 1 | 3 | do_read |
| 2 | 3 | do_write |
| ... | ... | ... |

**图 2.11　系统调用散转表**

### 2. 系统调用的实现

为了方便高级语言程序使用系统调用,通常提供一个系统调用函数库,其中包含许多系统调用接口函数,这些函数看上去就是一些普通的子程序,但是这些函数往往是由为数不多的几条汇编指令实现的,而且必须要包含一条 trap 指令,这样在执行 trap 指令时将处理器控制转移至操作系统内核的相应程序。

使用系统提供的系统调用库来进行系统调用,不但可以使用户不必关心系统调用的细节,而且可以避免由用户直接安排 trap 指令可能引起的错误。

1) 参数传递

在系统调用时,系统调用库函数需要向内核程序传递系统调用类型号,以及该系统调用需要的参数。那么如何将参数传递给内核程序呢?现在的机器一般都用约定好的寄存器传递系统调用类型号及其他参数,如果参数较多,则利用进程栈空间来存放要传递的参数。操作系统的二进制编程接口(ABI)说明书会向系统调用函数库编程者说明用哪些寄存器或栈,如何来传递参数。当系统调用处理结束后,也用约定好的寄存器返回处理结果。

在普通子程序调用时也需要传递参数,当然也需要约定好传递参数的寄存器或栈,用户用高级语言编写程序时并不关心这些寄存器,因为用户只要按子程序调用格式写语句,编译器在编译子程序时,会将用户子程序调用语句中的参数放入约定好的寄存器中,生成指令并从约定好的寄存器或栈中取参数。注意,子程序调用和系统调用并不一定使用相同的寄存器来传递参数。

2) 系统调用处理过程

**【例 2.3】** 下面以 Linux 为例,介绍系统调用处理的具体过程。假设用户程序使用系统调用库函数“write”对文件进行写操作,此时如何进行系统调用和处理呢?

对操作系统外层的程序,可用系统调用库函数 write(fd,…)对文件进行写操作。write( )函数是一段汇编代码,其中包含 trap 指令。在调用 write( )时,把文件描述符等参数复制到子程序调用约定的参数传递寄存器中,在 write( )库函数中又把这些参数及 write()对应的系统调用类型号,放到为系统调用约定好的参数传递寄存器中。诚然,如果用户程序中可以直接用汇编语言编写程序,则在程序中可以直接安排 trap 指令,进行系统调用。系统调用过程如下(如图 2.12 所示)。

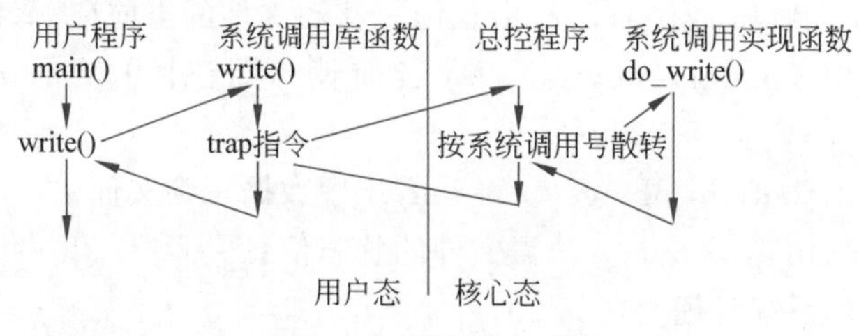


图 2.12 系统调用过程

(1) 当处理器运行到 trap 指令时,产生异常,由系统保存现场后,根据 trap 的中断/异常编号查中断/异常向量表得到自陷处理程序地址,自陷处理程序发现是系统调用然后转到系统调用总控程序。

(2) 系统调用总控程序根据系统调用类型号,查系统调用散转表,得知自带参数个数,然后从约定寄存器读入参数。最后根据系统调用散转表转到相应的服务程序。

(3) 服务程序结束后返回,将此次服务的结果存入约定的返回结果的寄存器。

(4) 最后恢复现场退出系统调用处理。至此即完成了一次系统调用,用户程序又可继续运行。

### 3. 主要系统调用举例

下面以 POSIX 系统调用为例,说明通常的操作系统的系统调用有哪些。POSIX 标准实质上起源于 UNIX,Linux 的系统调用遵循 POSIX 标准。

**【例 2.4】** 下面列举了以函数形式表示的 POSIX 的一些典型系统调用。但必须清楚,这些系统调用函数由若干机器指令组成,其中包含设置系统调用参数寄存器、trap 指令及获得系统调用结果并返回上级函数的若干指令。

POSIX 标准定义的系统调用如下。

(1) 进程管理及进程通信相关。

① pid＝fork()。该系统调用产生一个子进程，继承父进程的程序及数据，pid变量存放fork()系统调用的返回值，即子进程号。

② exit(status)。结束当前运行的进程。

③ pid＝wait()。等待任一子进程结束，pid变量存放结束子进程的进程号。

④ s＝execve(name, argv, environp)。用name所指的执行文件替换进程当前运行的执行文件。进程从新执行文件的第一条语句开始执行。

⑤ s＝kill(pid, signal)。向pid指定的进程发送一个signal信号。

(2) 文件和设备I/O相关。

设备被看作特殊的文件，故设备的I/O方式与文件的I/O方式相同。不同的只是代表设备的文件名是一些特殊的文件名(如U盘设备的设备文件名是/dev/sda)。

① fd＝open(filename, flag)。打开filename文件，flag说明以读/写方式打开，返回文件内部描述符到fd中。

② s＝close(fd)。将fd文件描述符代表的打开文件关闭。

③ position＝lseek(fd, offset, reference)。移动文件的当前读/写指针。

④ n＝read(fd, buffer, nbytes)。将当前读/写指针开始的nbytes字节写到buffer中。

⑤ n＝write(fd, butter, nbytes)。将buffer中数据写到文件中。

⑥ s＝stat(filename, &buf)。获得文件的状态信息。

(3) 目录和文件系统管理。

① s＝chdir(dirname)。将当前工作目录变成dirname。

② s＝mkdir(name, mode)。建立一个name目录。

③ s＝rmdir(name)。删除name目录。

④ s＝link(name1, name2)。建立一个新name2文件(目录)，且使name2指向name1，即name2等价于name1。

⑤ s＝unlink(name)。删除name文件(目录)。

⑥ s＝mount(special, name, flag)。将special所代表的外存设备上的文件系统根目录安装到name目录下。

⑦ s＝umount(special)。卸载文件系统。

⑧ s＝chmod(name, mode)。将文件的访问保护信息改变。

(4) 其他系统调用。

其他系统调用有获得系统时钟，获得操作系统版本信息等。

需要说明的是，用户要使用系统资源、创建进程等都必须通过操作系统的系统调用，但并不是说，用户就一定会在编程时直接调用系统调用函数。现在的系统提供了非常多的库程序或中间件(Middleware)，用户编程时也许使用上层的库函数就够了，而不必直接调用系统调用，Windows NT就是这样。微软提供了一个所谓的Win32 API函数集合，它实质上是一些高层库函数，当执行这些库函数时，才会调用操作系统的系统调用。因此该库函数提供了更易用的界面、更强大的功能，而操作系统的系统调用则是实现这些更强大功能的基础。

# 2.5 人机界面

除了系统调用这个编程接口，操作系统还需要给用户一个操作界面。要实现用户上机的目的，需要运行一系列相关程序，要让计算机去运行哪个程序(系统已有程序或用户自编程序)必须由用户说明，为此必须借助语言表达出来，这就是作业控制语言或命令语言。

用户使用语言指示计算机要做的事情，对用户的记忆力要求很高，用户要知道语言的语法语义，如格式稍有差错都不能成功。另外，用户要运行系统实用程序，也必须熟知计算机有哪些实用程序，并通过作业控制语句或输入命令告知系统，否则系统不知道用户要运行什么。为减少用户的记忆负担，现代操作系统都提供图形用户界面，用图符提示用户该系统有哪些实用程序，用对话框提示用户输入实用程序所需的参数。

## 2.5.1 命令语言

命令语言是用于人机通信的工具。该语言的性质很大程度上与操作系统的类型有关。分时操作系统与批处理操作系统相比，工作方式有很大不同。因此这两种系统使用的通信语言也不相同。

随着批处理系统的出现，产生了控制作业运行的作业控制语言。用户用作业控制语言预先写好作业控制说明书，将作业控制说明书和作业程序、数据一起提交给计算机，操作系统按作业控制说明书的控制语句来执行作业，以达到按照用户意图控制作业运行的目的。在批处理作业执行过程中，缺少用户与系统之间动态交互的能力，用户一旦向系统提交一道作业后，就按照已写好的控制说明书对该作业的执行过程进行控制，无法灵活应对。故用户和系统间基本上处于一种脱机的状态。这种通信语言的功能较强，除含有启动系统实用程序(如编译器)和用户自编程序的功能外，还包含控制转移语句，具有可编程能力，如利用条件转移语句，在判断编译器运行出错时，绕过运行装配器而直接结束作业。

批处理系统中设置了一个作业控制语言解释程序，它顺序地读取并解释执行作业控制说明书中的语句。根据语句的含义，或者直接“启动”实用程序。如果是简单实现的语句，则由解释程序直接处理以完成语句所指定的动作。

在分时系统中，用户可以直接使用终端命令频繁地与系统进行交互。分时系统使用的通信语言，既可以实现实用程序或用户自编程序的启动，也可以包含控制转移语句。与批处理系统不同的是，分时系统中提供的命令解释程序除了可以从指定文件读取控制说明书中的语句外，也可以从用户终端读取用户联机输入的命令。

为支持命令语言的解释执行，系统设置了一个命令解释程序(Command Interpreter)来负责解释执行用户当前输入的命令。在 UNIX/Linux 操作系统实现中，命令解释程序属于操作系统内核之外，它运行于用户态下，作为一个进程来运行。UNIX/Linux 的 1 号进程会为每个用户终端创建一个进程，用于运行 shell 命令解释程序，该程序不断地读取它所控制的终端发来的命令。

当用户在终端上输入一条命令时，命令解释程序要做如下的工作。

(1) 通过 read 系统调用从终端设备读取命令,判断命令的合法性。

(2) 识别命令,如果是简单命令则处理命令(可能向操作系统发出系统调用),然后继续读取下一条命令。

(3) 如果是不认识的命令关键字,则在约定目录下查找与命令关键字同名的执行文件,创建子进程去执行"执行文件"程序,等待子进程结束后转而继续读取下一条命令。

当命令执行完成后,命令解释程序在终端上显示提示符,允许用户输入新的命令。终端命令的一般形式如下:

```
Command arg1 arg2 … argn
```

其中,Command 是命令关键字,arg1, arg2, …, arg*n* 是执行该命令的参数。

终端命令一般都是串行执行的,也可以并行执行。即当用户输入的一条命令处理完后,系统发出新的提示符,用户可继续输入下一条命令。若执行一条命令需要较长的处理时间而用户不需要等待它的结果(即与后续命令的执行无关),就可以在该命令的末尾加上一个"开关"(以 UNIX/Linux 为例,是在终端命令末尾加上一个符号"&"),将这条命令作为后台命令处理。在处理后台命令时,用户可以接着输入下一条命令,系统可同时对前后两条命令做并行处理。实现后台执行只需要由命令解释程序创建子进程来执行"执行文件"程序,且命令解释程序不等待子进程结束即可继续读取下一条命令。

当然,命令解释程序也可以从文件中读取用户先前输入的命令脚本程序,且命令脚本程序可以包含执行语句及控制语句。控制语句包含循环语句、条件转移语句等,这一类语句由命令解释程序直接处理,它一般不在交互式输入命令时使用,而在用户预先编写的命令脚本程序文件中使用。

系统为用户提供了大量的实用程序,它们都可以通过输入命令关键字为实用程序名的终端命令而运行。当用户输入命令解释程序不认识的命令关键字时,命令解释程序不是报错,而是去寻找与命令关键字同名的文件。所以,如果要运行某个实用程序,只要输入该实用程序的执行文件名即可。主要的系统实用程序如下。

(1) 编辑器。供用户建立和修改源程序文件及其他文件。它会提供一组内部编辑命令由编辑器解析执行。

(2) 编译器和装配器。实现编译源程序、连接模块、装配目标程序等功能。

(3) 文件及文件系统相关的实用程序。文件的复制、打印、文件系统装卸等实用程序。

(4) 显示系统进程、资源状态的实用程序。如进行进程状态显示、文件状态显示、内外存空间显示的相关实用程序。

(5) 用户管理。如添加/删除用户、修改口令。

**【例 2.5】** 下面说明 UNIX/Linux 的一些主要命令及其使用示例,其中像 pwd,cd 等简单命令是由 shell 命令解释程序直接解释执行的,而其他的命令是以实用程序的方式由 shell 命令解释程序创建子进程执行的。

- pwd:查看当前工作目录。
- cd /usr/home/sally:改变当前工作目录。

- ls -l：查看当前工作目录下的文件及其属性，-l 是传给 ls 实用程序的命令参数。
- more /etc/passwd：显示/etc/passwd 文件内容。
- cp /etc/passwd ./passwd：将/etc/passwd 文件复制为当前目录下 passwd 文件。
- mv passwd oldpasswd：将当前目录 passwd 文件改名为 oldpasswd。
- rm oldpasswd：删除当前目录的 oldpasswd 文件。
- mkdir temp：在当前目录下建立一个 temp 子目录。
- cp -r /mnt：将/mnt 下的内容复制到当前目录的 mnt 子目录下。
- find / -name passwd -print：从根目录开始查找名为 passwd 的文件。
- find / -size +250 -print：从根目录开始查找大于 250 个块大小的文件。
- grep"init" *.*：在当前目录的所有文件中查找 init 字符串。
- who：显示使用终端的用户名单。
- su：进入超级用户。
- wall "good bye"：向所有登录用户广播"good bye"。
- ps -elf：显示系统所有当前运行的进程信息。

### 2.5.2　图形化的用户界面

用户操作计算机的界面随着计算机的发展发生了翻天覆地的变化。在批处理系统中，因采用脱机方式工作，使用的是作业控制语言。而命令语言的另一种形式是大家较熟悉的，它就是在分时系统或个人计算机上使用的键盘命令，如 UNIX/Linux 的 shell 命令、MS DOS 上的键盘命令。

随着计算机的广泛应用，人们逐渐感到这种交互命令方式不太方便，因为这种命令不直观，它是比较难记的一串串字符命令，还带有各种参数和规定的格式。另外，不同的操作系统所提供的命令语言的词法、语法、语义和表达风格也不一样。随着计算机的广泛应用，计算机迅速进入了各行各业、千家万户，其用户来自不同阶层，如何使人机交互方式进一步变革，使人机对话的界面更为方便、友好、易学，是一个十分重要的问题。在这种需求的推动下，出现了菜单驱动方式、图符驱动方式，直至视窗操作环境。

#### 1. 菜单驱动方式

为了解决命令难记的问题，系统将所有有关的命令和系统能完成的操作，用类似餐馆的菜单方式分类、在屏幕上列出。用户根据菜单提示，像点菜一样选择某个命令或某种操作，以控制系统完成指定的工作。

为此，引入了对话框，提示用户需要输入的参数及参数的取值范围或可选项等内容。过去，需要用户一次性输入命令关键字和所有参数来实现一次操作，如今在菜单驱动方式下，可分成多步，先选择菜单，再在对话框的提示下输入参数，最后执行。

在系统主菜单中可以显示系统所提供的实用程序列表，而实用程序菜单又可提供该实用程序支持的子功能列表。可以看出，菜单是一种提示系统功能或实用程序子功能的方法。利用菜单和对话框可提示性地帮助用户指导计算机工作，大大方便了用户。

菜单有多种类型，如下拉式菜单、上推式菜单和随机弹出式菜单等。

**2. 图符驱动方式**

图符驱动方式是一种面向屏幕的图形菜单选择方式。图符（Icon）也称图标，是一个较小的图符符号，它代表操作系统中的命令、系统功能或者被处理的对象（各种资源，如文件、打印机等）。如用小矩形代表被处理对象文件，用小剪刀代表剪切功能。

所谓图形化的命令驱动方式就是当需要启动某个系统命令或操作功能，或请求编辑或访问某个系统文件时，可以选择代表它的图符，并借助鼠标一类的标记输入设备（也可以采用键盘）的单击和拖曳功能，完成命令和操作的选择与执行。

图符与菜单最大的不同是，图符也可将被处理对象罗列出来，这更符合用户的使用心理。因为用户使用计算机多数是要对某个对象（如数据文件）进行处理，作为被处理对象的文件用图符表示，系统根据文件类型自动启动对应的实用程序，用户可以省去选择实用程序的时间。

**3. 图形化用户界面**

图形化用户界面是良好的用户交互界面，它将菜单驱动、图符驱动、面向对象技术等集成在一起，形成一个图文并茂的视窗操作环境。微软公司的 Windows 系列操作系统就是这种图形化用户界面的典型代表。

在系统初始化后，Windows 操作系统为终端用户生成了一个运行 explorer.exe 程序的进程，explorer.exe 程序是一个具有窗口界面的解释程序。该解释程序打开的窗口比较特殊，就是桌面。在“开始”菜单中罗列了系统可用的各种实用程序，在屏幕上罗列了系统桌面子目录的文件对象，各实用程序也都提供了窗口界面。当单击某个实用程序时，就意味着解释程序会产生一个新进程，由新进程去运行该实用程序。运行该实用程序的新进程也会弹出一个窗口，窗口的菜单栏或图符栏会显示该实用程序的子命令。用户可以进一步单击实用程序的子命令，当该命令需要参数时，会弹出一个对话框，指导用户填入命令所需参数，最后单击“确定”按钮，执行命令。

Windows 操作系统的所有系统资源，如文件、目录、打印机、磁盘、网上邻居、各种系统实用程序等都变成了生动的图符。所有程序都拥有窗口界面，窗口中使用的滚动条、按钮、编辑框、对话框等各种操作对象也都采用统一的图形显示和操作方法。在这种图形化用户界面的视窗环境中，用户面对的不再是单一的命令输入方式，而是各种图形表示的一个个对象。用户通过鼠标（或键盘）选择需要的图符，采用单击等方式操纵这些图形对象，达到控制系统、运行某个程序、执行某个操作的目的。用户可方便地通过这种统一的用户界面使用各种 Windows 应用程序。

## 2.6 核心知识点

有两类进入操作系统内核运行的情形，分别称为中断（Interruption）和异常（Exception），异常也称为例外或自陷。中断一般指来自时钟部件或 I/O 控制器，与当前程序运行无关的一类事件；异常则指来自处理器正在执行的指令，与当前程序运行相关的一类事件。

外部中断可以按紧急程度划分优先级，高级中断可以打断低级中断，处理高级中断时，低级中断被屏蔽。异常则是一旦发生，立即响应。

中断/异常的处理过程一般包括保存现场、分析处理、恢复现场三个阶段。在恢复现场时一般应在返回用户态程序前考虑切换到其他进程工作。

操作系统内核主要包含的功能模块有：系统的初始化模块、进程管理模块、存储管理模块、I/O 设备管理模块、文件管理模块。多数实用操作系统使用内核嵌入用户进程运行模式来运行内核功能模块程序。

用户与操作系统的编程接口是系统调用，使用计算机系统的主要接口是命令语言或窗口界面。

## 2.7　问题与思考

**1. 怎么做到让用户程序轮流运行？**

硬件基础：时钟中断。

思路：程序运行时会定时地被时钟中断打断进入操作系统内核，内核处理完时钟中断后可以重新调度一个程序，恢复其现场运行。

**2. 没有对应的 C 语句可转换成系统调用 trap 指令，那如何让 C 语言编程者很方便地调用“系统调用”呢？**

思路：系统事先编写各个系统调用的接口函数，如 write()、read()，在接口函数里把系统调用号置到约定寄存器，嵌入一条 trap 指令，把系统返回值置到约定的函数返回寄存器。C 语言程序调接口函数通过函数调用方式，这样 C 语言程序调用“系统调用”就简单了。

**3. 如何让用户运行指定程序？简述在命令行窗口输入命令执行的大致过程。**

思路：利用命令行来运行指定程序。命令行窗口是由命令解释器进程推出的窗口，命令解释器进程在 read(从终端读命令行)系统调用中阻塞，一旦从键盘输入字符，会产生一个键盘中断，键盘中断处理程序会将字符的编码从键盘控制器寄存器读入系统命令行缓存空间，同时输出到显示器窗口显示，待最后一个“Enter 键”输入系统命令行缓存，命令解释器进程就绪，read 系统调用返回并将系统缓存中的命令行读到用户空间的字符数组中进行处理。分离出命令关键字和其他参数，创建一个子进程运行命令关键字代表的执行文件，命令解释器进程 wait 执行命令的子进程结束，待 wait 返回后又去 read 命令行。

**4. 如何让用户程序来处理硬件发现的指令执行错？错误处理编程对程序“高可用”至关重要。如果变量内容不合规可以这样做：判断变量的值是否正确，若错误则转对应错误处理程序。如判断输入变量 i 是否大于 0，如果小于或等于 0 表示错误，就要求用户重新输入。但是若指令执行出了错，首先发现错误的是硬件，硬件应该怎么办？该由谁来处理？一般应该做怎样的处理？**

思路：硬件发现指令执行错误时不可能做很多工作，硬件逻辑不能做得太复杂，那么就引入一个异常机制，硬件能够知道是什么异常，根据中断/异常向量表来转约定程序处理，这个程序只能是属于操作系统内核的程序，一般也只能输出出错点的现场信息，让出错的进程结束。当然操作系统也可以提供一个"注册异常处理程序"的系统调用，让用户向操作系统来注册一个用户自编处理程序，待发生异常进入操作系统内核后再返调该注册的处理程序。

**5. 要让两个程序能轮流运行，原来运行程序的处理器现场需要保护，现场是什么？应该保护到哪里去？**

思路：一个程序所涉及的所有数据都是现场，如果数据所在的存储要被别的程序数据占用，那么原现场就必须保护。处理器现场是指处理器中的各寄存器，特别包括 PC、新运行程序要使用的寄存器，其原内容都必须作为上一运行程序的现场被保存。现场保存到存在于主存的栈中，因为存在程序的嵌套调用，栈是程序运行必备的数据结构，每一个运行实体(线程)有一个栈。PC 和 PS 必须由硬件在响应中断/异常时保存，其他寄存器现场则需要执行一条条"寄存器到内存"的 MOVE 传送指令来保存，我们说这是由软件保存，其实也是 CPU 执行指令序列保存。

**6. 如何做到让紧急的中断能够尽快处理？**

硬件基础：中断寄存器，中断屏蔽寄存器。

思路：将紧急的中断认定为高优先级中断，确保低优先级中断被处理前在关闭所有中断的状态下设置中断屏蔽寄存器，使得屏蔽所有同级和低级中断，但不屏蔽该高优先级中断，然后允许中断状态下处理这个低级中断，这样在处理该低优先级中断过程中，每条指令执行的最后一个周期会去判断是否有没有屏蔽的高级中断发生，如发生则响应并处理。

**7. 为什么有初始化程序？应该做些什么事？**

思路：在做正事之前都应该做准备工作，这个准备工作就叫作初始化。如关键程序运行前给变量赋初值就是初始化。操作系统正常工作之前也需要做初始化工作，那么这个初始化工作有哪些事呢？主要有对内核各种数据结构的初始化，如初始化空闲空间表，初始化 0 号进程 PCB 等；对硬件的归零工作，如初始化各种外设、初始化中断控制器等。注意，在使用资源之前必须对资源初始化。

## 习　题

2.1　列举几种中断和几种异常。中断和异常有何区别？

2.2　现代计算机处理器为什么设置用户态、核心态这两种不同的状态？有哪些指令必须置于核心态下运行？为什么？

2.3　为什么要把中断分级？中断优先级怎么实现？高级中断是如何打断低级中断处理过程的？

2.4　假设系统有时钟中断、磁盘中断、键盘中断、鼠标中断，请设计它们的优先级，说明理由。写出磁盘中断处理时中断屏蔽寄存器应该有的设置值。

2.5　异常可以在核心态发生吗？为什么？

2.6　什么是中断/异常向量？其内容是什么？试述中断的处理过程。

2.7　中断/异常处理为什么要保存现场和恢复现场？现场应包括哪几方面的内容？哪些寄存器必须做硬件保存与恢复？现场信息可以全部由硬件保护恢复吗？

2.8　操作系统内核的主要功能模块有哪些？如果采用微内核运行模式，原来在内核实现的功能中，哪些功能在微内核中实现？哪些由用户态运行的进程实现？

2.9　从控制轨迹上看，系统调用和函数调用都相当于在断点处插入一段程序执行，但它们却有着质的差别，试述两个方面的差别。

2.10　操作系统主要有哪些系统调用？

2.11　试述现代终端命令解释程序在什么态下运行，描述其处理流程。

第3章

# 进程与处理器管理

处理器是计算机系统执行程序的重要器件，操作系统要管理好处理器，提高处理器的利用率，必须能够在一个程序因为启动了I/O而需要等待I/O数据时，让另一个不相关的程序能够被调度到处理器上运行。程序没有执行完时，如果要让出处理器，操作系统必须对它们的运行状态进行记录，确保不同程序能够分时占用处理器并正确运行。

为了实现上述目的，操作系统要用适当的表格来表示程序的执行，当然运行之前要分配存放程序和数据的主存等系统资源，保证用户程序能够顺利地在处理器上运行。

应该说，组织用户使用计算机的机制是随着计算机操作系统的发展而进化的。在监督程序时代是以作业形式表示程序运行的，那时，作业以同步方式串行地运行每个作业必须完成的步骤，如串行地编译、链接、运行目标程序；当操作系统发展到分时系统时，为了开发同一道作业中不同作业步之间的并发，作业机制已不能满足需要，因而引入了进程机制，让进程来实现作业步的执行。但随着多处理器计算机的出现，用户希望一个作业步中的程序还能够同时在多个处理器上运行，因此进程的机制得到了进一步发展，即让一个进程同时拥有多个线程，让一个进程的多个线程在不同处理器上同时运行。

这里假设系统只有一个处理器，而如何把处理器合理有效地分配给各执行程序使用是处理器管理的主要内容。

本章将讨论如何在计算机系统中表示程序及其执行；如何管理和控制程序的执行；如何组织和协调程序对处理器的争夺使用，最大限度地提高处理器的利用率。

本章主要内容如下。

(1) 进程管理。进程是操作系统的一个重要概念，进程是从批处理系统中为了支持作业及作业步并发而发展出来的机制。本章将重点介绍进程的内部表示、进程的状态及变化、进程相关系统调用及调度与切换等。

(2) 进程与作业的关系。在早期监督程序时代，作业是处理器使用单位，那时没有进程概念，在提出了多道程序设计思想及分时系统出现后，进程概念被引入。本章将介绍在引入进程概念以后作业与进程的关系。

(3) 线程引入。引入线程的目的是为了支持进程中程序的并发/并行执行。原来的进程只有一个占用处理器的执行单位，在引入线程概念后，一个进程内可以有多个线程，每个线程都可以被调度占用处理器。这样，线程之间完全可以并发或并行执行，而且它们还都共享进程的程序和数据空间。

## 3.1 进程描述

为什么会引入进程的概念？主要目的就是要实现多个程序在处理器上的轮流运行，以进程为单位来使用计算机的各种资源，包括程序和数据所用的空间、系统外部设备、文件等资源，特别是以分时共享的方式使用处理器资源。可以理解成一个进程就是一个处理器的实例，是虚拟化的处理器，程序在进程上运行。

操作系统的进程与处理器管理模块负责创建进程、为进程加载用户态运行程序、调度进程占用处理器、支持进程间通信等。而其他的资源管理模块负责其他如主存、外设、文件资源的管理。可以把操作系统看成支持进程并且对进程所用系统资源进行管理的系统。

图 3.1 可以解释这一概念。在多道程序设计环境中，有 $n$ 个进程($P_1, P_2, \cdots, P_n$)被创建。操作系统定义了各自独立的进程用户空间，用户空间存放用户态运行的程序及处理数据，每个进程在其执行过程中需要访问某些系统资源，包括处理器、物理主存、I/O 设备、文件等。如图 3.1 所示，进程 $P_1$ 正在运行，该进程占有若干物理主存用于程序和数据，并且控制了两个 I/O 设备。进程 $P_2$ 也占有若干物理主存，但由于申请的 I/O 设备已经因 $P_1$ 独占而被阻塞，进入 I/O 设备的等待队列，进程 $P_n$ 正在等待分配物理主存。下面要弄清楚，操作系统如何表示一个进程，如何控制进程及管理进程所需用的资源。

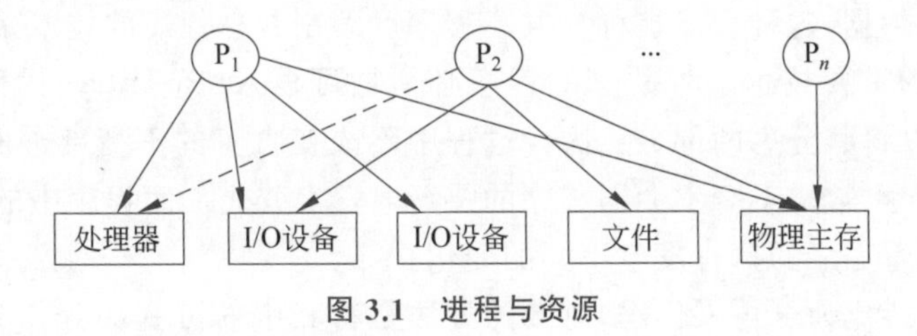


图 3.1　进程与资源

### 3.1.1 进程定义

进程是支持程序执行的机制。进程可以理解为一个正在运行的虚拟处理器，也可以理解为程序对数据或请求的处理过程。

#### 1. 进程组成

进程由以下 4 方面组成。

(1) 进程包括至少一个可执行程序，含有代码和初始数据，一般在进程创建时说明。注意，可执行程序可以被多个进程共享，换句话说，多个进程可能运行同一个可执行程序。

(2) 进程包括一个独立的进程用户空间,在进程创建时由操作系统分配。

(3) 进程使用的其他系统资源。这是指在进程创建及执行过程中,由操作系统分配给进程的系统资源,包括 I/O 设备、文件等。

(4) 进程包括一个执行栈区,包含程序运行现场信息,如子程序调用时所压栈帧、系统调用时所压栈帧等,这是进程运行及进程调度进行处理器切换时所要涉及的数据结构。

用户空间用来存放用户程序和数据。在为进程分配用户空间的同时,操作系统通常还会为用户程序分配运行时所必需的初始系统资源,如程序进行输入/输出所用的标准 I/O 设备(通常是终端),并且在用户空间中加载用户态运行程序和初始数据。在进程运行过程中,操作系统不断地将系统资源以独占方式或者与其他进程共享的方式分配给进程。

在进程创建时,往往会在用户空间定义一个**用户栈**,用来在用户态运行时保存用户程序现场。在操作系统嵌入用户进程运行模式中,系统还会为进程在操作系统内核空间分配一个**核心栈**,用来保存中断/异常点现场,以及在进程运行核心态程序后的转子现场。逻辑上,进程的用户栈和核心栈都属于一个执行栈区。

一个进程至少运行一个可执行程序,程序往往以文件形式存放于辅存中,程序文件中还包含全局变量数据及常数。因此,一个进程需要足够的存储空间来存放进程的程序和数据。为了执行程序,操作系统还必须为进程分配一个栈区,用来保存子程序调用时的现场或在栈中分配局部变量空间。

如果进程要执行多个程序文件中的程序,操作系统则提供相应的系统调用来支持新文件程序和数据对老程序与数据存储空间的覆盖(如 POSIX 标准的 exec 系列系统调用)。

同一个程序可以由多个进程分别执行,当然,不同的进程虽然执行的是相同的程序,但是处理不同的数据,这种程序被称为共享程序。编制共享程序的技术是研制软件(包括操作系统内核)的重要技术。可共享的程序必须是**可再入(Re-entry)代码**。任何一个程序,逻辑上都可以将其分为两部分:执行过程中不改变自身的不变部分和变量等可变部分。程序内的指令、常量本身不会因程序的执行而发生变化。而程序中的数据区、变量存储区的信息将随着程序的执行发生不同的变化。

为了使程序能成为可再入代码,有效的方法是将其中的可变部分作为与进程相关的环境信息与不变部分的程序分开。如函数内定义的变量在"运行栈"上存储。由于每个进程均有自己的"运行栈",因此不会发生不同进程运行相同程序情况下的中间结果相互覆盖。当然程序定义的全局变量存放于数据区,但是只要数据区与程序区分开,每个进程拥有自己独立于其他进程的数据区,同一程序被不同进程运行就不会有问题。

#### 2. 进程映像

我们把程序、数据、用户栈的集合称作**进程映像**(Process Image)。

进程映像放在进程的用户空间,如何放于主存取决于存储管理机制。在实存系统中,进程运行时进程映像都已经存放在主存中,现代操作系统几乎都采用页式虚存管理机制,操作系统为进程定义了独立的用户虚空间,在用户虚空间存放程序、数据和用户栈。在进程创建时会分配并初始化进程虚空间，进程执行新的程序时也会用新的进程映像重新初始化进程用户虚空间。

初始化进程空间是指将辅助存储器中的可执行程序文件中的程序加载到进程空间，并依照可执行程序文件中全局变量的数据说明，分配进程的数据区空间并对其初始化，还要分配好栈区。

### 3.1.2　进程控制块

操作系统要管理进程和它使用的资源，必须拥有每个进程和资源的描述信息及当前状态信息。操作系统建立和维护表格来表示这些信息，信息包含进程和资源的标识、描述和状态。信息不一定要存放在一片连续空间，可以通过表格中的指针将有关信息连接起来，通过这些指针，操作系统很容易得到下一个要处理的信息。

操作系统管理和控制一个进程需要什么信息呢？操作系统必须建立一个表格用来描述该进程的存在及状态。这个表格被称为**进程控制块**(Process Control Block，PCB)。它描述进程标识、空间、运行状态、资源使用等信息。

操作系统管理着大量的进程，每个进程的管理信息被存放于各自的进程控制块中。各操作系统的实现方式不同，信息的组织方法也不一样。下面先介绍操作系统管理进程用到的数据。

如图 3.2 所示，进程控制块包含下述三大类信息。

#### 1. 进程标识信息

在进程控制块中存放的标识信息主要有本进程的唯一标识、本进程的产生者标识(父进程标识)、进程所属的用户标识。系统每个用户都有可能产生多个进程，用户标识信息可以让系统对同一用户的进程进行统一操作。

| 进程标识信息 |
| --- |
| 处理器状态信息 |
| 进程控制等信息 |

图 3.2　进程控制块(PCB)

#### 2. 处理器状态信息

这里指进程的运行现场保存区，进程在运行时，有很多现场信息存在于处理器的各种寄存器中，当进程在中断/异常进入内核程序运行及在内核程序中进一步调用子程序时，需要保存处理器运行现场，运行现场以栈帧格式保存在进程的核心栈中。所以从逻辑上说，进程核心栈属于进程控制块，当然在具体实现时并不一定将进程核心栈放在进程控制块当中，但进程控制块一定要有核心栈的地址。运行现场主要包括如下内容。

(1) 用户可用的寄存器或通用寄存器。这是指任意程序可以使用的数据或地址寄存器。

(2) 控制和状态寄存器。有许多用于控制处理器执行的寄存器，如包含下一执行指令地址的程序计数器(PC)、条件码寄存器(条件码是指当前逻辑或数学运算后导致进位或符号变化、溢出、全 0 或相等情况发生的标志，条件码寄存器即反映这种变化的寄存器)，还有包含中断是否开放、处理器执行态等状态信息的寄存器，通常称为程序状态字(PS 或 PSW，又可称“处理机状态字”)。

处理器状态信息包含所有处理器寄存器的内容，当进程正常运行时，这些信息存放于寄存器中；当进程在正常流程被外中断打断或异常发生时，寄存器信息必须被保护入栈，以便进程中断返回时可以恢复原来被中断的现场。保存处理器状态信息所涉及的寄存器取决于处理器硬件的设计，通常包含用户可见寄存器、控制和状态寄存器、栈指针等。特别要提到的是程序状态字(PS)，它记载了程序执行的状态信息，如条件码、外中断屏蔽标志、执行态(核心态还是用户态)标识等。

### 3. 进程控制信息

PCB中还包括如下信息。

(1) 调度和状态信息。这些信息用于操作系统调度进程占用处理器，主要包括下列三项。

① 进程状态。定义进程当前的执行状况，如进程正在运行、就绪或等待状态。

② 调度相关信息。与操作系统调度算法相关，如优先级、时间片、本进程已等待时间及进程上次占用处理器时间等。进程调度程序可根据优先级决定进程占用处理器的优先次序，可以让等待时间长的进程优先占用处理器。

③ 等待事件。当进程处于等待状态时，指明进程所等待的事件，这往往是进程与系统或其他进程同步所引起的，如等待I/O结束、等待资源锁的释放、等待其他进程结束等。

(2) 进程间通信信息。为支持进程间通信相关的各种标识、信号、信件等，多个信件可以组织成队列。这些信息通常存放在信息接收方的进程控制块中。

(3) 存储管理信息，如进程映像的主存地址，在页式虚存系统中即是包含指向本进程页表结构的指针。

(4) 进程所用资源列表。说明由进程打开、使用的系统资源。如有指针指向打开的文件、I/O设备等的描述、状态信息。

(5) 链信息。进程可以链接到一个进程队列中，或者链接到相关的其他进程中。例如，同一优先级的就绪进程被链成一个队列，一个进程可以链接它的父子进程，进程控制块需要有这样的一些指针域满足操作系统在处理同类、同簇进程时，对同类、同簇进程控制块的访问要求。

在操作系统中，每个进程都有一个唯一的内部数字标识符，它可以是进程控制块的地址值，或者是可以映射出进程控制块位置的某种系统内码。标识符是非常有用的。操作系统可以用进程标识符来定位进程控制块；当进程相互通信时，通过进程标识符可以说明要交换信息的对方进程；当进程创建子进程时，用进程标识符来指明父进程或子进程。这里的进程标识符是一个数字式的系统内码，通过它可以很快得出进程控制块的地址。

除进程标识符外，进程控制块中也包含相应的用户标识，指明进程所有者的信息或进程所运行程序的所有者的信息。同一用户的所有进程配合完成用户的上机意图。

进程控制块中的链接指针可以把有相同特性的进程控制块链接起来，如图3.3所示，有三个进程队列。因为只有一个处理器，所以运行队列只有一个进程，就绪队列存放等待处理器运行的进程，等待队列存放等待某种事件的进程，当然可以按照等待事件不同，设立不同的等待队列，这样就可以用队列区分不同的事件了，待到事件发生，处理程序就到对应的等待队列中把进程的等待状态改成就绪状态。

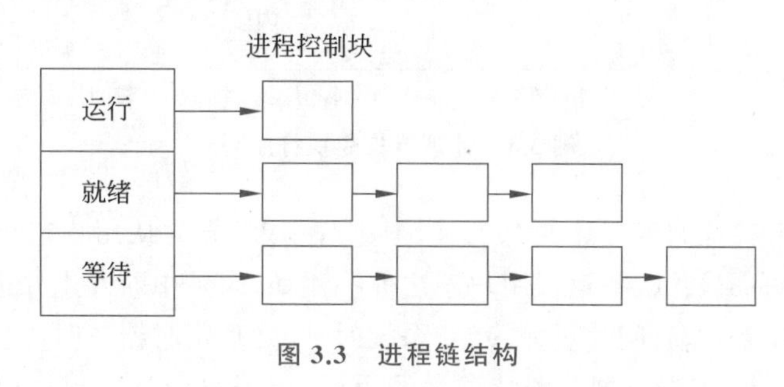


图3.3　进程链结构

进程控制块是操作系统中最重要的数据结构，每个进程控制块都包含操作系统所需的进程信息。进程控制块几乎会被操作系统的所有模块访问和修改，包括各系统调用处理程序、进程调度、资源分配、中断处理和性能监督模块。

操作系统要直接访问这些表格并不难，每个进程都有唯一的标识符，它可以被用作输入，通过查找或变换得到PCB地址来访问进程控制块。但为了系统的层次化、模块化，可以利用面向对象设计方法，设计一个专门处理例程来处理对进程控制块的访问，所有其他程序都通过这个专门处理例程来读/写进程PCB。可以在该处理例程中设置许多保护措施，而且在进程控制块结构调整时只需修改该例程即可。事实上，操作系统设计过程中，对所有公共数据结构都存在这样一个问题，用户往往把对该公共数据结构的规范操作集中在一个例程中，这称为管程设计方法。

## 3.2　进程状态

进程表示程序的执行环境及执行过程。要做到程序的并发执行，操作系统必须能使不同进程中的程序占用处理器并运行，所以一个进程在从创建到结束的生命期内会占用处理器，也会从处理器上下来让别的进程去运行。

从处理器的观点来看，可以通过改变程序计数器(PC)的值来改变指令的执行次序。程序计数器可以从一个应用程序的代码段改变为另一个应用程序的代码段，这也是处理器进程切换所要做的事情。从各独立程序的角度看，各独立程序的执行被称为任务或进程运行。

可以把一个进程里的程序指令执行序列称为进程的踪迹。从处理器的角度来看，处理器的指令执行系列，是交替包含各进程踪迹的。假设有三个进程在一个处理器上运行，其处理器指令执行序列如图3.4所示。

首先，进程1的程序在处理器上执行，当因时钟中断进入内核，发现操作系统分给该进程的时间片用完时，进程调度程序会选取进程2来占用处理器；进程2执行到某系统调用，系统调用处理要向外设发送I/O请求，因其要等I/O完成，故进程调度程序会选取进程3来运行；当系统分给进程3的时间片用完后，进程调度程序又恢复进程1的上次保存现场往下执行。

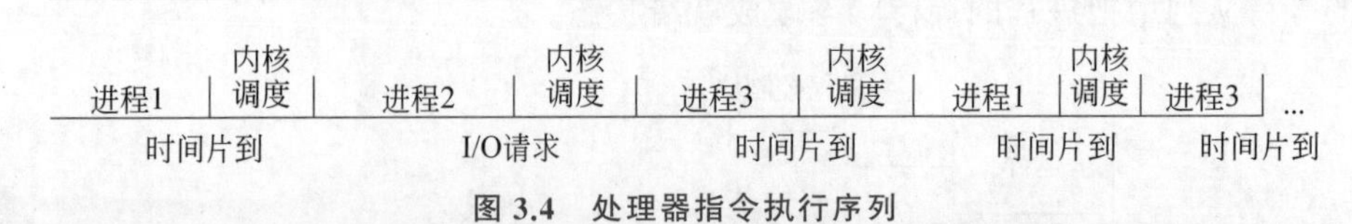


**图 3.4　处理器指令执行序列**

操作系统运行进程调度程序的时机是，当进程中断/异常从用户态进入核心态后，等待中断/异常处理完成，并准备返回用户态之前。例如，时钟中断发生并进入内核，用于处理与时间相关的事务，如时间片用完检测、系统时钟、处理定时器超时等。

从图 3.4 可看出，进程从创建到结束会经历运行、等待 I/O 完成、等处理器不同的状态，分别称为进程的运行、等待、就绪状态。

## 3.2.1　进程的创建与结束

进程是运行用户程序的实体。一般的进程都要经历创建、断断续续运行、最后结束的过程。当然，进程是不是结束要看如何利用进程来处理数据，有些情况下用进程来循环处理请求队列中的请求，那么这些进程循环地运行请求处理程序，永不结束，直到系统关机。这样的进程称为服务器进程或守护进程。

### 1. 进程创建

操作系统提供了进程创建的系统调用。用户程序可以通过“进程创建”系统调用创建新的进程去运行新的程序。创建新进程时，操作系统创建管理该进程所要的系统表格，为进程分配空间并初始化进程空间，准备好执行程序和数据。

一个进程通过系统调用创建一个新的进程，被创建的进程称为子进程，创建者进程称为父进程。除系统“祖先”进程外，其他进程只能由父进程建立。而“祖先”进程是在系统初始化时由初始化程序通过初始化“祖先”进程的进程控制块建立的。

在 UNIX/Linux 中，操作系统初始化时所创建的 1 号进程是所有用户进程的祖先，1 号进程为每个从终端登录系统的用户创建一个终端进程，这些终端进程又会利用“进程创建”系统调用创建子进程，从而形成进程层次体系，称为进程树或进程族系。

系统服务进程是一类特殊的进程，它们运行用户态程序，但不属于任何登录用户生成的进程，它们往往用于完成系统功能，如安全检查、网络服务等。UNIX/Linux 的 1 号进程也是一个系统服务进程，一旦创建，一般不会结束，除非系统要撤销它们提供的系统功能或要关机。

“进程创建”系统调用的一般处理过程如下。

(1) 接收新建进程运行所需的初始值、初始优先级、初始执行程序描述等由父进程传来的参数。

(2) 请求为进程控制块(PCB)分配空间，得到一个内部数字进程标识。

(3) 用从父进程传来的参数初始化 PCB 表。

(4) 产生描述进程空间的数据结构，如页表；用初始参数指定的执行文件初始化进程空间，建立程序区、数据区、栈区等。

(5) 用进程运行初始值，初始化该进程的处理器现场保护区。构造一个现场栈帧。等该进程第一次被调度后会从该栈帧恢复现场，从而能够进入用户程序的入口点运行。

(6) 设置好父进程等关系域。

(7) 将进程置成就绪状态。

(8) 将PCB表挂入就绪队列等待被调度运行。

**2. 进程结束**

操作系统为用户提供系统调用服务用于结束进程，以释放进程所占用的所有系统资源。进程可以请求操作系统结束自己，或在进程发生异常时陷入内核并结束进程。进程结束处理主要是释放进程所占用的系统资源，进行有关信息的统计工作，理顺本进程结束后其他相关进程的关系，最后调用进程调度程序选取高优先级就绪进程来运行。

"进程结束"系统调用的处理过程如下。

(1) 将进程状态改到结束状态。

(2) 关闭所有打开、使用的文件、设备。

(3) 脱离用户进程与其所执行程序文件的映射关系。

(4) 统计相关信息，将统计信息记入Log文件或进程控制块中。

(5) 清理其相关进程的链接关系，如在UNIX/Linux中，将该结束进程的所有子进程链接到1号进程上，作为1号进程的子进程，并通知父进程自己结束。

(6) 释放进程空间，释放进程控制块空间。

(7) 调用进程调度程序将处理器转移到其他进程运行。

### 3.2.2 进程状态变化模型

进程在它的生存周期中，由于系统中各进程并发运行及对资源独占访问等相互制约，使得它们的状态不断发生变化。通常进程处于以下5种状态。各操作系统具体实现不同，可以进一步细分就绪和等待状态。

(1) 运行状态(Running)：一个进程正在处理器上运行，称此进程处于运行状态。在单机环境下，每一时刻最多只有一个进程处于运行状态。

(2) 就绪状态(Ready)：一个进程获得了除处理器之外的一切所需资源，一旦得到处理器即可运行，称此进程处于就绪状态。

(3) 等待状态，又称阻塞状态(Blocked)：一个进程正在等待某个事件而暂停运行，如等待某个资源成为可用或等待I/O完成。

(4) 创建状态(New)：一个进程正在被创建，是还没转到就绪状态之前的状态。

(5) 结束状态(Exit)：一个进程正在从系统中消失时的状态。这是因为进程结束或其他原因所致。

创建状态和结束状态对系统进程管理是非常有用的。当一个新进程被创建时，为它分配了进程控制块结构，置上了进程标识等参数，系统已经存在该进程的标识表格了，但它还不能调度运行，这时需要置上该进程为创建状态，表示该进程的表格还需要完成进一步的初始化工作才可以调度运行。从某种意义上说，置上创建状态保证了进程创建对进程控制结构操作的完整性。等到创建工作完成，再将进程状态置为就绪状态，这时进程调度程序才可以选取该进程，以保证进程调度一定是在创建工作完成后进行。

同样地，当进程到达自然结束点结束，或因某种错误和由其他方式授权进程结束时，进程不能再运行，系统需要逐步释放系统资源，最后释放进程控制块。因此，系统首先必须置该进程处于结束状态，再进一步做信息统计、资源释放工作，最后将进程控制块表格清零，并将表格存储空间返还系统。

图 3.5 说明了进程状态变化的情形，可能的状态变化如下。

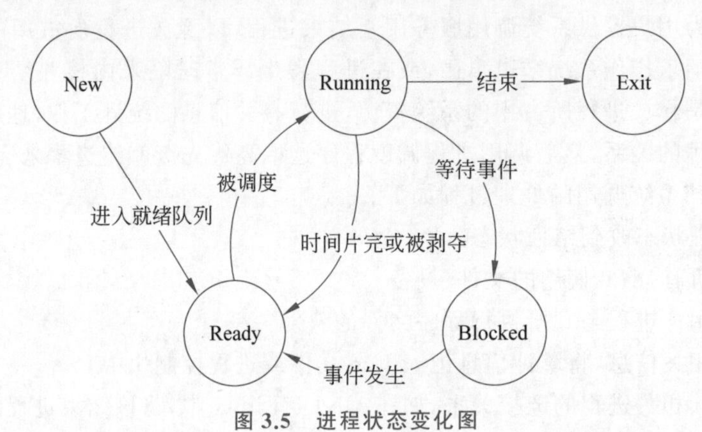


**图 3.5　进程状态变化图**

(1) 空→创建状态。当产生一个新进程用于执行一个程序时，新进程处于创建状态。产生进程最先发生在操作系统初始化时，由系统初始化程序为系统创建第一个进程，以后由父进程通过创建进程的系统调用产生子进程。

(2) 创建状态→就绪状态。当进程创建完成并初始化后，一切就绪，准备运行时变为就绪状态。

(3) 就绪状态→运行状态。处于就绪状态的进程被进程调度程序选中，然后被分配到处理器上来运行，于是进程状态变成运行状态。

(4) 运行状态→结束状态。当进程发出结束进程系统调用或者因错需提前结束时，当前运行进程会进入内核做结束处理。

(5) 运行状态→就绪状态。处于运行状态的进程在其运行过程中，时钟中断处理程序发现分给它的时间片用完，从运行状态变为就绪状态。进程还有以下可能出现这种状态的改变：在可剥夺的操作系统中，当某中断处理程序使更高优先级的进程就绪后，调度程序可以将正运行进程从运行状态改变为就绪状态，选更高优先级的进程运行。

(6) 运行状态→等待状态。当进程请求某个资源且必须等待得到它时，就从运行状态变为等待状态，进程往往以系统调用的形式请求操作系统提供服务，这是一种特殊的、由运行的用户态程序调用内核程序的形式。例如，当进程请求操作系统服务时，操作系统得不到提供服务所需的资源；或进程请求一个 I/O 操作时，操作系统已启动外部设备，但 I/O 操作尚未完成；或进程与其他进程通信，要接收信件时，但对方还未发出，进程都会阻塞而进入等待状态。

(7) 等待状态→就绪状态。当进程要等待的事件到来时，如发生 I/O 结束中断，中断处理程序必须把相应的 I/O 结束的进程状态从等待状态变为就绪状态。

现代操作系统不再像早期的操作系统一样依次排列进程控制块，由进程状态标志来区分不同的状态，查找时还须顺序扫描。现代操作系统依靠队列把相关的进程链接起来，以节省系统查找进程的时间。图 3.6 说明了进程创建后状态变化时，操作系统管理的队列结构及变化图。

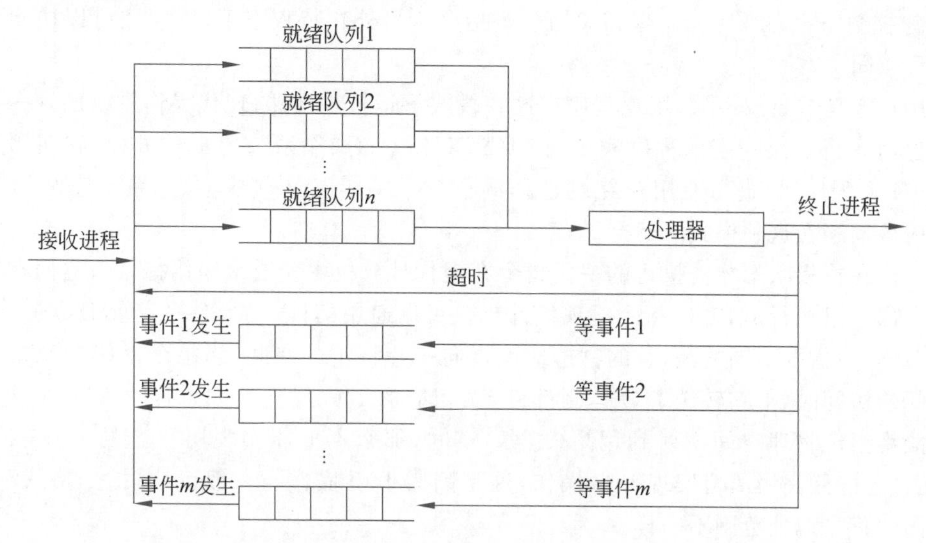


图 3.6　进程创建后状态变化时，操作系统管理的队列结构及变化图

系统按进程优先级数设立几个就绪进程队列，同一优先级进程在同一队列中。系统先取最高优先级的队列队首进程占用处理器，当时间片用完时，往往会重新计算优先级并将其挂到相应就绪队列中。等待事件时，将其挂到相应的事件等待队列中。如果某个事件发生，则系统从相应等待队列中选取进程，重新计算优先级并将其挂到就绪队列中。

## 3.3　进程控制与调度

3.1 节和 3.2 节描述了进程在系统中的表示及进程的状态变化。下面介绍进程运行和切换的实现技术。

### 3.3.1　进程执行

在创建进程时，操作系统为它的运行建立了栈帧，准备好了初始现场，一旦被进程调度程序选择占用处理器运行，调度程序会马上把栈中存放的初始现场信息恢复到处理器的各个寄存器中，在存放输入参数的寄存器中放置由栈中得到的初始输入参数，进程运行程序的初始地址也恢复到 PC 中。进程会运行创建进程时指定的运行程序。创建进程时指定运行的程序是由进程在用户态下运行的，如果进程在运行程序的过程中发生了中断或异常（如系统调用、外部设备中断），进程会转入内核程序运行。

### 1. 执行模式

处理器在执行用户程序和执行内核程序时的模式是有区别的，这是因为处理器在运行内核程序时，可以获得更多的特权，以便内核程序实现更强的功能。而在运行用户程序的时候，其权限有限，也不能直接访问操作系统内核空间，这样保障了系统的安全性。许多处理器支持至少两种执行态。某些指令只能在特权态下执行，如读/写程序状态字(PS)等控制寄存器及存储管理相关的一些指令。另外在特权态下，程序还可以访问更大的地址空间。

用户态是非特权模式，用户程序在这一模式下运行。当然，现代操作系统的许多系统功能也由运行在用户态的程序实现，如 UNIX/Linux 操作系统的 1 号进程，它在用户态运行 INIT 程序，负责所有用户终端进程的创建。特权态又称核心态、系统态或监督模式。内核程序在这种模式下运行。

以往在特权状态才能执行的一些指令在现代计算机中变成了通用指令。它们在任何模式下都可以执行，如 I/O 指令。现代计算机可用通用的读/写指令来实现 I/O 操作，它与一般读/写指令不同的是，它的物理地址指向一片特定的空间，当指令译码发现是对特定空间的访问时，把它转送 I/O 控制部件，做相应的 I/O 操作。如果操作系统提供某种手段能将指定物理空间映射到用户(虚存)空间，那么不但能实现用户态的 I/O 驱动程序，而且还能用高级语言实现 I/O 操作，这是因为 I/O 操作与一般读/写指令格式一致，所不同的只是地址范围不一样。

划分特权与非特权态的理由是，保护操作系统和操作系统的数据表格不被可能出错的用户程序破坏。处理器如何知道它在哪种态下？执行态如何变化？何时变化呢？前面讲到过，程序状态字(PS)中有一位表示处理器执行态，当运行在处理器上的用户程序产生自陷，或被外部事件中断进入操作系统程序运行时，系统要通过重置 PS 马上将处理器模式转变为核心态，原程序状态字作为运行现场被保护，新的程序状态字中的状态被置为核心态。这时，处理器执行任何特权指令或访问系统的空间都不会报错，待到返回用户态程序时，原保护的程序状态字被恢复，处理器模式又转到用户态下。此后如果执行了特权指令，处理器则会报错。

如上所述，进程既为运行用户程序而创建，又会在用户自陷或外部中断时去运行内核程序。当进程运行内核程序时，系统只是保存了用户程序的运行现场，包括所有处理器状态、现场信息，保留原用户程序使用的用户栈不被核心态程序使用。当进程运行内核程序时，系统使用为该进程分配的核心栈空间，当内核程序调用子程序或被中断时，可以利用核心栈保存现场。

### 2. 态切换

处理器在执行每条机器指令时，都会查看是否有中断发生。如果没有中断，处理器继续原来的执行流程；如果有中断发生，处理器会按设计时的约定，用中断处理程序的入口地址重置 PC，并重新设置 PS 将处理器模式从用户态置成核心态模式，转向操作系统的程序执行。操作系统应马上继续保护中断点的处理器现场。在处理器控制权转到内核入口后,内核入口程序应做以下工作。

(1) 保护处理器现场,硬件已保护原程序计数器、程序状态字,软件继续保存各种其他寄存器,如用户栈的指针。

(2) 处理器模式此时已转换成核心态,以便以后执行的程序可以运行特权指令。

(3) 根据中断级别设置中断屏蔽。一般地,如果发生了某级中断,则要屏蔽该级及以下级别的中断,转中断处理程序。

用户程序执行 trap 指令进入内核运行的情形与上述情形基本相似,只是无须设置中断屏蔽,然后操作系统调用服务例程运行。

在操作系统处理中断或系统调用过程中,可能会导致一些等待状态的高优先级进程变成就绪态,如一个 I/O 结束中断处理后会使原来那个等 I/O 完成的等待进程变成就绪。在处理时钟中断的过程中,可能会发现正运行的进程时间片已用完,这都会请求进程的调度及切换。当上述情形发生时,操作系统立即置好"请求进程调度"标志,马上进行进程调度并切换,或等到中断或异常处理完成准备返回恢复点时进行进程调度并切换。当然,如果没有发生上述事情,原进程的现场还会被恢复运行。

**3. 进程切换**

进程切换是指处理器从一个进程的运行转到另一个进程上运行。进程切换与处理器模式切换不同,当模式切换时,处理器逻辑上还在同一进程中运行。而进程切换指处理器转入另一个进程运行。

如果进程因外部中断或异常进入核心态运行,在执行完操作后又恢复用户态刚被中断的程序运行,则操作系统只需恢复进程进入内核时所保存的处理器现场,无须改变当前进程空间等环境信息。但如果要切换进程,那么当前运行进程改变了,当前进程空间等环境信息也需要改变,如当前进程页表始地址寄存器就需要改成新进程的页表始地址。从一个进程切换到另一个进程的过程大致如下。

(1) 保存处理器的上下文,包括程序计数器(PC)、程序状态字(PS)、进程核心栈指针等其他寄存器。

(2) 修改当前运行进程的进程控制块内容,包括将进程状态从运行态改成其他状态,将该进程的进程控制块链接到相应新状态队列中。

(3) 确定被调度进程。

(4) 修改被调度进程的进程控制块,包括把其状态改变为运行态。

(5) 将当前进程存储管理数据修改为新选进程的存储管理数据。例如,改变当前进程存储地址寄存器的内容。如果是虚存系统,由于原来在处理器快表(TLB)中的页表项都是原进程页表项的缓冲,其地址变换是原进程的虚实映射,所以要作废掉处理器快表中的各项数据,并将当前进程页表指针改为指向新选定的进程页表。

(6) 恢复被选进程上次切换出处理器时的处理器现场,按原保存的程序计数器值重置程序计数器,运行新选进程。

如图 3.7 所示为模式切换与进程切换时机。

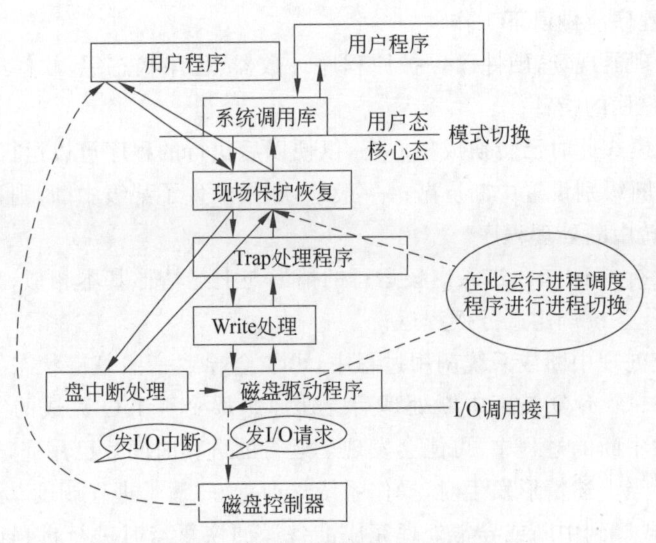


图 3.7 模式切换与进程切换时机

## 3.3.2 进程调度

在单处理器多道程序设计系统中，进程被作为占用处理器运行的执行单位。由于处理器是最重要的计算机资源，所以合理、有效地选择进程占用处理器是进程调度的重要任务。提高处理器的利用率及改善系统响应时间、吞吐率（单位时间完成的作业量），在很大程度上取决于进程调度性能的好坏。

选择进程占用处理器的调度又称为低调或低级调度。一个进程能够在处理器上运行之前，还必须占有系统的其他资源（如主存等）。为了合理地安排进程占用这些资源，为进程占用处理器运行做准备，操作系统也存在对其他资源调度的概念，即选择进程占用系统的其他资源。

### 1. 一般调度的概念

一般意义上，调度就是选择。操作系统管理系统的有限资源，当有多个进程（或多个进程发出的请求）要使用这些资源时，鉴于资源的有限性，必须按照一定的原则选择进程（或请求）来占用资源，这就是调度。选择进程占用处理器称为进程调度；选择磁盘请求占用磁盘控制器进行磁盘 I/O 操作称为磁盘调度。有时因为使用者太多，被使用的资源太少，会设置一种“使用资格”状态，当选择资源申请者进入“使用资格”状态时也称为调度。

下面介绍 3 种针对使用者占用不同资源的调度。

(1) 高级调度，又称作业调度。在支持批处理的系统中，新提交的作业排入批处理队列中。高级调度从批处理队列中选取合适的作业，产生相应进程运行作业控制语句的解释程序，作业一旦被高级调度选中，相应的进程及进程组才会产生，其他系统资源才有可能被占用。

(2) 中级调度。中级调度选取进程占用物理主存，为占用处理器做好准备。在虚存方式存储管理系统中，如果进程被中级调度选中，进程才有资格占用主存。对于在主存不够时被交换到辅存的进程，系统将进程占用的所有主存页帧释放，且在没被中级调度选中之前不会再占用主存。因此，通过中级调度可以控制进程对主存的使用。一个进程在生命周期内可能被多次交换。

（3）低级调度。低级调度决定处在就绪状态中的哪个进程将获得处理器。通常所说的进程调度就是指低级调度。执行低级调度往往使原占用处理器的进程因各种原因放弃处理器，如有更高优先级的进程变成就绪状态的原因。实现低级调度的程序往往又被称为分派程序（Dispatcher）。

下面重点讲述进程调度问题，将讨论进程调度的剥夺与非剥夺方式、请求调度的因素、调度时机和进程切换时机。为了实现系统响应时间、吞吐率及资源利用率等方面的指标，设计进程调度时不但要考虑进程调度算法，而且要考虑提供一个好的调度机制。

**2. 进程调度方式**

进程调度有以下两种基本方式。

（1）**非剥夺方式**。在这种方式下，一旦分派程序把处理器分配给某进程后，便让它一直运行下去，直到进程完成或发生某事件（如提出 I/O 请求）而阻塞时，才把处理器转给另一进程。这种调度方式的优点是简单、系统开销小。但它存在很明显的缺点，如当一个紧急任务到达时，不能立即投入运行，实时性差。如果有若干后到的短进程，则需要等待长进程运行完毕，致使短进程的周转时间变长。

例如，有三个进程（$P_1$，$P_2$，$P_3$）先后（但又几乎在同时）到达就绪状态，它们分别需要 20，4 和 2 个单位时间运行完毕，若它们按 $P_1$，$P_2$，$P_3$ 的顺序执行且不可剥夺，则三个进程各自的周转时间分别为 20，24 和 26 个单位时间，这种非剥夺方式对短进程 $P_3$ 而言是不公平的。

（2）**剥夺方式**。在这种方式下，某个进程正在运行时因中断或系统调用进入内核后，可以被系统以某种原则剥夺它的处理器，将处理器转给其他进程。剥夺原则可以是优先权原则，即高优先级进程可以剥夺低优先级的进程运行；也可以是时间片轮转原则，在运行进程的时间片用完后被剥夺处理器。

图 3.8 给出了前述的三个进程在基于时间片轮转原则的剥夺调度方式下的运行情况（假设时间片值为两个时间单位）。可以看出，$P_1$，$P_2$，$P_3$ 的周转时间分别为 26，10，6 个单位时间，平均周转时间已由非剥夺方式的 23.5 降低为 14 个单位时间。采用剥夺方式的调度，对加快系统吞吐率、加速系统响应时间都有明显的好处。

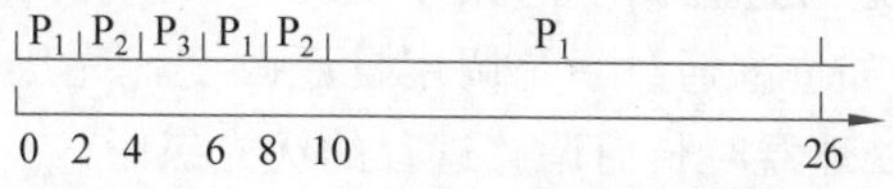

$P_1$ | $P_2$ | $P_3$ | $P_1$ | $P_2$ | $P_1$

0　2　4　6　8　10　26

**图 3.8　基于时间片轮转原则的剥夺调度方式**

### 3. 引发进程调度的原因

当进程正常运行时,怎么会出现进程调度的要求呢?这主要有两方面的原因:一方面,正在运行的进程无法再继续运行下去,而系统中有其他待运行的进程,操作系统必须把处理器交给一个合适的进程来运行;另一方面,对可剥夺调度方式的支持,例如,出现因为更高优先级的进程从原来的等待状态变为就绪状态,需要处理器,或为了给等待处理器过长的进程占用处理器,从而引起调度。

进程主动放弃处理器的原因如下。

(1) 正在执行的进程执行完毕。当运行程序的进程执行完程序要结束其使命时,它向操作系统发"进程结束"系统调用,操作系统在处理"进程结束"系统调用后应请求重新调度。

(2) 正在执行的进程发出I/O有关的系统调用,当操作系统内核外设驱动程序启动外部设备I/O后,在I/O请求没有完成前要将进程变成等待状态,这时应该请求重新调度。

(3) 正在执行的进程要等待其他进程或系统发生的事件,如receive系统调用等待另一个进程的通信数据,这时操作系统应将正运行进程挂到等待队列,并且请求重新调度。

(4) 正在执行的进程得不到所要的系统资源,如要求进入临界段,但还不能进入时,这时等待的进程应放弃处理器,并且请求重新调度。

(5) 正在执行的进程执行"自愿放弃处理器"的系统调用时。有些操作系统提供这种系统调用。

为了支持可剥夺的进程调度方式,在以下情况发生时,新就绪的进程可能会按某种调度原则替换正运行的进程,因此也应该申请进行进程调度。

(1) 当中断处理程序处理完中断,如I/O中断、通信中断,导致等待该数据的进程变成就绪状态时,应该请求重新调度。

(2) 当进程释放资源,走出临界段,导致其他等待该资源进程从等待状态进入就绪状态时,应该请求重新调度。

(3) 当进程发出系统调用,引起某个事件发生,导致其他等待事件的进程就绪时。如send系统调用给某进程发送了消息。

(4) 其他任何原因导致有进程从其他状态变成就绪状态,如进程被中级调度选中时。

为了支持可剥夺调度,即使没有新就绪进程,为了让所有就绪进程轮流占用处理器,可在下述情况下申请进行进程调度。

(1) 当时钟中断发生,时钟中断处理程序调用有关时间片的处理程序,发现正在运行的进程的时间片用完时,应请求重新调度,以便让其他进程占用处理器。

(2) 在按进程优先级进行进程调度的操作系统中,任何原因导致进程的优先级发生变化时,应请求重新调度,如进程通过系统调用自愿改变优先级,或者系统处理时钟中断时,或者根据各进程等待处理器时长而调整进程的优先级时。

操作系统并不一定在引发进程调度原因产生时就马上运行进程调度程序。下面说明进程调度与切换的时机。

#### 4. 进程调度和切换时机

进程调度和切换程序是属于内核的程序。当请求调度的事件发生后，才可能运行进程调度程序。当选中了新的就绪进程后，才会进行进程间的切换。这三件事情必须按这个顺序执行，但是它们并不一定是连续执行的。从理论上讲，这三件事情应该一气呵成，但在实际设计中，如果在某个时刻发生了引起进程调度的因素，并不一定能够马上进行调度与切换。

例如，在运行中断处理程序时，来了一个更高优先级的 I/O 中断，在高优先级中断处理完成后，因为把对应的等待该 I/O 中断的进程变为就绪状态，所以请求调度。如果此时马上进行进程调度与切换，则原被高级中断打断的那个低级中断处理程序还没有运行完成，不但影响中断的响应时间，原来在 I/O 硬件中的现场也可能会丢失。再如，当进程在临界段中时，发生时钟中断，导致请求调度事件发生。如果此时马上进行进程调度与切换，则会导致临界段所占资源不能尽快被释放。

在现代操作系统设计中，不能进行进程调度和切换的情况如下。

(1) 在处理中断的过程中。此时，部分现场存在于外部设备控制器中，当时的外部设备状态也是现场的一部分，如果这时进行进程切换，必须保存当时的一切现场，这在实现上很难做到，而且中断处理是系统工作的一部分，逻辑上不属于某个进程，不应作为某进程的程序段而被剥夺处理器。

(2) 其他需要完全屏蔽中断的原子操作过程中。在原子操作过程中，连中断都要屏蔽，更不应该进行进程调度与切换。关于原子操作详见 4.2.3 节中的原语概念与实现。

(3) 当进程在临界段中时，一般也不应该被切换。在运行用户程序的进程 trap 进入操作系统后，如果进入临界段，需要独占式访问共享数据，理论上必须加锁，以防其他并行程序进入。在加锁后到解锁前不应切换到其他进程运行，以加快该共享数据的释放。关于临界段详见第 4 章。

如果在上述过程中发生了引起调度的条件，比如就绪了某个进程，并不能马上进行调度和切换，系统只好置上请求调度标志，等到走出上述过程后再来调用调度程序进行相应的调度与切换。操作系统何时进行进程调度和切换与操作系统的实现相关。

**应该进行进程调度与切换的时机如下。**

(1) 当发生引起调度条件，且当前进程无法继续运行下去时(如发生各种进程放弃执行的条件)，可以马上进行调度和切换。如果操作系统只在这种情况下进行进程调度，那么该操作系统支持非剥夺调度。

(2) 当中断处理结束或 trap 处理结束后，返回被中断进程的用户态程序执行现场前，若置上请求调度标志，即可马上进行进程调度和切换。如果操作系统支持这种情况下运行调度程序，即实现了剥夺方式的调度。因为这时原进程并没有主动放弃处理器，而是在准备返回用户态程序继续执行时悄悄运行了调度程序而被剥夺的。

如图 3.7 所示的调度时机一个发生在返回用户态执行前，一个发生在向外设控制器发出 I/O 请求进程阻塞后。切换往往在调度完成后立刻发生。进程的切换过程根据处理器结构的不同而不同。典型的进程切换要求保存原进程当前切换点的现场信息，恢复被调度进程的现场信息，现场信息主要有 PC、PS、其他寄存器内容、核心栈指针、进程存储空间的指针(如进程页表指针寄存器)。

为了进行进程现场切换，内核将原进程的上述信息推入当前进程的核心栈来保存它们，并更新堆栈指针。内核从新进程的核心栈中装入新进程的现场信息，还要更新当前运行进程存储空间指针，并且作废掉处理器快表中有关原进程的信息。在内核完成清除工作后，重新设置 PC 寄存器，控制转到新进程的程序，新进程开始运行。

### 3.3.3 调度算法

前面已经描述了进程的调度时机，本节将介绍常用的进程调度原则和算法。在描述进程调度算法之前，先给出几个概念。

(1) 周转时间。进程从创建到结束运行所经历的时间。

(2) 平均周转时间。$n$ 个进程的周转时间的平均值。一般来说，如果调度算法使得平均周转时间减少，则用户满意度和系统效率会提高。

(3) 等待时间。指进程处于等待处理器状态的时间之和。等待时间越长，用户满意度越低。

(4) 平均等待时间。$n$ 个进程的等待时间的平均值。如果一个调度算法使得平均等待时间短了，意味着减少了平均周转时间。

算法的时间和空间开销也是要考虑的一个主要因素。不同的调度算法可满足不同的要求，要想得到一个满足所有用户要求且开销小的算法，几乎是不可能的。

#### 1. 先来先服务调度算法

先来先服务调度算法(FCFS)是最简单的调度方法。其基本原则是，按照进程进入就绪队列的先后次序进行选择。对于进程调度来说，一旦一个进程占有了处理器，它就一直运行下去，直到该进程完成其工作或者因等待某事件而不能继续运行时才释放出处理器。先来先服务调度算法属于不可剥夺算法。

从表面上看，这个方法对于所有进程都是公平的，并且一个进程的等待时间是可以预先估计的。但是从另一方面来说，这个方法并非公平，因为当一个大进程先到达就绪状态时，就会使许多小进程等待很长时间，增加了进程的平均周转时间，会引起许多小进程用户的不满。

今天，先来先服务调度算法已很少用作主要的调度，尤其是不能在分时和实时系统中用作主要的调度算法。但它常被结合在其他的调度中使用。例如，在使用优先级作为调度的系统中，往往对许多具有相同优先级的进程使用先来先服务的原则。

#### 2. 短进程优先调度算法

短进程优先调度算法(SPF)从进程的就绪队列中挑选那些所需运行时间(估计时间)最短的进程进入主存运行。这是一个非剥夺式算法，它一旦选中某个短进程，就将保证该进程尽可能快地完成运行并退出系统。这样就减少了在就绪队列中等待的进程数，同时也降低了进程的平均等待时间，提高了系统的吞吐量。但从另一方面来说，各个进程的等待运行时间的变化范围较大,并且进程(尤其是大进程)的等待运行时间难以预先估计。也就是说,用户对他的进程什么时候完成心里没有底,当后续短进程过多时,大进程可能没有机会运行,导致饿死。而在先来先服务算法中,进程的等待和完成时间是可以预期的。

短进程优先调度算法要求事先能正确地了解进程将运行多长时间。但通常一个进程没有这方面可供使用的信息,只能估计。

短进程优先算法和先来先服务算法都是非剥夺的,因此均不适合于分时系统,因为不能保证对用户及时响应。

### 3. 最短剩余时间优先调度算法

最短剩余时间优先调度算法是将短进程优先调度算法用于分时环境的变形。其基本思想是,让"进程运行到完成时所需的运行时间最短"的进程优先得到处理,包括新进入系统的进程。在短进程优先调度算法中,一个进程一旦得到处理器就一直运行到完成(或等待事件)而不能被剥夺(除非主动让出处理器)。而最短剩余时间优先调度算法允许被一个新进入系统且其运行时间少于当前运行进程的剩余运行时间的进程所抢占。

该算法的优点是,可以用于分时系统,保证及时响应用户要求。缺点是,系统开销增加。首先,要保存进程的运行情况记录,以比较其剩余时间大小;其次,剥夺本身也要消耗处理器时间。毫无疑问,这个算法使短进程一进入系统就能立即得到服务,从而降低进程的平均等待时间。

### 4. 最高响应比优先调度算法

Hansen 针对短进程优先调度算法的缺点提出了最高响应比优先调度算法。这是一个非剥夺的调度算法。按照此算法,每个进程都有一个优先数,该优先数不但是要求的服务时间的函数,而且是该进程得到服务所花费的等待时间的函数。进程的动态优先数计算公式如下。

优先数＝(等待时间＋要求的服务时间)/要求的服务时间

要求的服务时间是分母,所以对短进程是有利的,它的优先数高,可优先运行。但是由于等待时间是分子,所以长进程由于其等待了较长时间,从而提高了其调度优先数,终于被分给了处理器。进程一旦得到了处理器,它就一直运行到进程完成(或因等待事件而主动让出处理器),中间不被抢占。

可以看出,"等待时间＋要求的服务时间"是系统对作业的响应时间,所以优先数公式中,优先数值实际上也是响应时间与服务时间的比值,称为响应比。响应比高者得到优先调度。

### 5. 优先级调度算法

按照进程的优先级大小来调度,使高优先级进程优先得到处理器的调度称为优先级调度算法。进程的优先级可以由操作系统按一定原则赋予它,如实时进程给更高的优先级,甚至可由用户支付高额费用来购买优先级。

但在许多采用优先级调度的系统中，一般进程采用动态优先级。一个进程的优先级不是固定的，可能会随许多因素的变化而变化，例如，进程的等待时间长优先级变高、已使用的处理器时间长了优先级变低。其实这种可变优先级算法是一种反馈算法。

优先级调度算法又可分为下述两种。

(1) 非剥夺的优先级调度算法。一旦某个高优先级的进程占有了处理器，就一直运行下去，直到由于其自身的原因而主动让出处理器时(任务完成或等待事件)才让另一高优先级进程运行。

(2) 可剥夺的优先级调度算法。任何时刻都严格按照高优先级进程在处理器上运行的原则进行进程的调度，或者说，在处理器上运行的进程永远是就绪进程队列中优先级最高的进程。在进程运行过程中，一旦有另一个优先级更高的进程出现(如一个高优先级的等待状态进程因事件的到来而成为就绪)，进程调度程序就迫使原运行进程让出处理器给高优先级进程使用或称为抢占了处理器。在现代操作系统中，其一般进程调度算法就属于"可剥夺的优先级调度算法"，每个进程的优先数都是动态优先数，由系统为各进程每隔一个时间间隔计算一次优先数。

**6. 时间片轮转算法**

采用此算法的系统其进程就绪队列往往按进程到达的时间来排序。进程调度程序总是选择就绪队列中的第一个进程，也就是说，按照先来先服务原则调度，但进程仅占有处理器一个时间片，在使用完一个时间片后，进程还没有完成其运行，它也必须释放(被剥夺)处理器给下一个就绪的进程。而被剥夺的进程返回到就绪队列的末尾重新排队，等候再次运行。时间片轮转算法特别适合于分时系统使用，当多个进程驻留在主存时，在进程间转接的开销一般不是很大。

由于时间片值对计算机系统的有效操作影响很大，所以在设计此算法时，应考虑下列问题：时间片值如何选择？它是固定值还是可变值？它对所有用户都相同还是随不同用户而不同？显然，如果时间片值很大，大到一个进程足以完成其全部运行工作所需的时间，那么此时间片轮转算法就退化为先来先服务算法了。如果时间片值很小，那么处理器在进程间的切换工作过于频繁，使处理器的切换开销变得很大，而处理器真正用于运行用户程序的时间将会减少。通常，最佳的时间片值应能使分时用户得到好的响应时间，因此时间片值应大于大多数分时用户的询问时间，即当一个交互进程正在执行时，给它的时间片值相对来说略大些，使它足以产生一个 I/O 请求；或者时间片值略大于大多数进程从计算到 I/O 请求之间的间隔时间。这样可使用户进程工作在最高速度上，并且也减少了进程间切换的不必要的开销，提高了处理器和 I/O 设备的利用率，同时也能提供较好的响应时间。

各个系统的最佳时间片值是不同的，而且随着系统负荷不同而有所变化。关于时间片值的更进一步考虑和时间片轮转算法请参阅"多级反馈队列调度算法"。

特别要注意的是，时间片是否用完的判定程序是由时钟中断处理程序激活的，因此时间片值必须大于时钟中断间隔。

**7. 多级反馈队列调度算法**

这里所研究的算法是时间片轮转调度算法的发展，但是本算法同时考虑：

(1) 为提高系统吞吐量和降低进程的平均等待时间而照顾短进程。

(2) 为得到较好的 I/O 设备利用率和对交互用户的及时响应而照顾 I/O 型进程。

(3) 在进程运行过程中，按进程运行情况动态地考虑进程的性质(I/O 型进程还是处理器型进程)。并且要尽可能快地决定进程当时的运行性质(以 I/O 为主还是以计算为主)，同时进行相应的调度。

具体来说，多级反馈队列的概念如图 3.9 所示。系统中有多个进程就绪队列，每个就绪队列对应一个调度级别。第 1 级队列的优先级最高，以下各级队列的优先级逐次降低。调度时选择高优先级的第 1 个就绪进程。

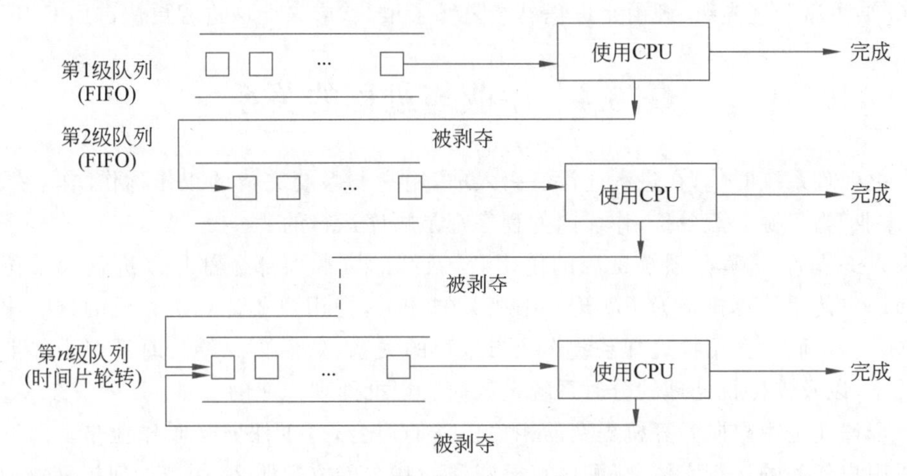


**图 3.9　多级反馈队列的概念**

各级就绪队列中的进程具有不同的时间片值。优先级最高的第 1 级队列中的进程的时间片值最小，随着队列级别的增加，其进程的优先级降低了，但时间片值却增加了。通常下放一级，其时间片值增加 1 倍。各级队列均按先来先服务原则排序。

调度方法：当一个新进程进入系统后，它被放入第 1 级就绪队列的末尾。该队列中的进程按先来先服务原则分给处理器，并运行一个时间片。假如进程在这个时间片中完成了其全部工作，或因等待事件或等待 I/O 而主动放弃了处理器，该进程撤离系统(任务完成)或进入相应的等待队列，从而离开就绪队列。若进程使用完了整个时间片后，其运行任务并未完成(也没有产生 I/O 请求)，仍然要求运行，则该进程被剥夺处理器，同时它被放入下一级就绪队列的末尾。当第 1 级进程就绪队列为空后，调度程序才去调度第 2 级就绪队列中的进程。其调度方法同前。当第 1、2 级队列全部为空时，才调度第 3 级队列中的进程……当前面各级队列全部为空时，才调度最后第 $n$ 级队列中的进程。第 $n$ 级(最低级)队列中的进程采用时间片轮转算法进行调度。当比运行进程更高级别的队列到来一个新的进程时，它将抢占运行进程的处理器，而被抢占的进程回到原队列的末尾。

多级反馈队列的调度操作如上所述，它根据进程执行情况的反馈信息而对进程队列进行组织并调度进程。对此调度算法仍需要做如下说明。

(1) 照顾I/O型进程的目的在于充分利用外部设备，以及对终端交互用户及时地予以响应。为此通常I/O型进程在就绪后进入最高优先级队列，从而能很快得到处理器。另一方面，第1级队列的时间片值也应大于大多数I/O型进程产生一个I/O请求所需的运行时间。这样，既能使I/O型进程得到及时处理，也避免了不必要地过多地在进程间转接处理器操作，以减少系统开销。

(2) 处理器型(计算型)进程由于总是用尽时间片(有些计算型进程一直运行几小时也不会产生一个I/O请求)而由最高级队列逐次进入低级队列。虽然运行优先级降低了，等待时间也较长，但终究得到较大的时间片值来运行，直至最低一级队列中轮转。

多级反馈队列调度算法其实就是一种可变优先级调度算法。多级队列代表了不同优先级，而反馈原则就是：时间片运行完后，因为进程已经占了一段时间的CPU而降优先级，I/O结束后升优先级，理由是进程已经阻塞了很久，应该让该进程更快占用CPU。

## 3.4 作业与进程的关系

在批处理系统时代，在进程还没有引入前，用户要系统完成的工作称作"作业"，系统也以"作业"为资源分配单位，作业内的程序都是顺序运行的。

引入进程后，进程是系统资源的使用者，系统的资源大部分都是以进程为单位分配的。而用户使用计算机是为了实现一串相关的任务，把用户要计算机完成的这一串任务称为作业。下面先介绍批处理系统作业与进程的关系，然后再介绍分时系统中作业与进程的关系，以及支持批处理的分时系统是如何实现批处理作业的。

一个作业是用户向计算机提交的相关任务的集合，每个任务又叫作业步。而进程则是完成用户任务的运行实体，分配计算机资源的基本单位。那么，用户如何提交作业？作业在何时、如何分解成独立运行的进程实体？进程(或进程族)又如何完成作业的功能呢？本节将讨论这些问题。

### 1. 批处理系统中作业与进程的关系

批处理系统中的作业与进程的关系如图3.10所示。用户通过磁带或卡片机向系统提交批处理作业，由系统的输入进程将作业从外设读入并放入磁盘的输入井(一段磁盘空间)中，作为后备作业。作业调度程序每当选择一道后备作业运行时，首先为该作业创建一个进程(称为该作业的根进程)。该进程将执行作业控制语言解释程序，解释该作业的作业控制说明书，作业控制说明书一般会包含编译、链接、运行三个基本语句，每个语句代表了一个作业步。"根进程"在运行过程中可以动态地创建一个或多个"子进程"，执行作业控制说明书中的语句。例如，对一条"编译"语句，该进程可以创建一个子进程执行编译程序，对用户源程序进行编译。类似地，子进程也可以继续创建子孙进程去完成指定的功能。因此，一道作业就动态地转换成了一组运行实体——进程族。

当"根进程"读到作业控制说明书中的"撤除作业"语句时，将该作业从运行状态改变为完成状态，将作业及相关结果送磁盘的输出井(另一段磁盘空间)。作业终止进程负责

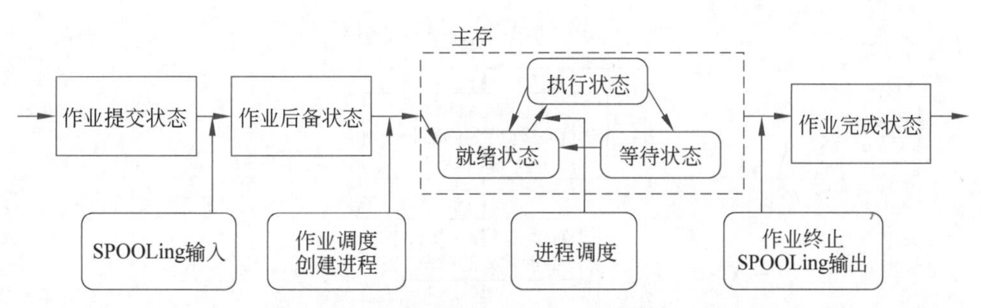


图 3.10　批处理系统中的作业与进程的关系

将输出井中的作业运行结果利用打印机等输出，回收作业所占用的资源，删除作业的有关数据结构，删除作业在磁盘输出井中的信息等。作业终止进程撤除一道作业后，可请求进行新的作业调度。至此，一道进入系统运行的作业全部结束。因此，所谓一道作业处于运行状态，实际上是指与作业相应的进程正在内部活动。进程受自身轨迹和系统内各种因素的作用“走走停停”，在三种进程的基本状态中反复变化。当一道作业的全部进程均结束后，作业也相应地结束。

作业控制语言解释程序是一个可共享的程序。在多道程序设计系统中，作业控制语言解释程序对应着多个执行活动，同时控制多道作业运行。引入进程概念后，系统为多道作业分别创建执行作业控制语言解释程序的根进程，便能达到同一道作业控制语言解释程序对不同作业的控制。

**2. 分时系统中作业与进程的关系**

在分时系统中，作业的提交方法、组织形式均与批处理系统作业有很大差异。分时系统的用户通过命令语言逐条地与系统应答式地输入命令，提交作业步。每输入一条命令，便在系统内部对应一个进程。在系统启动时，系统为每个终端设备建立一个进程(称为终端进程)，该进程执行命令解释程序，命令解释程序从终端设备读入命令，解释执行用户输入的每条命令。对于每条终端命令，可以创建一个子进程去具体执行。若当前的终端命令是一条后台命令，则可以不等当前命令执行完，就去读下一条终端命令，实现两条命令的并发处理。各子进程在运行过程中完全可以根据需要创建子孙进程。当命令所对应的进程结束后，命令的功能也相应处理完毕。如果用户本次上机任务完成，通过一条登出命令即结束上机过程。

分时系统的作业就是用户的一次上机交互过程，可以认为，终端进程的创建是一个交互作业的开始，登出命令运行结束代表用户交互作业的终止。

命令解释程序的流程扮演着批处理系统中作业控制语言解释程序的角色，只不过命令解释程序是从用户终端接收命令。命令解释程序的流程如图 3.11 所示。

命令解释程序的流程如下。

(1) 从终端读入用户输入的命令。命令解释程序发出 read 系统调用，请求终端设备驱动程序为其从终端上读入一条命令，并将命令放在约定的工作变量中。

(2) 分析命令。命令解释程序接收到一条终端命令后，分析命令语法及参数的正确

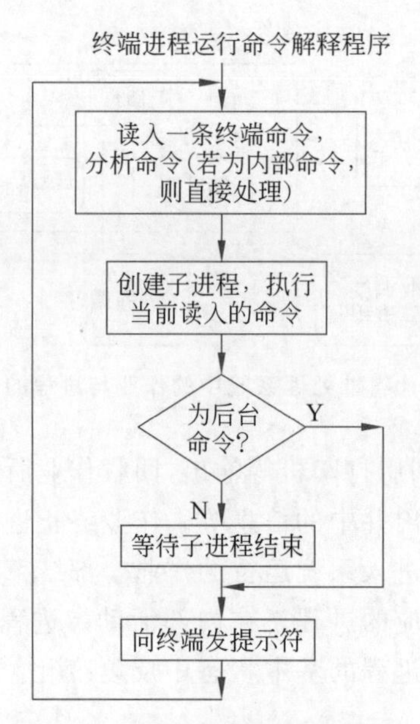


图 3.11 命令解释程序的流程

性。若不正确，则由终端输出错误信息，并重新显示输入命令的提示符(如＄)。

(3) 执行当前命令。当命令解释程序判断输入的命令合法后，便创建一个子进程，根据命令功能为子进程加载相应的执行程序，子进程具体负责对命令的处理。例如，在UNIX/Linux系统中，用户输入一条列表当前工作目录文件的命令：

```
$ls -l
```

这时，终端进程创建一个子进程去执行文件名为 ls 的程序。运行 ls 的子进程完成相应的处理后向终端显示当前工作目录所有文件或子目录的信息，然后自行结束。

(4) 等待子进程结束。当创建子进程后，终端进程便主动等待子进程结束的信息。当子进程结束后，终端进程便结束等待，重新向终端发一个提示符，开始下一条新命令的读入和处理。若当前命令指定为后台执行，则终端进程不必在此等待。

显然，命令解释程序也是一个可共享执行的程序，可以由多个终端进程共享。

### 3. 交互地提交批处理作业

在同时支持交互和批处理的操作系统中，人们可以按交互方式准备好批处理作业的有关程序、数据及作业控制说明书。例如，可用交互系统提供的编辑器编辑自编的一个天气预报程序，用编译及装配命令将程序变成可执行文件，用调试命令进行程序调试，在调试成功后，用户每天都要做如下工作：准备原始天气数据；运行天气预报执行文件，处理原始数据；把结果打印出来等。这时，用交互系统提供的编辑器编辑好将要提交的作业控制说明书文件，假设其文件名为 job。这道作业控制说明文件中包含下述命令。

```
cp data workingfile           //将原始数据复制到 workingfile 文件。
forecast                      //运行 forecast,它是天气预报执行程序,处理
                              //workingfile 数据
                              //文件,结果存于 result 文件。
lpr result                    //打印 result 文件。
```

然后用一条作业提交命令(假设为 $ at -f job)将作业提交给系统作业队列。系统有专门的作业调度进程负责从作业队列中选取作业,为被选取的作业创建一个根进程来运行命令解释程序,解释执行作业控制说明文件中的命令。

## 3.5 线程引入

处理器一直是计算机系统的一个非常重要且特殊的资源。用户要运行程序,必须以操作系统提供的机制来占用处理器资源。下面先介绍处理器分配单位的演变过程,再介绍为什么要引入线程这个概念。

### 1. 从作业到进程

在批处理时代,作业步是串行运行的,例如编译程序运行完后再运行链接程序,当时只有作业的概念,用户交给计算机完成的一串任务被称为作业,同时操作系统以作业为单位分配系统资源,如为作业分配主存,为作业分配处理器等。虽然后来发展到多道作业可以同时进入主存,作业之间可以并发执行,但是同一道作业是一个作业步一个作业步地串行执行的,也就是说,同一作业的作业步是不能并发运行的。

事实上,同一作业的作业步之间有些必须同步执行,但是也有一些作业步之间没有次序限制。例如,一个作业有一段 C 语言源码和一段汇编代码,为了提高并发度,也应该让可以并发的编译作业步和汇编作业步能够并发地占用处理器运行,为此,原来的作业为处理器分配/调度单位已不能满足发展的需求,从而引入了进程。

引入进程后,系统资源,特别是处理器的分配单位变成了进程,原来由一道作业完成的用户任务通过系统中多个进程来实现,一个进程代表了一个作业步,因为进程可以并发地占用处理器运行,因此实现了同一道作业中不同作业步的并发。最初,是以作业为单位占用主存或处理器等系统资源的;引入进程后,作业概念的内涵变了,系统不再以作业分配资源的,而是以进程为单位分配资源的。但是只有被系统选中(高级调度)了的作业才能有资格建立一系列进程而占用系统资源。

### 2. 线程概念的引入

引入进程是为了实现作业步的并发执行,既然是实现同一作业的并发进程,那么进程之间就会有许多的协作,需要进行数据交换,每个进程有自己独立的存储空间,互不干扰。如果要进行进程间数据交换,则需要操作系统中系统调用的支持,操作系统必须提供相应的 send、receive 系统调用来完成进程间数据交换的任务,这样会给编程带来困难。因此,一种共享存储空间的进程概念应运而生,称为**轻权进程**(Light－Weight Process)。让完

成同一任务的进程共享同一片存储空间，但是进程独立作为处理器的调度单位占用处理器。因为这些轻权进程共享存储空间，所以可以利用全局变量或全局数据结构进行数据交换；又因为轻权进程又作为独立的处理器调度单位，可以被进程调度程序调度占用处理器并发地运行。

另一方面，随着共享主存多处理器计算机的发展，用户迫切需要加速单个作业步的运行。如果一个作业步由一个进程实现，让不同作业的进程同时占用多处理器并行执行，可以加速系统的作业吞吐率，但不能够加快单作业步的运行速度。事实上，同一个作业步的工作也是有可并行成分的。

例如，一个实现天气预报的程序可以将处理长沙地区、北京地区、上海地区天气数据的过程并行地展开。如果还沿用传统的进程实现天气预报程序执行，那么因为进程内程序执行的顺序性，则不可能实现不同地区数据处理的并行执行。

为此，**线程**的概念应运而生。在一个进程中可以包含多个可以并发(并行)执行的线程。系统按进程分配所有除处理器以外的系统资源(如主存、外部设备、文件等)，而程序则依赖于线程运行，系统按线程分配处理器资源，引入线程后，进程概念的内涵改变了，进程只作为除处理器以外系统资源的分配单位。线程与轻权进程是从不同的出发点和不同的实现方式而发展来的两个相似概念。

进程与线程的关系如图 3.12 所示。在进程建立时，同时也为该进程建立第一个线程，用于运行程序(注意，进程至少要包含一个线程)，以后在适当的时候，可以通过操作系统的“线程创建”系统调用或上层的库函数建立后续线程。这些线程共享着程序区和数据区，但是它们有各自的运行栈区，可以被独立地调度占用处理器并行或并发地运行。当某个线程被剥夺处理器时，只需把其运行现场保存到该线程的对应栈区，下次该线程被调度时，就又可以从上一次的剥夺点恢复现场继续运行。当进程内所有的线程结束时，意味着进程结束，从而释放进程所占用的所有资源。

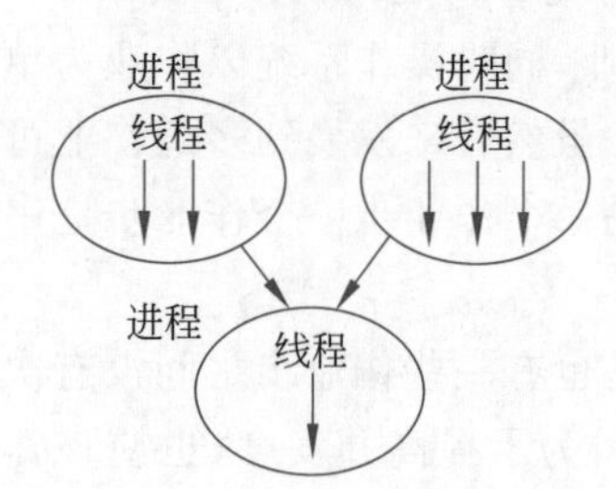

图 3.12　进程与线程的关系

在进程内，每个线程可以运行进程程序区的不同子程序或相同的可再入子程序，它们处理着不同的用户原始数据，或处理着不同的外来请求。每个线程完成一个相对独立的任务，尽可能地并发(并行)运行，同时因为它们实现同一个作业步，它们之间总会存在着同步与通信，而共享存储区这一特点使得同步与通信相对简单，线程的引入为共享存储的并行编程提供了极大的便利。同时，在线程创建时无须再分配存储空间，所以创建的开销比进程要小得多，通过加快运行实体之间的通信速度和节省运行实体创建的开销，可以大大提高利用线程并发编程的作业的运行效率。

图 3.13 是传统进程与多线程进程的模型比较。PCB 是进程控制块，在传统进程模型中包含所有进程的相关信息。而多线程进程模型中 PCB 不含 CPU 调度运行相关的信息，TCB(线程控制块)中描述线程调度与运行的相关信息。传统进程可以看成只有一个线程的进程，因为只有一对栈。而引入线程以后的进程，至少包含一个线程，也可用于进一步生成线程，每个线程有一个用户栈、一个核心栈，在用户栈上运行用户态程序，在核心

栈上运行操作系统内核程序。

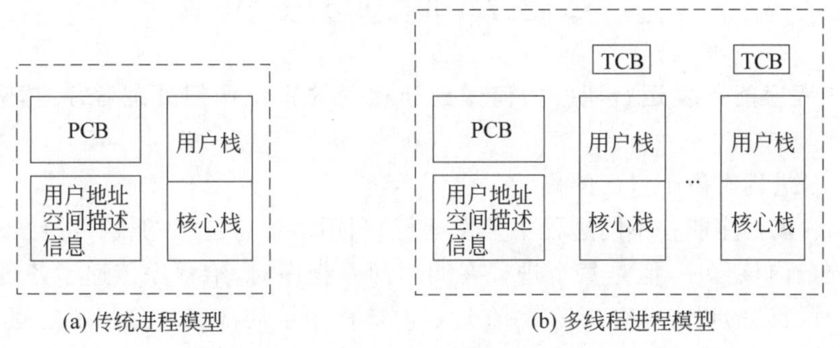


图 3.13　传统进程与多线程进程

## 3.6　核心知识点

进程是支持程序执行的机制。操作系统管理、控制进程所用信息的集合称为进程控制块(Process Control Block,PCB)。进程控制块主要包含进程标识信息、处理器状态信息、进程控制信息。程序、数据、用户栈的集合称为进程映像(Process Image)。

进程状态一般分为运行、就绪、阻塞/等待状态,系统调用处理程序或中断处理程序运行或进程调度程序运行会引起相关进程状态变化。

与进程控制有关的系统调用主要有创建、结束进程。

进程的态(模式)切换是指进程从运行用户态的程序转入核心态程序执行,或者反过来从核心态转入用户态。进程切换是指处理器从一个进程转到另一个进程中运行。

进程调度的基本功能是按照某种调度算法(或原则)为进程分配处理器。进程调度也称为低级调度或处理器调度。进程的调度方式分为剥夺调度和非剥夺调度。剥夺调度能充分保证系统的并发性及及时性,非剥夺调度可以简化操作系统程序设计。引起进程调度的原因主要有进程结束、进程等事件阻塞、进程时间片用完、有更高优先级进程就绪等。进程调度的时机主要有:当发生引起调度条件,且当前进程无法继续运行下去时;当中断处理结束或系统调用处理结束返回被中断进程的用户态程序执行前。

进程调度算法有 FCFS、SPF、优先级调度、时间片轮转法、多级反馈队列调度法等,目前实际操作系统通常使用改良的多级反馈队列调度法。

作业是用户上机任务的宏观实体,进程则是系统内部的微观运行实体。用户作业是通过相应的一组进程运行来具体完成的。

为了实现进程间空间共享而引入轻权进程;为了实现进程内的程序并发(并行)运行而引入线程。在引入线程概念后,进程成为资源(除处理器以外)分配单位,线程则是处理器分配单位。

## 3.7 问题与思考

**1. 内核程序能并发运行吗？如何做到让相同的系统调用处理程序在不同进程中运行？**

基础：各进程有属于自己的栈。

思路：内核程序能在不同进程中并发运行，利用了各自进程的栈。虽然不同的进程调用了相同的内核程序，但是每个进程在调用同一程序时，给程序传递了各自的输入数据，用了进程自己的栈来保存现场，并在进程内核栈中给局部变量分配了空间，而系统调用要访问的共享数据结构存放在内核数据空间，只要在系统调用处理程序中能够互斥地（加锁）访问共享数据结构则不会产生错误。参考4.1.2节中多线程计算数组累加和的例子，那里多个线程调用了相同的函数，其原理是一样的。

**2. 在进程被调度恢复现场时，针对从未运行进程与运行过的进程做一致的现场恢复处理可行吗？换言之，一个新创建的进程从来没有运行过，那么它的栈中应该有现场吗？**

思路：为了让调度程序不用区分新老进程，需要给新进程建现场，至少要在栈帧中PC寄存器保存单元置上main函数的入口地址。这样在调度程序选择进程恢复现场时，新老进程都是一样地从栈中恢复寄存器值。

**3. 如果说一个进程是由父进程通过"进程创建"系统调用创建的，那么系统的第一个进程是怎么创建的？**

思路：CPU是根据PC寄存器的变化去取指令执行的，硬件是没有函数、进程概念的。在系统加电后操作系统正常运行前，CPU要运行系统初始化程序，初始化硬件及系统数据结构，这时也没有操作系统概念上的进程，CPU只是在运行初始化程序。就是说在没有初始化第一个进程PCB前，不可能运行进程调度程序去选择就绪状态的进程PCB恢复其现场来运行。待到初始化程序把中断/异常硬件及数据结构初始化好后，把第一个进程的PCB都初始化好，现场栈帧设置好，就可以转调度程序运行，由调度程序选择进程恢复其现场运行。

**4. 如果一个实时进程用于处理卫星数据，阻塞于读卫星数据系统调用之中，现在这个进程被卫星通信卡数据传输结束中断处理程序就绪了，这个实时进程如何能够及时得到处理器运行？**

思路：把实时进程优先级定得高。在中断处理结束时就应该运行调度程序，而且能够调度上该实时进程。但是要注意被中断的程序是什么程序，如果是低级中断处理程序，应该先处理完低级中断，因为中断处理应该比实时进程更急；如果中断发生在低优先级进程的临界段，而实时进程也有相关临界段的话，这代表低优先级进程占用了实时进程要用的独占型资源，这时应该把低优先级进程优先级调高优先运行，让其赶快运行释放资源，这个技术叫作"优先级反转"。

**5. 什么时候进行进程调度合适？**

思路：进程调度程序是操作系统内核的一个函数，必须调用它才能进行进程调度，那要安排在什么时候调用这个调度函数呢？首先会想到如果原进程运行不了了，如结束或阻塞了，一定要调度；然后会意识到中断或系统调用处理结束时，准备返回前，如果返回的是用户态运行的程序应该运行调度程序，因为内核程序已经运行完了，可以换一个进程运行了。虽然说这个调度点会因为时钟中断原因频繁进入，但如果只有这个调度点显然不够，有时在内核程序运行时发生时钟中断，那中断处理结束要不要运行进程调度程序呢？这时要分析一下中断的是什么内核程序，如果中断的是系统调用处理程序，又不在临界段里面，是可以考虑运行调度程序的。

**6. 哪些系统调用可能引起进程阻塞？**

思路：阻塞的目的是让进程放弃处理器而去运行调度程序换程序运行。如果只是从内核空间读取一些表格的参数，因为马上就可以读到，是不会阻塞的，如 getpid 系统调用。但是如果涉及要申请资源，就可能因为没有资源而阻塞，也有可能因为要进行 I/O，而 I/O 需要时间较长而阻塞进程让出处理器，如 read 系统调用。

**7. 哪些内核程序可能引起哪些进程状态变化？**

举例：进程结束 exit 系统调用处理程序，会将先前通过 wait 系统调用阻塞在内核的进程从阻塞态改成就绪态；比如磁盘中断处理程序会将执行 read 系统调用阻塞在内核等待从磁盘读数据的进程变成就绪状态；时钟中断处理程序可能会把时间片用完的刚刚被时钟中断打断的进程从执行态改变到就绪态；进程调度程序会把被选中运行的进程从就绪态变成运行态。

**8. 在桌面双击 Word 图符到 Word 程序运行，CPU 经历了哪些程序？**

思路：在系统初始化完成后，程序管理器（如 Windows 的 explorer.exe）作为进程运行，它调用 read 系统调用，阻塞在读鼠标信息驱动程序中（等候着用户单击鼠标信息），这时 CPU 转去运行进程调度程序，待选中某进程后转去运行该进程。当用户用鼠标双击 Word 图符，会产生鼠标中断，鼠标中断处理程序打断正在运行的进程，从鼠标控制器的寄存器中获得鼠标位置及双击信息存于内核表中，就绪程序管理器进程，待鼠标中断程序执行完成时准备返回原打断进程用户态程序前，转去运行进程调度程序，调度程序选中程序管理器运行，该进程从内核鼠标信息表中读到鼠标位置信息，返回给程序管理器，程序管理器得知是要运行 Word 程序，因此发“创建进程”系统调用，创建一个运行 Word 程序的进程，待系统调用返回程序管理器前，进程调度程序可能会选取 Word 程序的进程运行，CPU 转去运行 Word 程序，然后 Word 程序会调 open 系统调用打开目标文本文件……，调 read 系统调用读出文件信息……，调 write 系统调用输出文件信息到终端显示……

## 习　题

3.1　为什么要引入进程概念？试述进程与程序的区别。

3.2　进程控制块的作用是什么？PCB 中应包括哪些信息？

3.3　进程模式切换与进程切换有什么区别？

3.4　列举几种进程状态发生变化的情景。说明是什么程序改变了哪个进程的状态？

3.5　进程创建的主要工作是什么？

3.6　进程切换的主要工作是什么？

3.7 列举引起进程调度的几个典型原因。

3.8 什么时候进行进程调度最合适？请说明理由。

3.9 证明短进程优先(SPF)调度算法可使进程的平均等待时间最短。

3.10 对于三类进程(I/O为主、计算为主和I/O与计算均衡)，应如何赋予它们运行优先级，并说明理由。

3.11 假设在单处理器上有5个(1,2,3,4,5)进程争夺运行，其运行时间分别为10s，1s,2s,1s,5s，其优先级分别为3,1,3,4,2，这些进程几乎同时到达，但在就绪队列中的次序依次为1,2,3,4,5，试回答：

(1) 给出这些进程分别使用轮转法、SPF和非剥夺优先级调度法调度时的运行进度表。其中，轮转法的时间片取值为2。

(2) 在上述各算法的调度下，每个进程的周转时间和等待时间为多少？

(3) 具有最短平均等待时间的算法是哪个？

3.12 假定有这样一个进程调度算法，它为各进程累加处理器运行时间并首先调度在最近一段时间内占用处理器时间最短的进程运行。为什么该算法有利于I/O为主的进程，而又不会让计算为主的进程永久地等待？

3.13 试述剥夺调度与非剥夺调度之间的区别，并分析各自的优缺点。

3.14 许多处理器调度算法都是含有变量的，例如，轮转法的时间片、多级反馈队列调度法中的队列个数、优先级、各队列的调度算法，以及进程在队列之间移动的原则等。也可以说，这些算法通过选取某些变量的不同值可能演变成其他算法，如对轮转法，当时间片取值无穷大时，便演变成FCFS法。另外，一种调度算法也可以包含另一种调度算法。试述下面的各对进程调度算法之间的关系。

(1) 优先级算法、短进程优先法。

(2) 多级反馈队列法、先来先服务法。

(3) 优先级法、先来先服务法。

(4) 最高响应比法、多级反馈队列法。

(5) 轮转法、短进程优先法。

3.15 假定对于交互作业进程采用轮转法调度，对于后台批处理作业的进程使用多条优先级就绪队列的剥夺式优先级调度法，试述这样的不同队列不同调度法与多级反馈队列调度法的区别。

3.16 作业与进程有何不同？它们之间有什么关系？

3.17 在终端上启动执行一个Shell脚本程序，会创建什么进程运行什么程序？

3.18 什么是批处理作业和交互式作业？它们的特点是什么？系统如何管理它们？

3.19 在支持批处理与分时的操作系统中，用户如何在终端上提交批处理作业和交互式作业？

3.20 进程与线程的区别是什么？多线程编程与多进程编程相比的优势和缺点是什么？

第4章

# 同步互斥与通信、死锁

在多道程序设计系统中，进程是可以并发（分时占用处理器）或并行（同时占用不同处理器）运行的，进程运行着用户自编的程序或系统提供的程序。这些程序在运行过程中，会因为中断/异常进入操作系统内核运行，所有进程的内核空间是共享的，此时，会去访问一些需要分时独占使用的共享资源或数据，访问共享资源或数据时会引发一种互斥关系，以满足各进程不同时使用共享资源或数据的要求。另一种情形是，一个进程需要向另一个进程传递数据，也就是说，后面的进程必须等待前面进程的数据到达才能继续运行，这是一种进程间的次序关系，我们又叫它同步。

在引入线程的系统中，进程内的多个线程可以并发或并行运行，因为同一进程的多线程共享了进程的用户空间，各线程在运行过程中同样会因为访问共享数据及等待数据而发生互斥与同步关系。

为了正确控制并发活动，必须提供相应的工具以协调这些制约关系，本章将给出相应的同步互斥工具。

进程间的互斥关系可能引起一种死锁状况。早期的操作系统在收到进程对某种资源的申请后，若该资源尚可分配，则立即将资源分配给这个进程。后来发现，对资源不加限制地分配可能导致进程间由于竞争资源而相互等待，以至无法继续运行，人们把这种局面称为死锁(Deadlock)。死锁问题直到1965年才被Dijkstra首先认识。1968年，Havender在评论OS/360操作系统时说："原先多任务的概念是让多个任务不加限制地竞争资源……但是随着系统的发展，很多任务被锁在系统中了。"

那么，什么是死锁？死锁在系统中是怎样产生的？人们用什么方法来解决死锁？这些也是本章要讨论的问题。

本章的主要内容是操作系统对并发的支持、同步与互斥的概念、实现同步与互斥的手段、死锁的概念与死锁防止。

## 4.1 并发/并行执行的实现

用户编程是为了实现一个计算任务。一个计算任务可以分解为许多子任务，子任务之间并不一定是严格串行运行的，通常有可以并行运行的成分。如

图 4.1 所示，一个计算任务由三个子任务组成，图中的箭头说明子任务间的次序关系，没有次序关系的子任务之间可以并行执行，例如 $S_1$ 和 $S_2$ 可以并行执行。但是人们习惯了顺序编程，比如把图 4.1 中的子任务按照 $S_1$，$S_2$，$S_3$ 次序进行处理。

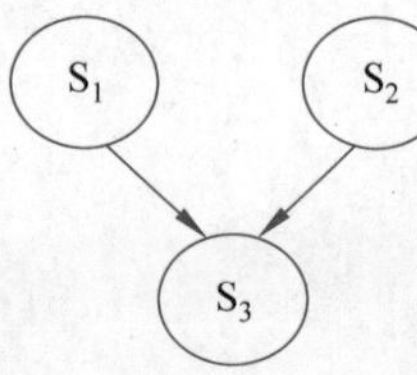

图 4.1 任务中子任务关系示意图

### 4.1.1 并行程序设计方法

许多计算任务均包含可并行执行的子任务，要想让任务中的并行成分能够并发或并行执行，通常有如下三种方法。

(1) 程序员编写顺序程序，系统设计一个"并行识别器"实用程序，把顺序程序作为"并行识别器"的输入，识别程序中存在的并行成分，利用操作系统支持的进程(线程)机制把这些并行成分对应地创建成一组并发进程(线程)，并发/并行地执行。

(2) 由程序员识别并行成分，利用并行程序设计语言编写并行程序，在编译时由编译系统安排创建相应的一组进程(线程)以控制并发/并行执行。

(3) 由程序员识别并行成分，利用操作系统支持的进程(线程)机制提供的系统调用或高层的并行库函数，生成进程(线程)并使其运行并行子任务。如果用 C 语言进行并行程序设计，因为 C 语言不是并行程序设计语言，所以必须用该方法。目前看来，这种方法用得多。

人们利用并行程序设计语言作为并行编程的高级语言，并行程序设计语言中通常提供相应的结构和语句，供程序员描述其程序中的并行成分。一般地，并行程序设计语言可以从顺序程序设计语言增加并行语句成分改造而来，但一些新的语言，在设计的时候就已经考虑了对并行程序设计的支持。

下面给出一种在普通顺序程序设计语言中增加并行成分基本语句，即并行语句的方法。

为了在高级语言一级描述程序中的并行成分，Dijkstra 引出了一种并行语句 Parbegin/Parend。该语句的形式是：

```
Parbegin S1; S2; …; Sn; Parend;
```

其中，$S_i$ $(i=1, 2, \cdots, n)$是单条语句，包含在 Parbegin 和 Parend 之间的所有语句可以并行执行。

例如，对图 4.1 的计算任务可以描述为：

```
Parbegin
S1;
S2;
Parend;
S3;
```

并行语句 Parbegin/Parend 的结构化特征非常好，但存在着描述能力不强的缺点，即存在用 Parbegin/Parend 语句无法描述的并行及优先关系，如图 4.2 所示。

这是因为并行语句只描述了并行运行成分，非并行成分的串行执行只能通过语句的自然顺序实现，如果有比较复杂的同步，则无法描述。若能辅以其他同步手段（如本章将介绍的信号量机制），则并行语句可以大幅度提高其描述能力。

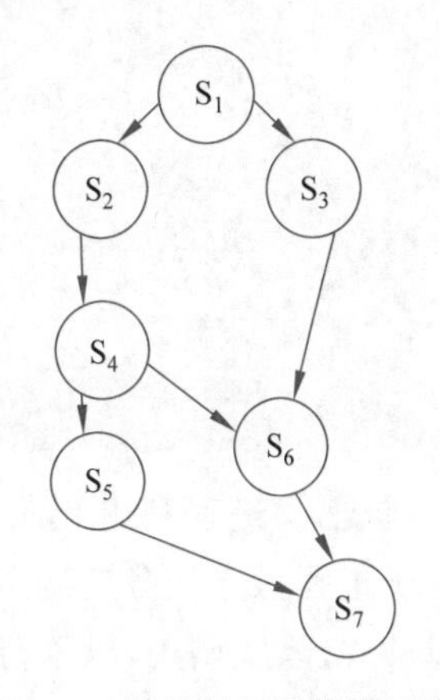


图 4.2　并发语句不能描述的并发优先关系

### 4.1.2　进程/线程并行编程接口

要想真正使并行程序并发/并行地执行，还需依赖操作系统的进程或线程机制。

通常，操作系统提供进程或线程创建、结束和同步等系统调用，用来支持并行程序的执行。如果用户用并行程序设计语言编写并行程序，编译系统在对该程序进行编译时，会将程序中的并行语句转换为对操作系统相关系统调用函数的调用，动态地创建一组进程或线程来执行该程序。也就是说，系统将利用进程或线程的并行性来获得程序中并行成分的并发或并行执行。当然，用户也可以直接利用这些系统调用函数来编写并行程序。

#### 1. 多进程编程接口

下面给出 UNIX/Linux 中支持并发/并行执行、与进程相关的几个系统调用。

(1) fork()——创建一个新进程。该系统调用执行完成后，系统就创建了一个子进程，子进程映像的程序区、数据区和用户栈区按如下规则生成：该子进程共享父进程的程序空间，复制父进程的数据区和栈区。也就是说，不管是父进程还是子进程，在占有处理器后，都从 fork()调用的返回点开始运行，但是数据区和栈区已经完全分开，父进程 fork()调用的返回值是子进程的进程标识 pid，子进程的返回值是 0。

(2) exit(status)——进程结束。该系统调用发出后，操作系统将从系统中删除调用 exit 的进程，并将 status 值传给等待它结束的父进程。

(3) wait(&status)——等待子进程结束。当有多个子进程时，任一个子进程结束即将控制返回调用者，并将子进程调用 exit(status)时的 status 值送到 &status 指针所指存储单元中。在控制返回调用者时，同时将所得到的子进程 pid 作为 wait()系统调用函数的返回值。

(4) waitpid(pid, …)——等待 pid 所指的进程结束。

有了上面几个系统调用的支持，便可以将图 4.1 的计算任务用多进程来实现，考虑到 $S_1$ 和 $S_2$ 要并发执行，将其中的 $S_1$ 和 $S_3$ 两个子任务放在父进程中执行，而将 $S_2$ 放在子进程中执行，并利用 exit()和 wait()系统调用来控制父、子进程之间的同步关系。程序示意描述如下。

```
pid = fork( );
if(pid == 0) then
```

```
    {
    S2;
    exit(0);
    }
else
S1;
wait( );
S3;
```

首先,父进程利用 fork( )系统调用产生一个子进程以运行 $S_2$,同时父进程将运行 $S_1$。子进程做完任务后调用 fork( ),通知父进程自己已经做完了;父进程运行完 $S_1$ 后调用 wait( )系统调用,以等待子进程结束。一旦操作系统内核发现子进程结束了,父进程从 wait( )系统调用返回,即可继续执行后续语句 $S_3$。

注意,在执行 pid =fork( );语句后,新进程已经诞生,它拥有程序区、数据区、栈区,逻辑上这都是通过复制父进程的程序区、数据区、栈区得到的,所以父、子进程都有存放同名 pid 变量的数据区,但是父进程的 pid 与子进程的 pid 已经是两个不同的变量。父进程 pid 在执行完该语句后被赋值"子进程 pid 号",而子进程 pid 变量中被赋值 0。

在传统高级语言基础上,利用操作系统提供的进程或线程类系统调用,或在此之上的多线程库函数进行并发/并行程序设计,是最为常见的。

**2. 多线程编程接口及举例**

Linux 提供了线程创建的系统调用 clone,但为了用户编程方便,一般建议用户使用 Pthread 库函数进行程序设计。下面介绍 Pthreads 库所提供的有关线程函数,以便对线程有一个大致的了解。

1) 创建线程

```
int pthread_create(pthread_t * tid, const pthread_attr_t * attr, void * (*
func)(void*), void* arg);
```

一个进程中的每个线程都由一个线程 ID(thread ID)标识,其数据类型是 pthread_t(常常是 unsigned int)。如果新线程创建成功,其 ID 将通过 tid 指针返回。

每个线程都有很多属性: 优先级、初始栈大小等。当创建线程时,可通过初始化一个 pthread_attr_t 变量说明这些属性以覆盖默认值。通常使用默认值,在这种情况下,将 attr 参数说明为空指针。

最后,当创建一个线程时,要说明一个它将执行的函数。线程以调用该函数开始,然后或者显式地终止(调用 pthread_exit)或者隐式地终止(让该函数返回)。函数的地址由 func 参数指定,该函数的调用参数是一个指针 arg。如果需要多个调用参数,则必须将它们打包成一个结构,然后将其地址当作唯一的参数传递给起始函数。

当调用成功后,返回 0。出错时,返回正 Exxx 值。该函数不设置 errno。

2）等待某线程结束

```
int pthread_join(pthread_t tid, void * * status);
```

tid 是必须等待线程的 tid。执行该函数可能导致执行线程阻塞，在要等的线程结束时被就绪并返回。

3）获得正在执行线程的 ID

```
pthread_t pthread_self(void);
```

每个线程都有一个 ID，用于在给定的进程内标识自己。线程 ID 由 pthread_create()返回，可以调用 pthread_self()取得自己的线程 ID。

4）将线程变为独立状态

```
int pthread_detach(pthread_t tid);
```

线程或者是可汇合的(Joinable)，或者是独立的(Detached)。当可汇合的线程终止时，将保留其线程 ID 和退出状态，直到另一个线程调用 pthread_join()。当独立的线程终止时，所有的资源都释放。如果一个线程需要知道另一个线程什么时候终止，最好保留第二个线程的可汇合性。

pthread_detach()函数将指定的线程变为独立的。

5）线程结束

```
void pthread_exit(void * status);
```

该函数终止线程。如果线程未独立，其线程 ID 和退出状态将一直保留到进程中的某个其他线程调用 pthread_join()函数。

指针 status 不能指向局部于调用线程的私有存储对象，因为当线程终止时，这些对象也将消失。

6）加锁/解锁

```
int pthread_mutex_lock(pthread_mutex_t * mutex)
int pthread_mutex_unlock(pthread_mutex_t * mutex)
```

这两个函数用于对临界区/段加锁和解锁，以保证对共享数据的互斥操作。mutex 指向锁结构的地址。

下面是利用 10 个线程求 g_array[ARRAY_SIZE]数组累加和的程序示例程序。

```
1. #include <stdio.h>
2. #include <pthread.h>
3.
4. #define ARRAY_SIZE 1000
5. #define NUM_THREADS 10
```

```
6.
7. int g_array[ARRAY_SIZE];
8. int g_index =0;
9. int g_sum =0;
10. pthread_mutex_t mutex1=PTHREAD_MUTEX_INITIALIZER;
11. void* slave (void* index)
12. {
13.     int partsum =0;
14.     int localindex =(int) index * ARRAY_SIZE/NUM_THREADS;
15.     int i;
16.     for(i=0; i<ARRAY_SIZE/NUM_THREADS; i++)
17.         partsum +=g_array[localindex+i];
18.     pthread_mutex_lock(&mutex1);
19.     g_sum +=partsum;
20.     pthread_mutex_unlock(&mutex1);
21. }
22. int main ()
23. {
24.     int i;
25.     pthread_t thread[NUM_THREADS];
26.     pthread_mutex_init (&mutex1, NULL);
27.     for (i=0;i<ARRAY_SIZE;i++)
28.         g_array[i]=i+1;
29.     for (i=0;i<NUM_THREADS;i++)
30.     {
31.         if(pthread_create(&thread[i], NULL, slave, (void*)i))
32.             perror("Pthread Create Fails");
33.     }
34.     for (i=0;i<NUM_THREADS;i++)
35.     {
36.         if(pthread_join(thread[i], NULL))
37.             perror("Pthread Join Fails");
38.     }
39.     pthread_mutex_destroy(&mutex1);
40.     printf("The sum of 1 to %d is %d\n", ARRAY_SIZE, g_sum);
41.     return 0;
42. }
```

可用看出不同线程可用运行相同程序 slave()，但是输入的是不同的参数，在各自线程的栈上运行，存放累加和的 g_sum 是全局变量，存放在进程用户空间的数据区，由各线程共享，需要互斥使用(同步互斥将在 4.2 节详细讨论)。partsum 是局部变量，是运行时在线程的栈中分配的空间，每个线程的 partsum 变量虽然其名字相同，但却是不同的变量。

用多线程编写并行程序与用多进程编写并行程序相比，因为多线程天然共享进程用户空间，可以直接用全局变量进行数据交换，而不同进程一般不共享用户空间，只是共享内核空间，故进程间交换数据需要利用进程通信系统调用通过内核空间进行，不如线程间交换数据方便。

被多个线程调用的函数可能会访问共享的全局变量，另外，被多个进程/线程调用的操作系统内核程序也会访问内核中的共享数据，故一定要考虑使用共享数据引起的同步与互斥问题。下面来进一步讨论同步与互斥。

## 4.2　同步与互斥

进程/线程因为协同实现用户任务或者要共享计算机资源，在进程/线程之间存在着相互制约的关系。这些制约关系可以分为以下两类。

(1) 同步关系(或称直接制约关系)：指为完成用户任务的伙伴进程/线程间，因为需要在某些位置上协调它们的工作次序而等待、传递信息所产生的制约关系。

(2) 互斥关系(或称间接制约关系)：即进程/线程间因相互竞争使用独占型资源(互斥资源)所产生的制约关系，如进程间因争夺打印机设备而导致一方须待另一方使用结束后方可使用。

本节主要讨论系统中常见的同步与互斥问题，并给出基本的解决方法。同步与互斥是并发或并行进程/线程活动中经常遇到的问题。

### 4.2.1　同步与临界段问题

同步问题主要是因为进程/线程间协调工作中等待、传递信息而产生的。

**【例 4.1】**　由两个进程来实现如图 4.2 所示的任务。其中，进程 $P_1$ 依次运行 $S_1$，$S_2$，$S_4$，$S_5$，$S_7$ 子任务，进程 $P_2$ 依次运行 $S_3$，$S_6$ 子任务。那么进程 $P_1$ 和进程 $P_2$ 在如下三个点存在同步关系：

(1) 进程 $P_2$ 的 $S_3$ 运行前必须等待进程 $P_1$ 的 $S_1$ 执行完毕。

(2) 进程 $P_2$ 的 $S_6$ 运行前必须等待进程 $P_1$ 的 $S_4$ 执行完毕。

(3) 进程 $P_1$ 的 $S_7$ 运行前必须等待进程 $P_2$ 的 $S_6$ 执行完毕。

临界段(Critical Section)问题的实质是进程/线程互斥使用资源问题。下面举例描述临界段问题。

**【例 4.2】**　若进程 $P_1$ 和 $P_2$ 共享硬件的“打印机”资源，即 $P_1$ 和 $P_2$ 分别执行如图 4.3 所示的操作。

打印机是需要互斥使用的独占型资源。若让它们随意使用，两个进程的输出信息很可能交织在一起，看起来极不方便，故必须互斥使用，即在每个进程使用打印机的前、后分别加上一段控制代码 entry code 和 exit code，以保证互斥使用。在第 6 章设备管理中将会看到，使用独占型设备的 entry code(入口码)是一条请求分配设备的系统调用，exit code(出口码)是一条释放设备的系统调用。

**【例 4.3】**　线程 $T_1$ 处理存款到一个账户中，同时线程 $T_2$ 处理借贷。下面的代码框

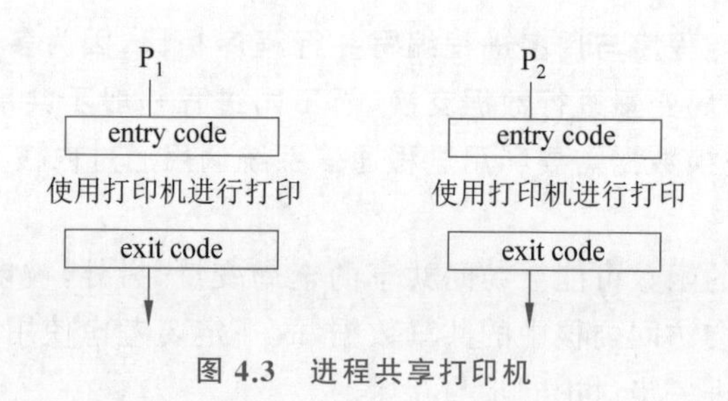


图 4.3 进程共享打印机

架显示线程如何访问共享变量 balance。

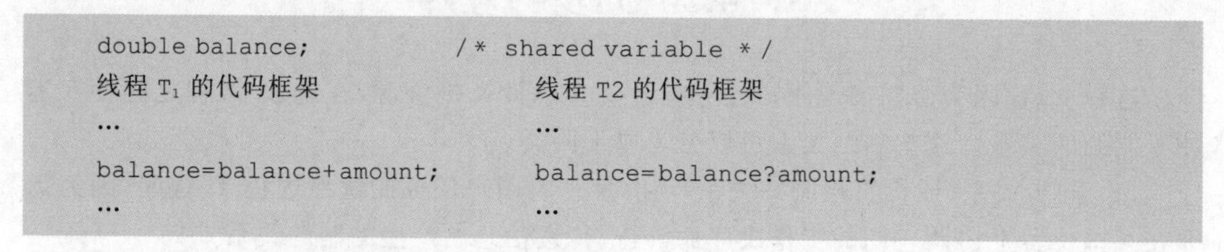

```
double balance;                  /* shared variable */
线程 T1 的代码框架                  线程 T2 的代码框架
…                                 …
balance=balance+amount;           balance=balance?amount;
…                                 …
```

这些高级语言语句将被编译成几条机器指令，如下所示。

```
线程 T1 的代码框架                  线程 T2 的代码框架
load R1, balance                  load R1, balance
load R2, amount                   load R2, amount
add R1, R2                        sub R1, R2
store R1, balance                 store R1, balance
```

假设线程 $T_1$ 在单处理器上运行且正在执行下面的指令时，定时中断发生：

```
load R2, amount
```

如果中断处理完成后运行线程调度程序，调度程序接下来可能选择 $T_2$ 线程运行，它执行"balance= balance－amount;"机器指令代码段，当然中断处理完成后也可能再调度 $T_1$ 运行。那么在线程 $T_1$ 和 $T_2$ 之间，就出现着竞争条件(Race Condition)。如果 $T_1$ 赢了，那么已经读到 $R_1$，和 $R_2$ 中的值就会加在一起，并安全地写回到主存的共享变量中。如果 $T_2$ 赢了，它将会读取 balance 的最初值，计算 balance 和 amount 的差值，然后将差值存放到保存 balance 的主存位置。那么 $T_1$ 最后会重新使用前面已经装入 $R_1$ 中的原来的值，这个原来的值在 $T_1$ 被剥夺处理器时被保存起来，接着 $T_1$ 会计算 balance 与 amount 的和，从而产生的 balance 值，这与 $T_1$ 阻塞时 $T_2$ 写的 balance 值不相同，因而再次写入保存 balance 的主存位置，会使 $T_2$ 更新的值丢失。

根据两个线程对共享变量 balance 的使用，在线程 $T_1$ 和 $T_2$ 中的程序都定义了一个临界段。对于 $T_1$，临界段就是计算 balance 与 amount 和的部分；但对于 $T_2$，临界段就是计算 balance 与 amount 差的部分。因为同一个程序在相同数据上的多次执行可能产生不一样的结果，所以这两个线程的并发执行是不能保证确定性的。在一次执行中，$T_1$ 可能赢了，在下一次的执行中，$T_2$ 可能赢了，因而在共享变量中会有不同的最后结果。只考

虑 $T_1$ 的程序或 $T_2$ 的程序，是不可能检查出问题的，问题是由共享所引起的，而不是由顺序代码中的其他错误造成的。让任一个线程在它需要进入的时候进入相应的临界段，而其间排斥另一个线程也进入相应的临界段，这样就可以避免临界段问题。

从上述关于临界段问题的两例可知，进程/线程间若共享必须独占使用的资源，则往往存在互斥问题，即存在临界段问题。下面给出临界段问题的描述。

临界资源(Critical Resource,CR)：一次仅允许一个进程/线程使用(必须互斥使用)的资源。如独占型硬件资源，可以由多进程/线程访问的变量、表格、队列、栈、文件等软件资源。

临界段(Critical Section,CS)：是指各进程/线程必须互斥执行的那种程序段，该程序段实施对临界资源的操作。

若 $n$ 个进程($P_1,P_2,\cdots,P_n$)共享同一临界资源，则每个进程所执行的程序中均存在关于该临界资源的临界段{$CS_1,CS_2,\cdots,CS_n$}，这些临界段必须互斥执行。通常称这组进程间存在临界段问题。

### 4.2.2　解决临界段问题的硬件实现方法

通过硬件支持解决临界段问题是解决临界段问题的元方法，并且硬件实现方法与计算机体系结构有关，本节先介绍单处理器系统中的屏蔽中断(关中断)方法，然后介绍共享主存多处理器体系结构中可行的解决临界段问题的硬件指令。

#### 1. 屏蔽中断方法

在一个单处理器多道程序设计系统中，中断会引起多进程并发执行，因为中断处理结束会引起调度程序运行。如果某进程在临界段中发生中断，随着上下文切换，会保存被中断进程寄存器状态，然后调度另外的进程运行，另一个进程如果再进入相关临界段，会修改它们的共享数据，如果再次进行进程切换，原先进程重新执行时，使用了原来保存的寄存器中的不一致的数据，导致错误。如果程序员意识到中断引起的并发能够导致错误的结果，可考虑在程序执行临界段部分的处理时，屏蔽中断。

下面的程序说明如何利用中断开放 enableInterrupt 和中断屏蔽 disableInterrupt 指令，编写临界段部分代码，以避免两个进程同时在它们的临界段中。当一个进程进入它的临界段时，中断被屏蔽，然后当该进程结束它的临界段执行时，再开放中断。当然，这种技术可能影响 I/O 中断的及时响应，因此，用户态下的程序不能使用 enableInterrupt 和 disableInterrupt 指令，而且使用屏蔽中断实现临界段互斥执行应该保证临界段要尽可能短，以确保尽快走出临界段，保证中断响应。

```
Program for P1进程 P1 的程序              Program for P2进程 P2 的程序
    disableInterrupt();                       disableInterrupt();
    balance=balance+amount;                   balance=balance-amount;
    enableInterrupt();                        enableInterrupt();
```

中断屏蔽只能用于单处理器系统，并且只能用在核心态程序中，这是因为屏蔽中断往往是特权指令，不能在用户态执行。在多处理器共享主存的系统中实现互斥，需要硬件提供某些特殊指令。例如，“T&S”读后置1指令，或者“swap”交换指令等。利用这些特殊指令可以实现临界段的互斥执行。它们是硬件指令，硬件指令是不会被中断打断执行的。

**2. Test_and_Set(T&S)指令**

该指令完全由硬件实现，没执行完成前不会被中断，其语义描述如下。

```
boolean Test_and_Set(boolean &target){
  Boolean rv=target;
  target =true;
  return rv;
}
```

注意上述只是功能描述，该指令是一条机器指令而不是多条指令。如果机器支持Test_and_Set指令，则互斥问题可以通过说明一个布尔变量Lock，初值为false，用下列方法解决。

```
do{
      while(Test_and_Set(Lock));
      critical section
      Lock=false;
      non critical section
}while(1);
```

注意，在Lock变量原值不为false(即0)时，while(Test_and_Set(Lock));语句会一直循环做空操作，直到原值为false时，才进入临界段。

如果用汇编指令表示，临界段入口和出口程序示例如下。

```
    A1<=&Lock;(将 Lock 单元地址送 A1 寄存器。Lock 单元初始值为 0)
Loop:T&S R1,A1;(读出 A1 地址单元内容送 R1 寄存器且 A1 地址单元置 1)
    JRN R1,Loop; (如果 R1=1 则转 Loop)
    critical section
    A1 <=&Lock;
    (A1) <=0;(false 置 Lock 内存单元)
    non critical section
```

**3. Swap 指令**

该指令也完全由硬件实现，没执行完成前不会被中断，功能语义描述如下。

```
void Swap(boolean &a, boolean &b){
    boolean temp=a;
    a =b;
```

```
    b =temp;
}
```

注意，以上是 Swap 指令的功能描述，并非软件实现。事实上，它们是由硬件系统直接实现的。

如果机器支持 Swap 指令，则互斥问题可以用类似的方法解决。进程间的全局布尔变量 Lock 初值为 false，每个进程均设一个局部布尔变量 Key。

```
do {
    Key=true;
    while(Key==true)
    Swap(Lock, Key);
    critical Section
    Lock=false;
    non critical section
}while(1)
```

确保原 Lock 变量值为 false 时进入临界段，就可保证原来没有进程在相关临界段中。Swap 指令需要对两个存储单元内容进行交换，需要 4 次访存操作，而 T&S 指令顶多只要两次访存操作，显然 T&S 指令开销小，是现代处理器首选的支持互斥的元指令。

上述实现临界段的硬件方法一般都要求临界段相当短，如果临界段过长会影响中断的响应，而且会引起处理器在空操作上循环导致忙等待。

### 4.2.3　信号量

1965 年，Dijkstra 提出了一种称为信号量(Semaphore)的同步互斥工具，通常称为信号量机制。信号量机制是一种功能较强的机制，可用来解决互斥与同步问题。下面首先给出信号量机制的抽象描述。信号量机制由“信号量”和“P 操作、V 操作”两部分组成。信号量(s)为一个整型变量，只能被两个标准的原语所访问，分别记为 P 操作和 V 操作，定义为：

```
P(s){
    while s≤0
        ; //空操作
    s =s - 1;
}
V(s){
    s =s +1;
}
```

注意，P，V 操作是两条原语。

#### 1. 原语概念与实现

原语(Primitive)是指完成某种功能且物理上或逻辑上不被分割、不被中断执行的操作序列。也称原子操作,可由硬件指令来实现某种功能的不被分割执行的特性,像前面所述的“Test－and－Set”和“Swap”指令,其作为指令就是由硬件实现的原子操作。原语功能的不被中断执行特性在单处理器且在核心态时可在原语程序前后安排关中断/开中断方法实现。

原语之所以不能被分割或被中断执行,是因为它对变量的操作过程如果被打断,可能会去运行另一个对同一变量的操作过程,从而出现临界段问题。如果能够找到一种解决临界段问题的元方法,就可以实现对共享变量操作的原子性。

解决临界段问题的元方法如下。

(1) 屏蔽中断方法。这种方法只能用于单处理器且处于核心态的情形。在进入临界段之前屏蔽中断,在出临界段时开放中断。在单处理器情形下,屏蔽中断使临界段程序不可能被打断执行,从而实现了临界段操作的原子性。

(2) 利用 Test-and-Set 和 Swap 硬件指令解决临界段问题。这可以解决多处理器情形下的临界段问题。

因 P(s)和 V(s)中的 s 是临界资源,故可以根据情况选取上述一种解决临界段问题的元方法来实现 P,V 原语。

下面用屏蔽中断方法实现 P(s)和 V(s)的原子性。

```
P(s){
    disableInterrupt();
    while(s≤0){
        enableInterrupt();
        disableInterrupt();
    }
    s =s?1;
    enableInterrupt();
}
V(s){
    disableInterrupt();
    s =s +1;
    enableInterrupt();
}
```

注意,在 P 操作的 while 循环中开放中断的目的是,为了在循环忙等待时能够响应中断,同时也可以有机会运行进程调度程序,以便另一个进入临界段的进程被调度运行以走出相关临界段。

在多机中可以用 Test-and-Set 实现 P(s)和 V(s)的原子性。

```
P(s){
    while(T&S(lock));
```

```
    while (s≤0){
        lock=0;
        while(T&S(lock));
    };
    s =s -1;
    lock=0;
    }
V(s){
      while(T&S(lock));
    s =s +1;
    lock=0;
    }
```

lock 是用于对 s 变量进行互斥操作的锁。请读者想想为什么做 P 操作时，如果没有成功，要把 lock 这把锁释放？这是因为当某进程做不成 P 操作时，进程调度程序可以调度其相关进程去执行对应的 V 操作，待到 V 操作做完，回过来 P 操作也可以成功了。如果在 P 操作循环中不释放 lock，那相关进程的 V 操作也就不能完成。

**2. 信号量的使用**

信号量机制能解决 n 个进程/线程的临界段问题。如 n 个进程共享一个公共信号量 mutex，其初值为 1。任意一个进程 $P_i$ 的结构如下：

```
do{
      P(mutex);
    critical section
      V(mutex);
      non critical section
}while(1);
```

信号量机制也能用于解决进程/线程间各种同步问题。例如，有两个并发进程 $P_1$，$P_2$ 共享一个公共信号量 synch，初值为 0。$P_1$ 执行的程序中有一条 $S_1$ 语句，$P_2$ 执行的程序中有一条 $S_2$ 语句。而且，只有当 P1 执行完 $S_1$ 语句后，$P_2$ 才能开始执行 $S_2$ 语句。对这种简单的同步问题，很容易用信号量机制解决。它们之间的同步控制描述如下。

```
semaphore synch;
synch =0;                    //信号量初值为 0
```

进程 $P_1$ 程序框架如下。　　　　进程 $P_2$ 程序框架如下。

```
  …                                …
  S1;                              P(synch);
  V(synch);                        S2;
  …                                …
```

如果要解决例 4.1 的同步问题，可以用信号量描述如下，

```
semaphore s13, s46, s67;
s13=0; s46=0; s67=0;                    //信号量初值都设置为 0
```

进程 $P_1$ 程序框架如下。　　　　进程 $P_2$ 程序框架如下。

```
...                     ...
S1;                     P(s13)
V(s13);                 S3;
S2;                     P(s46);
S4;                     S6;
V(s46);                 V(s67);
S5;                     ...
P(s67);
S7
...
```

**3. 信号量的非忙等待实现**

解决临界段问题的有关硬件方法及信号量机制所描述的 P,V 操作，都存在"忙等待"(busy-waiting)现象。即如果某个进程正在执行其临界段，其他欲进入临界段的进程均须在它们的 entry code 中连续地循环等待（如执行"while(condition);"语句等）。这种循环等待方式实现的互斥工具又称为自旋锁(Spinlock)。在该处理方式下，如果能够很快走出循环，进入临界段（如相关临界段很短，其他进程很快走出临界段）则是可取的；但是如果相关临界段很长，势必使欲进入临界段的进程可能要长时间循环等待其他进程走出相关临界段，这样会浪费宝贵的处理器时间，其他已经在临界段的进程也不能及时得到处理器运行。

为克服信号量机制中的"忙等待"，可重新定义 P,V 操作。在某个进程执行 P 操作过程中，若发现信号量的状态不允许其立即进入临界段，则 P 操作应使该进程放弃处理器而进入约定的等待队列（调用系统函数 block( )）。当某个进程执行 V 操作时，如果在该信号量上有被阻塞的等待进程，则 V 操作负责将其唤醒（调用系统函数 wakeup( )）。

无忙等待的 P,V 操作定义分为信号量定义、P 操作定义和 V 操作定义。

1）信号量定义

```
typedef struct{
    int value;
    struct process *L;
}semaphore;
```

每个信号量定义成一个结构，其中包括一个整型变量 value 和与该信号量相关的阻

塞状态进程队列 L。

2) P 操作定义

```
void P(semaphore s){
    s.value =s.value - 1;
    if (s.value<0){
        add this process to s.L;
        block( );
    }
}
```

注意,在进程调用 block( )之后,进程从运行状态进入阻塞状态,并运行进程调度程序,处理器因此而进入被调度的新进程运行。

3) V 操作定义

```
void V(semaphore s){
    s.value =s.value +1;
    if (s.value<=0 ){
        remove a process P from s.L;
        wakeup(P);
    }
}
```

这里的 wakeup(P)是将 P 进程从阻塞状态改变为就绪状态,这样待到运行进程调度程序时,调度程序可能会选中 P 进程运行,P 进程从 block( )返回,进入临界段运行。

在实际系统中,可以将进程队列 L 设计成由 PCB 组成的队列,排队的原则一般选用 FIFO 策略(以防止某进程长时间得不到运行的饿死现象),或者按进程优先级高低排队。

信号量机制同步能力强,是目前仍广泛采用的一种进程同步和互斥工具。其主要缺点是程序结构差,用户若使用不当易产生死锁(死锁问题将在 4.4 节详细讨论)。

### 4.2.4 管程

管程是一种特殊程序设计结构,利用它实现共享数据的互斥操作。管程的互斥功能由编译器利用底层同步/互斥机制来实现。

使用信号量和 P,V 操作实现进程互斥时,进程能够直接对共享变量进行操作,而且程序员必须小心安排 P,V 操作,程序员容易造成程序设计错误,这样难以防止有意或无意的非法操作。在进程共享主存的前提下,如果能集中并封装针对一个共享资源的所有操作,包括所需的同步/互斥操作,即把相关的共享变量及其操作集中在一起统一控制和管理,就可以方便地管理和使用共享资源,使进程之间的相互作用更为清晰,更易于编写正确的并发程序。

1974 年和 1977 年,Hoare 和 Brinch Hansen 根据抽象数据类型原理提出了新的同步机制——管程(Monitor)。其基本思路是：把分散的临界段集中起来管理，并把共享资源用数据结构抽象地表示出来，由于临界段是访问共享资源的代码段，所以由一个“秘书”程序管理到来的访问。“秘书”每次只让一个进程来访，这样既便于对共享资源的管理，又能实现互斥访问。在后来的实现中，“秘书”程序更名为管程。管程实质上是把临界段集中到抽象数据类型模板中。

一个管程主要由以下三部分组成。

(1) 局部于该管程的共享数据，这些数据表示共享资源的状态。

(2) 局部于该管程的一组操作过程(函数)，每个过程完成对上述数据的某种规定操作。

(3) 对局部于该管程的数据的初始化。

由编译器实现管程要考虑如下关键因素。

(1) 管程中的共享变量在管程外部是不可见的，外部只能通过调用管程中所说明的外部过程(函数)来间接地访问管程中的共享变量，即管程有很好的封装性。

(2) 为了保证共享数据的一致性，管程应互斥运行。管程有一个重要的特性，即任一时刻管程中只能有一个活跃进程，这一特性使管程能有效地完成互斥。管程的互斥运行，由编译器在编译时负责插入相关代码，因为是由编译器而非程序员来安排互斥，所以出错的可能性要小得多。

(3) 管程中需有进程等待队列和相应的等待和唤醒操作。仅有互斥还不够，还需要一种办法使进程在无法继续运行时被阻塞。

### 4.2.5 进程同步与互斥举例

在日常生活中，同步事例比比皆是。例如，客车上的司机和售票员各司其职，为完成同一个运送乘客的任务相互配合。如图 4.4 所示，当汽车到站，司机将车停稳后，售票员才能开启车门，让乘客下、上车后再关车门。只有当得到车门已关好的信号后，司机才能开动汽车继续行驶。而计算机系统中，共同完成同一任务的一组进程之间也是如此，常常存在类似的同步问题。下面以几个典型实例论述如何用 P，V 操作解决同步互斥问题。

#### 1. 有限缓冲区问题

问题的描述如下：假设一组生产者进程 $P_1, P_2, \cdots, P_k$ 和一组消费者进程 $C_1, C_2, \cdots, C_m$，通过 $n$ 个缓冲区组成缓冲池，共同完成“生产和消费”任务，如图 4.5 所示。每个缓冲区存放一个消息，生产者将生产出的消息放入空缓冲区，消费者从满缓冲区中取出消息。当所有缓冲区均满时，生产者必须等待消费者提供空缓冲区；当缓冲池中所有缓冲区全为空时，消费者必须等待生产者提供有消息缓冲区。另外，对所有生产者和消费者进程来说，把缓冲池看成一个整体，因此缓冲池是临界资源，即任何一个进程在对池中某个缓冲区进行“存”或“取”操作时须和其他进程互斥执行。用信号量机制来解决这种问题，首先定义下列公共信号量。

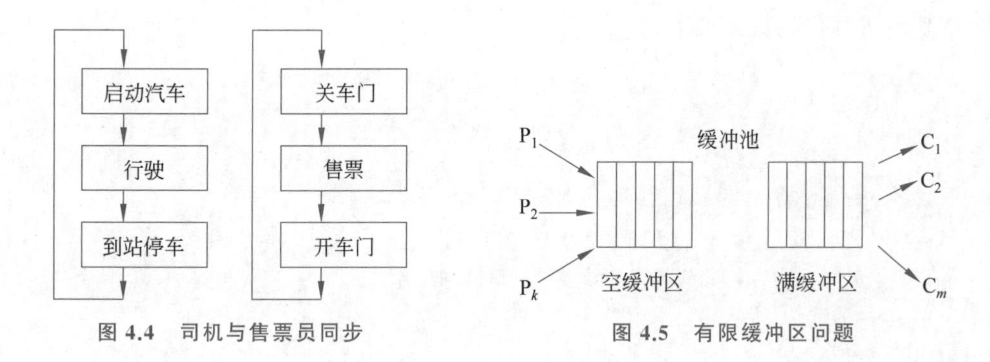


图 4.4　司机与售票员同步　　　图 4.5　有限缓冲区问题

(1) 信号量 mutex。初值为 1,用于控制互斥访问缓冲池。

(2) 信号量 full。初值为 0,用于计数。full 值表示当前缓冲池中“满”缓冲区数。

(3) 信号量 empty。初值为 n,用于计数。empty 值表示当前缓冲池中“空”缓冲区数。

有限缓冲区生产者/消费者进程描述如下,

```
typedef struct{
    …
} item;                              // 消息类型
typedef struct{
  struct item inst;
  struct buffer * next;
} buffer;                            //缓冲类型
semaphore full, empty, mutex;        //信号量
struct item nextp, nextc;            //消息变量
full =0;                             //设置信号量初值
empty =n;
mutex=1;
```

生产者进程代码框架如下:

```
do{
  …
  produce an item in nextp
  …
  P(empty);
  P(mutex);
  …                     //获得一个空缓冲区
  …                     //将 nextp 数据复制到空缓冲区中
  …                     //将缓冲区加到满缓冲区队列中
  V(full);
  V(mutex);
}while(1);
```

消费者进程代码框架如下。

```
do{
  P(full);
  P(mutex);
  …                //获得一个满缓冲区
  …                //将满缓冲区数据复制到 nextc 中
  …                //将缓冲区还给空缓冲区队列
  V(empty);
  V(mutex);
  …
  consume the item in nextc
  …
}while(1);
```

应该特别注意，无论是在生产者还是消费者进程中，V 操作的次序无关紧要。但两个 P 操作的次序却不能颠倒，否则可能导致死锁。

特别要理解，为什么对空缓冲区和满缓冲区计数用信号量来表示。如果 full 和 empty 不用信号量表示，而作为一般的整型数，那意味着，在对这些计数变量操作时也要保证互斥操作，必须引入另外的信号量来实现对 full 和 empty 共享变量的互斥操作。

**2. Reader/Writer 问题**

计算机系统中的数据(如文件、主存数据)常被若干并发进程共享。但其中某些进程可能只需要“读”数据(这种进程称为 Reader)；另一些进程则需要修改数据(这种进程称为 Writer)。就共享数据而言，Reader 和 Writer 是两种不同类型的进程。通常，两个或两个以上的 Reader 同时访问共享数据时，不会产生副作用。但若某个 Writer 和其他进程(Reader 或 Writer)同时访问共享数据，则可能导致数据不一致的错误。为此，同时尽可能地让 Reader 和 Writer 并发运行，只需保证任何一个 Writer 进程能与其他进程互斥访问共享数据即可。这种特殊的同步互斥问题被称为 Reader/Writer 问题。

该问题是在 1971 年首先由 Courtots 等人提出并解决的。考虑到 Reader 和 Writer 争夺访问数据时可以具有不同的优先权，Reader/Writer 问题有几种变形。一种称为 First Reader/ Writer 问题(第一类 Reader/Writer 问题，Reader 优先，即优先考虑并行性)；另一种称为 Second Reader/Writer 问题(第二类 Reader/Writer 问题，Writer 优先，即优先考虑数据更新)。

在第一类 Reader/Writer 问题中，当 Reader 和 Writer 争夺访问共享数据时，Reader 具有较高优先权。该问题的具体描述如下。

(1) 如果当前无进程访问数据，无论 Reader 或 Writer 欲访问数据都可直接访问。

(2) 如果已有一个 Reader 正在访问数据，那么其他欲访问数据的 Reader 可直接访问，而当前欲访问数据的 Writer 则必须无条件等待。

(3) 若某个 Writer 正在访问数据，则当前欲访问数据的 Reader 和 Writer 均须等待。

(4) 当最后一个结束访问数据的 Reader 发现有 Writer 正在等待时，则将其中的一个唤醒。

(5) 当某个 Writer 结束访问数据时发现存在等待者，那么若此时只有 Writer 处于等待则唤醒某个 Writer；若此时有 Reader 和 Writer 同时处于等待，则按照 FIFO 或其他原则唤醒一个 Writer 或唤醒所有 Reader。

在该问题中的"Reader 优先"主要表现在：除某个 Writer 正在访问数据之外，任何情况下 Reader 欲访问数据均可以直接访问，即只要存在 Reader 正在访问数据，后续到达的那些欲访问数据的 Reader 就无须顾忌此时是否已存在等待访问数据的 Writer，均直接访问。

第二类 Reader/Writer 问题则不同，它试图使 Writer 具有较高的访问优先权。所谓"Writer 优先"表现在：Writer 欲访问数据时，将尽可能早地让它访问。只要存在一个 Writer 正在等待访问数据，那么任何后续欲访问数据的 Reader 均不能进行访问。这体现了数据更新优先原则。如图 4.6 所示，假设 $T_0$ 时刻有若干 Reader 正在访问数据，而在此之后顺序出现了一组等待者，如果在 $T_6$ 之后的较长时间内不出现新等待者，正在访问数据的 Reader 均结束后，则后续访问数据的顺序将是 Writer1→Writer2→(Reader1, Reader2, Reader3)。

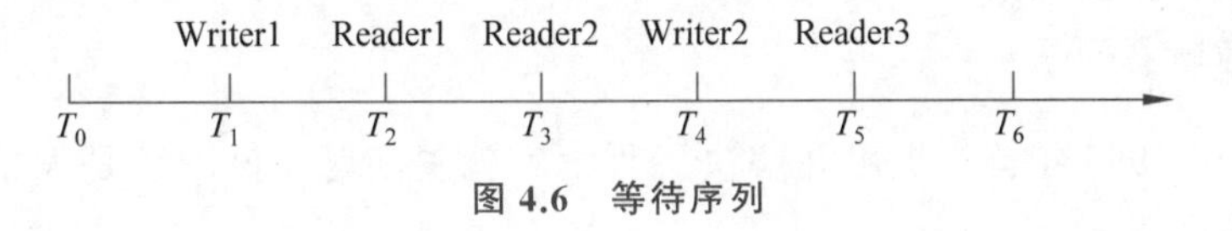


图 4.6 等待序列

不难看出上述两种解决 Reader/Writer 问题的方法，均可能导致进程被饿死的现象。在第一种情况下，Writer 可能因为连续不断地出现新的 Reader 而长期不能访问数据导致饿死。在第二种情况下，Reader 可能因为连续不断地出现新的 Writer 而长期不能访问数据导致饿死。因此，基于这种原因，人们又提出了另一些关于 Reader/Writer 问题的解决方法(本节不予介绍)。

下面使用信号量机制给出解决第一类 Reader/Writer 问题的实现方法。Reader/Writer 进程共享下列数据结构。

```
semaphore mutex=1, wrt=1;
int readcount=0;
```

其中，mutex, wrt 初值均为 1；readcount 初值为 0。变量 readcount 记录当前有多少个 Reader 正在访问数据；信号量 mutex 保证 Reader 之间互斥地修改 readcount；wrt 则是 Reader 和 Writer 共用的一个互斥信号量。

Writer 进程的一般结构如下。

```
P(wrt);
…
writing is performed
```

```
…
V(wrt);
```

Reader 进程的一般结构如下。

```
P(mutex);
readcount=readcount+1;
if (readcount ==1)                //如果是第一个读者
  P(wrt);
V(mutex);
…
reading is performed
…
P(mutex);
readcount=readcount-1;
if (readcount==0)                 //如果是最后一个读者
  V(wrt);
V(mutex);
```

**3. 哲学家就餐问题**

Dijkstra 于 1965 年首先提出并解决了哲学家就餐问题。该问题是大量并发控制问题中的一个典型例子。

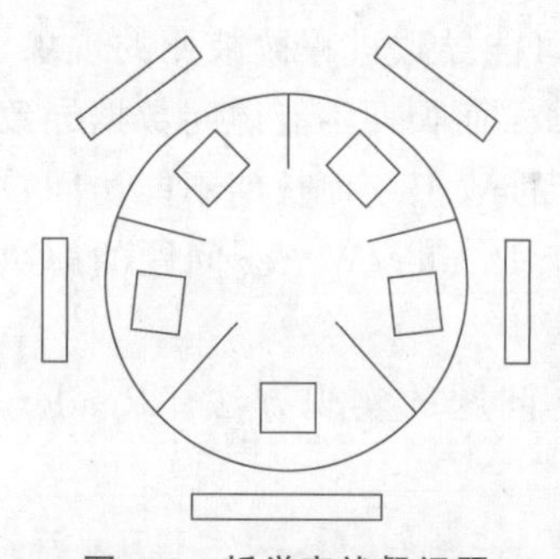

图 4.7　哲学家就餐问题

哲学家就餐问题描述如下：5 个哲学家倾注毕生精力用于思考问题(Thinking)和吃饭(Eating),他们坐在一张放有 5 把椅子的圆桌旁,每人独占一把椅子和一个碟子。圆桌中间放置食品,桌上放着 5 根筷子,如图 4.7 所示。哲学家在思考问题时,并不影响他人。只有当哲学家饥饿的时候,他才试图拿起左、右两根筷子(一根一根地拿起)。如果筷子已在他人手上,则需等待。饥饿的哲学家只有同时拿到两根筷子才可以开始吃饭。而且,也只有当他吃完饭后才放下筷子,重新开始思考问题。

在这里,筷子是共享但是又必须互斥使用的资源。这种互斥问题的一个简单解决办法是：为每根筷子单独设一个信号量,哲学家取筷子前执行 P 操作,放下筷子后执行 V 操作。哲学家共享下列数据：

```
semaphore chopstick[5];                //其中,各信号量初值均为 1
```

那么,第 $i$ 个($i=0, 1, 2, 3, 4$)哲学家所执行的程序描述如下。

```
do{
  P(chopstick[i]);
```

```
    …                       //取左边筷子
    P(chopstick[(i+1)%5]);
    …                       //取右边筷子
    Eating
    …                       //放左边筷子
    V(chopstick[i]);
    …                       //放右边筷子
    V(chopstick[(i+1)%5]);
    …
  Thinking
    …
  }while(1);
```

尽管这种方法简单,并能保证任何时候均不存在两个相邻哲学家同时在吃饭的情况,但由于进程的并发执行与处理器的调度问题,可能使每个哲学家都只拿到自己左边的筷子,那么这一组进程就会发生没有人能够继续下去的死锁现象。

## 4.3 消息传递原理

进程之间交换信息被称为进程间通信。要实现进程间通信,有如下两种基本方法。

(1) 共享存储(Shared Memory)方法。要通信的进程之间存在一片可直接访问的共享空间,通过对这片共享空间进行写/读操作实现进程之间的信息交换,例如,一个进程向这片共享空间写数据,而另一个进程从共享空间读取数据。对共享空间写/读数据时,需要使用同步互斥工具(如 P/V 操作)对其共享空间的写/读进行控制。在共享存储方法中,操作系统只负责为通信进程提供可共享使用的存储空间和一些同步互斥工具,而数据交换则由用户安排的读/写指令完成。需要注意的是,用户进程用户空间一般都是独立的,要想让两个用户进程共享用户空间必须通过特殊的系统调用来实现(如 Linux 的 shmget 创建共享区),而进程内的线程是自然共享进程用户空间的。

(2) 消息传递(Message Passing)方法。消息传递的主要思想是:系统提供发送消息 Send( )与接收消息 Receive( )两个系统调用,进程间通过使用这两个系统调用进行数据交换。这种方法,是通过进程共享的内核空间中转,把一个进程的数据传递到另一个进程的用户空间中。如果要通信的进程之间不存在可直接访问的共享空间,则必须利用操作系统提供的消息传递类系统调用实现进程间通信。

### 4.3.1 消息传递通信原理

消息传递系统调用的一般形式如下。

(1) 发送消息:Send(destination, &message)。

(2) 接收消息:Receive(source, &message)。

在实际的通信系统中,有关通信的系统调用格式会有所不同。发送者必须把要发送的消息准备好,存放于进程用户空间的消息缓冲区 message,给出消息要到达的目的地标识 destination;接收者接收消息时将给出接收消息的接收缓冲区 message,可视情况给出源地址标识 source。源地址可以是通信双方公用的信箱标识,也可用来说明接收者只接收由源地址标识的进程发来的消息。

**1. 消息传递方法**

实现消息从发送者到接收者的传送有两种方法。

一种方法是设立一个通信参与者共享的逻辑实体,如信箱,发送者只是向信箱发送消息,接收者从信箱取消息。这种方法又称为间接通信方法。共享的逻辑实体可以是操作系统在内核空间中提供的一个消息队列,也可以是一个特别文件(如 Linux 有名管道),最主要的特点就是它不属于通信中的任意一方,而是一个中介实体。

另一种方法是直接以接收者进程内部标识为目的地标识发送消息,这种方法又称为直接通信方法。这种方法虽然很直观,但是在进程间通信编程时不一定能够方便得到要执行通信进程的内部标识。

**2. 消息缓冲区**

进程之间通信的目的是相互合作,完成某项任务。发送者进程发送一个消息给接收者进程,可以是某任务在发送者进程中的工作已完成,后续工作由接收者进程完成,这时发送者进程可以结束或去执行其他的任务;发送者进程也可以等待接收者进程完成相应的工作后再做后续处理。所以消息传递常常作为进程间同步的手段。

要实现进程间的消息传递,可以设定在通信源和目的之间存在一条虚拟的通信链,该链从源进程消息缓冲区开始,以目的进程消息缓冲区结束,链中可以包含许多系统的缓冲区。系统设立消息缓冲区可以带来下述好处。

(1) 在接收方准备好接收缓冲区之前,发送方就可以发送,这时消息可以存放于系统的消息缓冲区中。

(2) 一旦消息从发送方缓冲区复制到系统缓冲区,发送方缓冲区又可存放另一个要发送的消息,而无须等待上一个消息被接收者完全接收,这样能实现消息传递的流水线操作。

### 4.3.2 消息传递通信示例

**【例 4.4】** 举例说明实现“消息传递系统”的基本设计思想。在一个消息定长(8 个字)的简单直接通信消息系统中,进程间通过如下两个基本系统调用进行通信。

(1) Send(&A):发送者用于发送消息。&A 为含接收者标识符和消息正文的用户空间发送缓冲区起始地址。

(2) Receive(&A):接收者用于接收当前已到达的消息,&A 为消息的用户空间接收区起始地址。若当前无消息到达,则接收者进入阻塞状态直到一条消息从内核返回。

操作系统内部按如下思想实现上述消息系统。操作系统管理一个用于进程通信的缓冲池,其中每个缓冲区 buffer 可存放一条消息。欲发送消息时,发送者从缓冲池中申请一个可用的 buffer,接收者取出一条消息时再释放 buffer。系统缓冲区的格式说明如

图 4.8 所示。

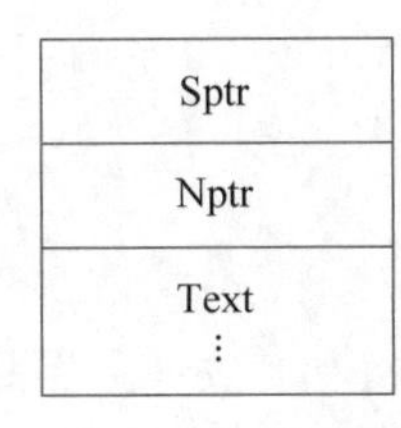


图 4.8　消息缓冲区格式说明

系统中每个进程均设置一个消息队列，任何发送给该进程的消息均暂存在其消息队列中(按 FIFO 原则进出)，在进程 PCB 中设置一个队列头指针 Hptr 指向该消息队列。为了保证对该进程消息队列的互斥操作，在 PCB 中设置一个互斥信号量 Mutex(初值为 1)。PCB 中同时设一个用于计数信号量 $S_m$(初值为 0)，$S_m$ 也用于记录该消息队列中现存消息的数目，如图 4.9 所示。

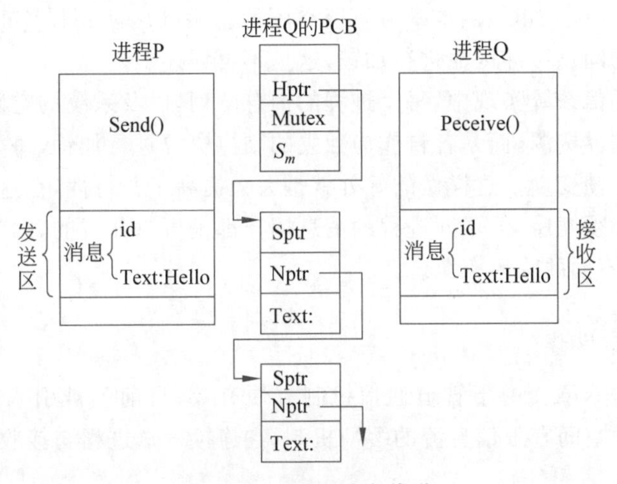


图 4.9　进程间消息传递

Send(&A)系统调用处理程序框架如下。

```
Send(&A){
    …
    new(&p);                    //从系统空缓冲队列获得一个空闲缓冲区 p
    p.Sptr =address of the sender's PCB;
    move the message to buffer p;
    find the receiver's PCB;
    P(mutex);
    add buffer p to the receiver's message queue;
    V(Sm);
    V(mutex);
    …
};
```

Receive(&A)系统调用处理程序框架如下。

```
Receive(&A){
    …
    P(Sm);
    P(mutex);
    move out a buffer f from the message queue of the receiver;
    V(mutex);
    move sender's name and text from buffer f to receiver;
    dispose(&f);                    //将缓冲区 f 还给系统空闲缓冲区队列
    …
};
```

注意,发送消息处理框架中的 new( )和接收消息处理框架中的 dispose( )函数都有针对系统空闲消息缓冲区队列的操作,因此系统空闲消息缓冲区队列可以看作一个临界资源,在 new( )和 dispose( )函数中对系统空闲消息缓冲区队列操作时需要利用信号量工具对整个空闲的消息缓冲区池进行加锁,这里不再详述。

在这个消息通信系统实现中,每个进程的消息队列,以及系统的空闲消息缓冲区没有被看作一个整体临界资源,而是各自作为独立的临界资源进行加锁,每个独立临界资源设立一个信号量作为锁变量。这样做的好处就是大大提高了并行性,在这个例子中,对同一进程的消息摘挂必须互斥,但不同进程的消息摘挂都是可以并行的,因为不同进程涉及的是不同的队列,即不同的临界资源。

### 4.3.3 管道通信简介

管道起源于 UNIX。由于管道通信机制方便有效,目前已被引入许多操作系统中。管道实质上是一种空间有限信息流的缓冲机制,它连接发送进程与接收进程,以实现它们之间的数据通信。

管道不同于一般的消息缓冲机制,它以 FIFO 方式组织字节流数据的传输,并保证进程间同步执行,即当管道中无数据时,接收进程等待;当管道缓冲区满时,发送进程等待。在 UNIX/Linux 系统中,管道是以文件为支撑的,因此管道通信可以借用文件系统的操作界面,包括管道文件的创建、打开、关闭和读/写。发送进程视管道为输出文件,以字符流的形式把大量数据送到管道中;接收进程视管道为输入文件,从管道中接收数据。读/写进程相互同步,必须做到以下三点。

(1) 进程对通信机制的使用应该是互斥的。进程正在使用管道写入或读取数据时,另外的进程必须等待,等待锁被释放。

(2) 发送者和接收者进程双方都要存在,如果一方已经不存在,就没有必要再发送或接收信息了,系统发现这种情况时,会发出 SIGPIPE 信号通知还在的进程做相应的错误处理。

(3) 发送信息和接收信息之间要实现正确的同步关系。这是由于管道的长度是有限的,即管道缓冲区有限。如果进程执行一次写管道操作,且管道有足够的空间,那么 write

操作把数据写入管道后唤醒因此管道空而等待的进程；如果此次操作会引起管道溢出，则本次 write 操作必须暂停，直到其他进程从管道中读取数据，使管道有空余空间为止，这称为 write 阻塞。反之，当读进程读空管道时，要出现 read 阻塞，直到写进程唤醒它。

管道可以在多个发送者和多个接收者之间传递数据。

## 4.4 死　　锁

早期的操作系统中，当进程申请某种资源时，若该资源尚可分配，立即将资源分配给这个进程。后来发现，对资源不加限制地分配可能导致进程间由于竞争资源而相互制约以致无法继续运行，这就是死锁(Deadlock)。死锁在系统中是怎样产生的？人们用什么方法来解决死锁？这些正是本节要讨论的问题。

### 4.4.1　死锁示例

日常生活中，常有许多有关死锁的事例。例如，4 个车队从东、南、西、北四个方向开来，行至一个井字形的马路(如图 4.10 所示)时，便可能出现 4 个车队都无法再前进的状态：东路车要等北路车开走后方可前进；北路车要等西路车开走后才能前进；西路车要等南路车开走后才能前进；而南路车却要等东路车开走后才能前进。显然，各路车队等待的事件都不会发生。若不采用特殊方法解决该问题，这 4 个车队将永远停留在井字形的路上而处于死锁状态。

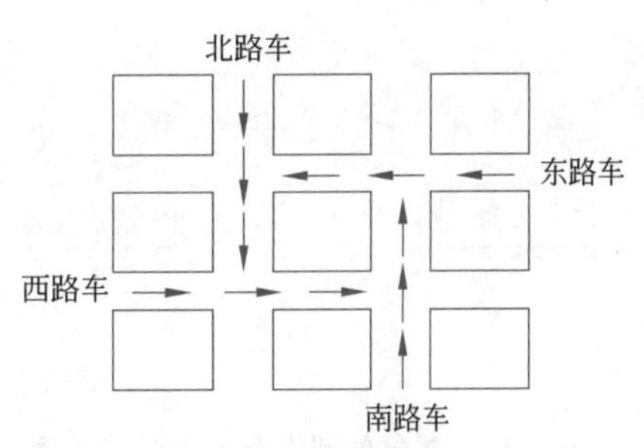

图 4.10　交通死锁的例子

在计算机系统中，进程发生死锁与上述事例实质上是一样的。计算机系统中有各种资源，如主存、外部设备、数据、文件等，进程是因相互竞争资源而导致死锁的，与 4 个车队(可视为进程)竞争路口(可视为资源)类似。

下面分别就进程竞争外部设备、存储空间，以及一组伙伴进程相互通信而导致的不能正常运行的情况各举一例。

【例 4.5】　竞争外部设备举例。设系统中有输入和输出设备各一台，进程 A，B 的代码形式如下。

```
        进程 A                    进程 B

  ① 申请输入设备           ① 申请输出设备
        ⋮                         ⋮
  ② 申请输出设备           ② 申请输入设备
        ⋮                         ⋮
  ③ 释放输入设备           ③ 释放输出设备
  ④ 释放输出设备           ④ 释放输入设备
```

由于 A，B 是并发进程，因此语句执行的先后次序是不确定的。如果某次运行是按

A①,B②,… 的次序进行,即A进程得到了输入设备,B进程得到了输出设备。以后无论A和B按什么次序运行它们的语句,总会出现这种局面：A进程执行到语句②便开始等待输出设备;B进程执行到语句②开始等待输入设备,形成了A进程占有输入设备等待输出设备而B进程占有输出设备等待输入设备的局面。因为A进程结束等待的前提是B进程释放输出设备,而B进程结束等待状态的前提是A进程释放输入设备,因此A,B进程均无法继续运行而出现死锁,如图4.11所示。

【例4.6】 竞争辅存空间的SPOOLing系统中也可能出现死锁。

在以前的批处理系统中,为了加快I/O速度,进程输出信息时先将其送到磁盘中输出井。某些SPOOLing系统规定,必须将输出信息全部输出到输出井之后才能将数据在输出设备上输出,只有在输出设备上输出完成才能释放输出数据所占的输出井空间。假设系统有三个进程A,B,C并发地往输出井输送信息,如果三个进程均未输出完毕而输出井空间已耗尽,如图4.12所示,则进程A,B和C都占有一部分空间,并且必须等待另外两个进程释放一些输出井空间才能继续运行,于是形成了死锁。

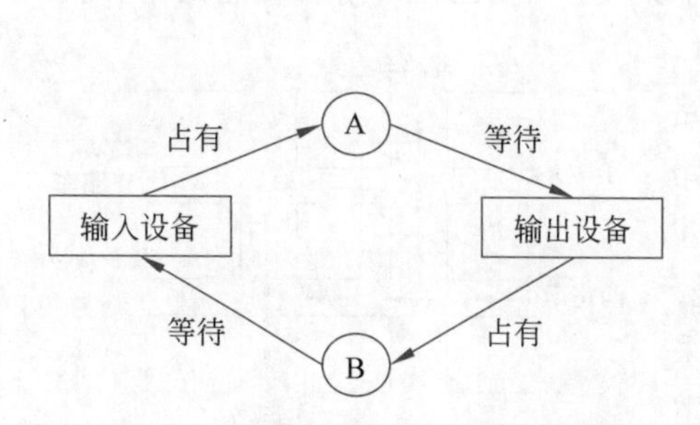


图4.11 竞争外部设备出现死锁示例

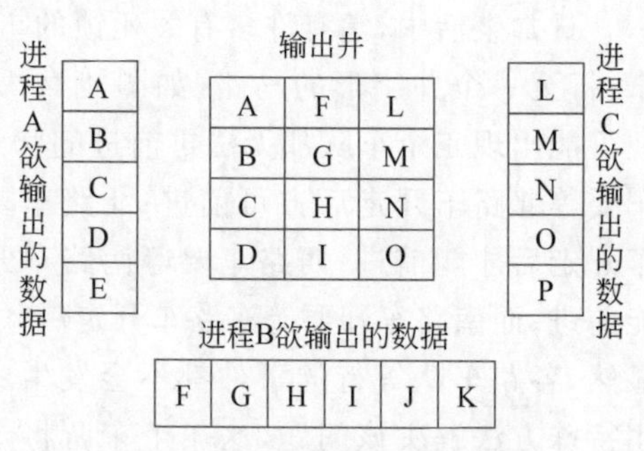


图4.12 SPOOLing系统出现死锁示例

【例4.7】 进程通信举例。设有4个进程P,S,Q,R用4个缓冲区通信,进程分别有如下代码。

```
进程 P  SEND(R, 1):              通过 1 号缓冲区向 R 发信
        WAIT(R, ANSWER):         等待 R 的回答
        SEND(Q, 2):              通过 2 号缓冲区向 Q 发信
进程 R  SEND(S, 3):              通过 3 号缓冲区向 S 发信
        WAIT(S, ANSWER):         等待 S 回答
        RECEIVE(P, 1):           接收 P 送来的信
        ANSWER(P):               回答 P
进程 S  RECEIVE(Q, 4):           接收 Q 从 4 号缓冲区送来的信
        RECEIVE(R, 3):           接收 R 从 3 号缓冲区送来的信
        ANSWER(R):               回答 R
进程 Q  RECEIVE(P, 2):           接收 P 从 2 号缓冲区送来的信
        SEND(S, 4):              通过 4 号缓冲区向 S 发信
```

这4个进程启动后将进入互等状态：P要收到R的回答后才向Q发送信息,R回答

P 之前要等待 S 回答，S 要收到 Q 送来的信息后才回答 R，而 Q 需要收到 P 送来的信息后才向 S 发送信息。这样它们都无法再运行。R，Q，S，R 及 4 个缓冲区之间的关系如图 4.13 所示。

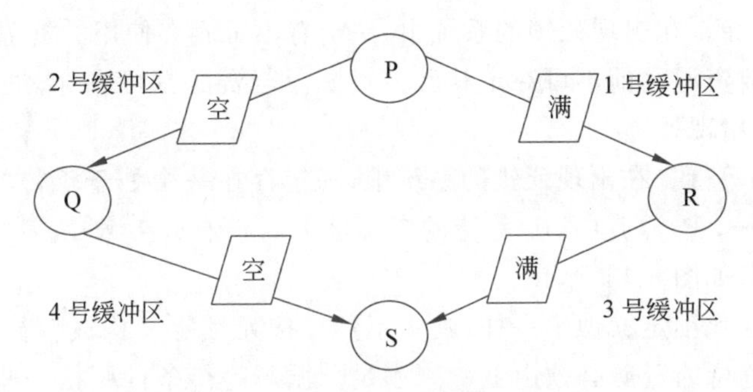


**图 4.13　进程通信产生互相等待示例**

在例 4.5 和例 4.6 中，死锁的出现与进程间执行的相对速度有关，若进程按其他次序运行就不一定出现死锁。因此，死锁是一种与时间相关的问题。但是在例 4.7 中，无论进程按什么次序运行总免不了互等，它属于这一组协同进程本身设计中的错误，不是下面要讨论的死锁问题。

### 4.4.2　死锁定义

本节论述死锁的定义及其存在的必要条件，并描述系统资源分配状态的资源分配图。

从上述示例中不难看出，死锁是指进程处于等待状态且等待的事件永远都不会发生。在这种定义下所包括的死锁范围太广。例如，某进程执行一条等待语句 WAIT (EVENT)，等待事件标志 EVENT 被置 1，但系统中没有任何进程负责将 EVENT 置 1，按这种定义该进程也处于死锁状态。

然而，计算系统中进程间竞争资源是导致死锁的主要原因。因此将把处于死锁状态的进程所等待的事件局限为**释放资源**，并规定有等待进程就有被等待的进程。故例 4.7 可视为程序设计本身的错误。

**死锁定义**：在一个进程集合中，若每个进程都在等待某些释放资源事件的发生，而这些事件又必须由这个进程集合中的某些进程来产生，就称该进程集合处于死锁状态。

在前述车队事件中，若把 4 个车队看成一个进程集合，它们都处于等待状态，等待的都是另一车队让出路口。对另外几例，同样可用上述定义来分析。

出现死锁的系统必须同时满足下列 4 个必要条件。

**条件 1**：互斥。在出现死锁的系统中，必须存在需要互斥使用的资源。计算机系统中有存储器、处理器、外部设备、共享程序等各种资源。有些资源可以共享使用，有的必须独占使用，即互斥使用。若系统中所有资源均可同时共享使用，则进程不会处于等待资源的状态，因而不会出现死锁。那么可以肯定，如果系统出现了死锁，则必然存在需要互斥使用的资源。

**条件 2**：占有等待。在出现死锁的系统中，一定有已分配到了某些资源且在等待另外资源的进程。如果这个条件不满足,则所有等待资源的进程都不会占有任何资源,而资源的拥有者也不会处在等待资源的状态中。因此拥有资源的进程迟早会释放出它们所拥有的资源,从而使等待这些资源的进程结束等待状态。故条件 2 也是死锁必须满足的条件。

**条件 3**:非剥夺。在出现死锁的系统中,一定有不可剥夺使用的资源。不可剥夺是指在进程未主动释放资源之前不可夺走其已占资源。若资源都可剥夺,进程就不会进入僵持状态,也就不会出现死锁。

**条件 4**:循环等待。在出现死锁的系统中,一定存在一个处于等待状态的进程集合,表示为$\{P_0, P_1, \cdots, P_n\}$,其中,$P_i$ 等待的资源被 $P_{i+1}$ 占有($i=0, 1, \cdots, n-1$),$P_n$ 等待的资源被 $P_0$ 占有,如图 4.14 所示。

条件 4 乍看与死锁定义似乎一样,其实不然。按死锁定义构成等待圈所要求的条件更严,它要求 $P_i$ 等待的资源必须由 $P_{i+1}$ 来满足。循环等待条件则松一些,$P_i$ 等待的资源由 $P_{i+1}$ 占有,当然也可能被另一个进程所占有。例如,系统中有两台输出设备,$P_0$ 占有一台,$P_k$ 占有另一台,且 $k$ 不属于集合$\{0,1,\cdots,n\}$。$P_n$ 等待一台输出设备,它可以从 $P_0$ 获得,也可能从 $P_k$ 获得。因此,虽然 $P_n$,$P_0$ 与其他一些进程形成了循环等待,即系统有一个循环等待圈,但 $P_k$ 不在圈内,若 $P_k$ 释放了输出设备,则可打破循环等待圈,如图 4.15 所示。因此循环等待只是死锁的必要条件。

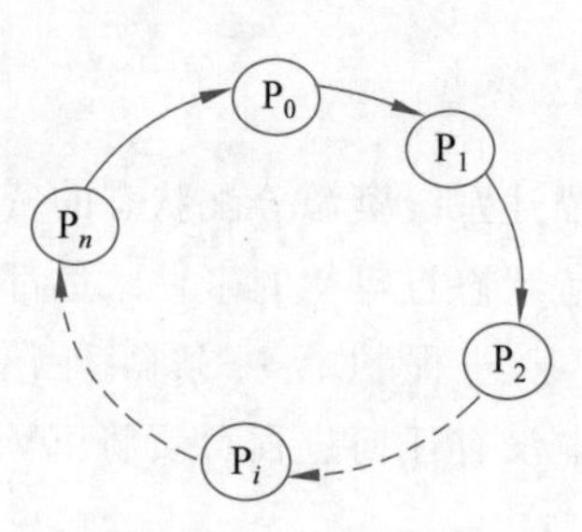


图 4.14 循环等待

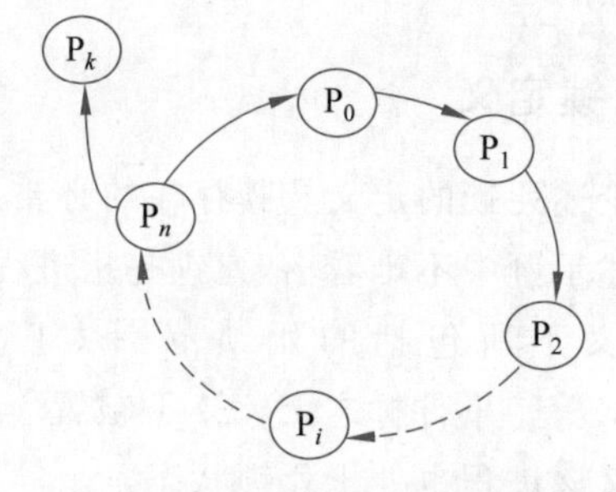


图 4.15 满足条件 4 但无死锁

值得注意的是,上述 4 个必要条件不是彼此独立的,如条件 4 包含前面三个条件。将它们分别列出是为了便于研究各种防止死锁的方法。

为了描述和研究死锁,人们使用了各种工具。其中,资源分配图就是广为应用的一种描述系统内资源使用与申请状况的工具。

资源分配图定义:资源分配图 $G=(V, E)$,其中,顶点集 $V=P\cup R$,$P$ 是进程集合:$P=\{P_1, P_2, \cdots, P_n\}$,$P_i$ 在图中用圈表示;$R$ 是资源类集合,$R=\{r_1, r_2, \cdots, r_m\}$,$r_i$ 表示系统中的 $r_i$ 类资源,在图中用方框表示,$r_i$ 类资源的数量在方框中用圆点表示。$E$ 是边的集合,$E$ 中有两类边,一类是请求边$(P_i, r_i)$,表示进程 $P_i$ 等待一个 $r_i$ 类型的资源;另一类是分配边$(r_i, P_i)$,表示进程 $P_i$ 占有一个 $r_i$ 类型的资源。

资源分配图在系统中是随时间变化的。当进程 $P_i$ 请求 $r_i$ 类型的资源时,将一条请求边$(P_i, r_i)$加在图中,若此请求被满足(分给 $P_i$ 一个 $r_i$ 类型的资源),则将这个请求边改成分配边$(r_i, P_i)$。当 $P_i$ 释放一个 $r_i$ 时便去掉分配边$(r_i, P_i)$。例如,系统有两台宽行打印机和一台图形显示器,进程 $P_1$ 请求一台宽行打印机,则有如图 4.16 所示的资源分配图。如果进程 $P_1$ 分配到一台宽行打印机并请求一台图形显示器，进程 $P_2$ 分配到一台图形显示器并请求一台宽行打印机，则有如图 4.17 所示的资源分配图。

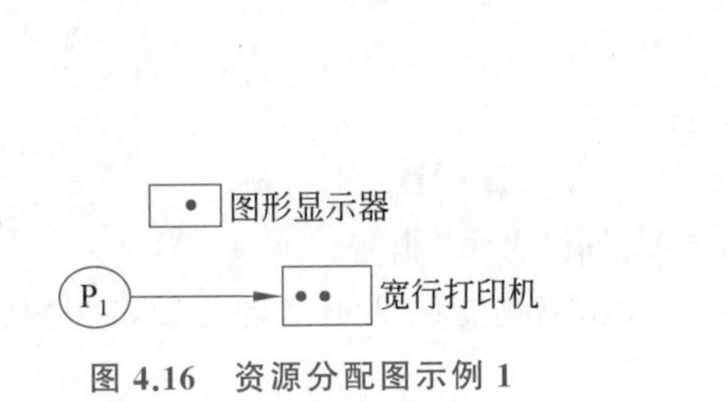


图 4.16　资源分配图示例 1

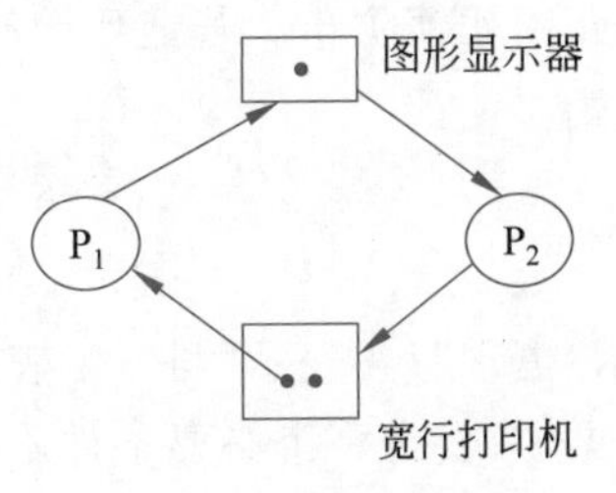


图 4.17　资源分配图示例 2

死锁的必要条件 4(循环等待)与资源分配图中含有的圈是等价的。系统中出现死锁，则资源分配图中必有圈，但资源分配图中有圈并不一定有死锁。如图 4.18 所示，{$P_1$，$P_3$}虽然形成循环等待圈，但是当 $P_2$ 释放 $r_1$ 类资源或 $P_4$ 释放 $r_2$ 资源后，循环等待圈即被打破，如图 4.19 所示。

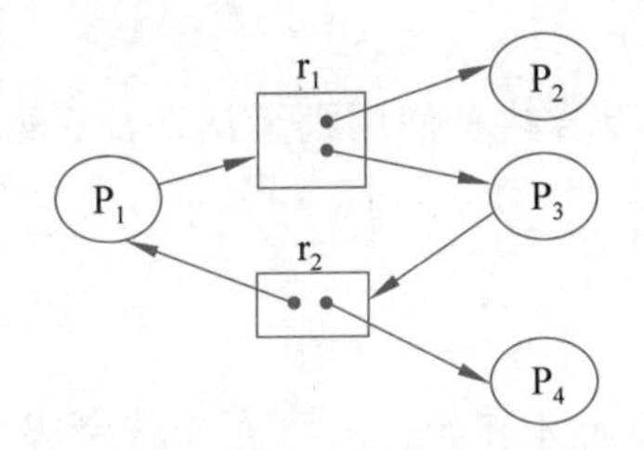


图 4.18　资源分配图含圈但无死锁

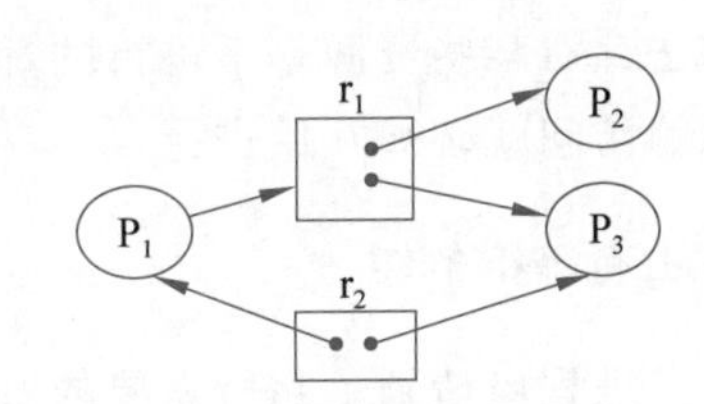


图 4.19　循环等待圈被打破

资源分配图含圈而系统又不一定有死锁的原因是，同类资源数大于 1，若系统中每类资源都只有一个资源，则资源分配图含圈就变成了系统出现死锁的充分必要条件。

解决死锁问题一般采用两类方法：一类是设计无死锁的系统；另一类是允许系统出现死锁，并在发现死锁后排除。

设计无死锁的系统通常采用下述两种途径。

(1) 死锁防止(Deadlock Prevention)。通过在应用编程时或资源分配管理程序设计时破坏死锁存在的必要条件来防止死锁发生。

(2) 死锁避免(Deadlock Avoidance)。在进行资源分配管理时，判断如果满足这次分配资源后是否仍存在一条确保系统不会进入死锁状态的路径，如果没有这样的路径，即使现有资源能满足申请，也拒绝分配。显然这是设计资源分配管理程序时考虑的。

如果允许系统出现死锁，则应有能发现系统中有无进程处于死锁状态的死锁检测(Deadlock Detection)手段。为此，可以由操作员人为判断是否出现死锁，或在操作系统中设立一个检测进程(平时处于睡眠状态)，周期性地被唤醒以检查系统中有无死锁进程，一旦发现死锁及时排除。有关排除死锁的研究称为死锁恢复(Deadlock Recovery)。

综上所述，死锁主要研究死锁防止、死锁避免、死锁检测及死锁恢复。

### 4.4.3 死锁防止

下面先介绍死锁防止。若把死锁的 4 个必要条件记为 $c_1$，$c_2$，$c_3$，$c_4$，把死锁记为 D，则有逻辑公式：

$$D \rightarrow c_1 \wedge c_2 \wedge c_3 \wedge c_4$$

$$!c_1 \vee !c_2 \vee !c_3 \vee !c_4 \rightarrow !D$$

其中，→表示“蕴含”；∧表示“与”；∨表示“或”；！表示“非”。

由此可见，只要有一个必要条件不成立，系统就能保证不出现死锁，这是死锁防止的理论基础。

**1. 破坏互斥条件**

如果允许系统资源都能共享使用，则系统不会进入死锁状态。例如，在 UNIX/Linux 系统中，对终端设备的分配就采用非独占的共享方式，允许多个进程同时使用终端输出，这样做可能会偶尔出现多个进程交叉在终端输出的情形，可能导致输出信息不易读的问题。

这种方法针对某些资源是不可行的，因为资源若共享使用则无法保证正确性。例如，对临界资源的访问就必须互斥进行。

**2. 破坏占有等待条件**

**方法一** 进程申请到了它所需要的所有资源后才开始运行。在运行过程中进程只需要释放资源，不需要申请资源。这种方法又称资源预分配法。由于资源是一次性全部分配，因此获得资源的进程不会进入等待资源状态。而那些所需资源不能全部被满足的进程则得不到任何资源，处于初始等待状态。这种方法虽然能保证系统不出现死锁，但是资源利用率很低。例如，某进程需要运行几十个小时，在结束运行前需要打印结果，但是打印机要在这个进程开始运行前就获得分配。资源预先分配的方法适于对辅存空间的分配，因辅存的数量较大，属于非紧俏资源。但是也存在不能预计使用多少资源的问题。

**方法二** 在进程提出申请资源前，必须释放已占有的一切资源。这样虽能提高资源利用率，但设计程序要仔细，有时仍需提前申请资源才能保证正确性。例如，必须先申请主存才能再占用处理器，而且占有处理器前不能释放运行程序及处理数据所占的主存。

破坏占有等待条件还应考虑饿死问题。若进程一次申请的资源较多，而系统又无法满足进程时只好让进程等待，这种等待很可能是长时间的。例如，进程 $P_1$ 申请资源 $r_1$、$r_2$、$r_3$，但系统现在只有 $r_3$，故 $P_1$ 等待。这时进程 $P_2$ 申请 $r_3$，于是 $P_2$ 被满足。之后某进程释放 $r_1$、$r_2$，因系统已把 $r_3$ 分配给了 $P_2$，故 $P_1$ 仍需等待。若类似事件不断发生，则 $P_1$ 可能被饿死。这种现象的实质与死锁效果类似，必须有相应的防止措施。例如，按申请资源的先后次序给进程赋优先级。

**3. 破坏非剥夺条件**

在进程主动释放占有的资源前允许资源管理者剥夺进程所占有的资源，也能保证系统不出现死锁。

方法一　当进程 $P_i$ 申请 $r_i$ 类资源时，资源管理者检查 $r_i$ 中有无可分配的资源。如果有，则分配给 $P_i$；否则，将 $P_i$ 占有的资源全部回收而让申请进程进入等待状态。此时，$P_i$ 需要等待的资源包括新申请的资源和被剥夺的原占有资源。

方法二　当进程 $P_i$ 申请 $r_i$ 类资源时，检查 $r_i$ 中有无可分配的资源。如果有，则分配给 $P_i$；否则，检查占有 $r_i$ 类资源的进程 $P_k$。若 $P_k$ 处于等待资源状态，则剥夺 $P_k$ 的 $r_i$ 类资源分配给 $P_i$；若 $P_k$ 不处于等待资源状态，则置 $P_i$ 于等待资源状态(注意，此时，$P_i$ 原已占有的资源可能被剥夺)。

剥夺资源时需保存现场信息，因使用资源的进程尚未主动释放资源，并不知晓所占资源已被系统剥夺。这种做法会导致开销很大，故只适宜在处理器和主存这类重要资源的管理上使用。在剥夺处理器时，需要保存处理器运行现场，以便在进程再次申请并得到处理器时恢复现场；在剥夺主存资源时，需要保存主存内容到磁盘交换区，以便进程再次获得主存时，将保存信息恢复到主存中。该做法不宜剥夺其他需独占使用的资源。

#### 4. 破坏循环等待条件

采用资源顺序分配法可以破坏循环等待条件。该方法首先给系统中的资源编号，即寻找一个函数 $F: R \rightarrow \mathbf{N}$($R$ 为资源类型集合；$\mathbf{N}$ 为自然数集合)。进程只能按序号由小到大顺序申请资源。例如，某进程已占有资源 $r_1, r_2, \cdots, r_i$，又申请 $r_{i+1}$ 类资源。资源分配程序则检查是否有：对于所有的 $j \in \{1, 2, \cdots, i\}$，均有 $F(r_j) < F(r_{i+1})$ 成立。若不满足则拒绝分配。

【例 4.8】　系统有输入设备 I、输出设备 O、磁带驱动器 T。编号为 $F(\mathrm{I})=1, F(\mathrm{T})=3, F(\mathrm{O})=4$。进程 P 有如下请求序列：①申请输入设备 I；②申请输出设备 O；③申请磁带驱动器 T。

语句①，②都是正常的，语句③则是非法语句(也可以让资源分配程序加入非法顺序申请判断)，因为 $F(\mathrm{T})=3, F(\mathrm{O})=4$，如果在语句②与③之间有“释放输出设备 O”的语句，则语句③才合法。

采用资源顺序分配法的系统不会出现循环等待，可以用反证法证明。假设在这样的系统中存在循环等待的一组进程，不妨记为$\{P_0, P_1, \cdots, P_n\}$，且 $P_i$ 拥有资源 $r_i$，那么根据资源顺序分配原则有

$$F(r_0) < F(r_1) < \cdots < F(r_n) < F(r_0)$$

即有 $F(r_0) < F(r_0)$，显然这与资源编号的唯一性矛盾，因此这种假设不成立。

在给资源编码时，应尽量使编码能适应一般程序请求资源的先后次序。例如，进程初始阶段用输入设备的可能性较大，结束时用输出设备的可能性较大，故通常前者编号应小于后者。

注意：破坏占有等待与破坏循环等待要求用户编程时遵守，而破坏互斥与破坏非剥夺可以在资源管理模块设计时予以考虑。

### 4.4.4　死锁避免

1965 年，Dijkstra 根据“银行家为顾客贷款”的思想提出了另一种保证系统杜绝死锁

的方法(被称为银行家算法)。银行家有一笔资金,$n$ 个顾客需要银行家提供贷款。顾客所需的全部资金可根据顾客的要求分期付给。如果顾客获得全部资金,肯定在一定期间内会将资金全部归还给银行家。由于 $n$ 个顾客所需资金总数通常比银行家拥有的资金多(当然每个顾客要求的资金总数应小于或等于银行家拥有的资金),因此给顾客提供资金时需仔细斟酌,以免顾客得不到所要的全部资金而造成资源可能无法回收。例如,银行家拥有的资金总数为 10,顾客 P, Q, R 需要的贷款总数分别为 8, 3, 9。若第一次 P 请求 4,Q 请求 2,R 请求 2,则银行家还剩资金 2,然后 Q 又请求 1,于是 Q 所需资金全部被满足。一段时间之后,Q 便将资金全部归还给银行家,这时银行家拥有资金 4,P 再次请求资金 4,被满足后,P 将归还所有资金,于是银行家拥有资金 8,最后满足 R 的要求。这一过程如图 4.20 所示。

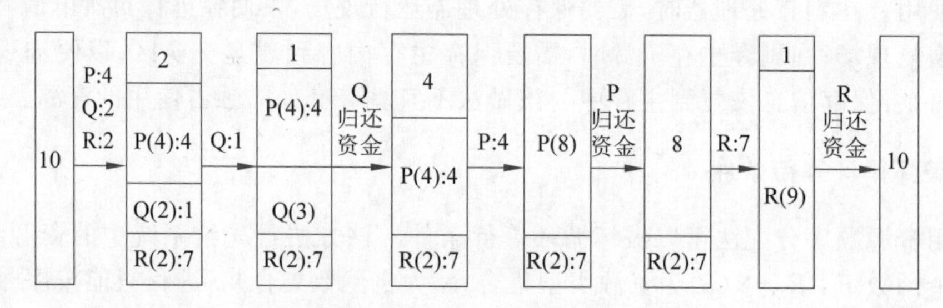


**图 4.20　银行家为顾客贷款示例**

但若 P 请求 4,Q 请求 2 被满足后,R 请求 3 则不应分配。因若此时满足了 R 的请求,那么待 Q 下一次请求被满足且 Q 归还全部资金后,银行家仅拥有资金 3,此数目今后既不能满足 P,也不能满足 R。P,R 因得不到全部资金而无法继续,并且都不会归还部分资金给银行家。此时,P,R 便进入了死锁状态。

从上例可以看出,当顾客申请资金时,能否给予满足的关键是,考察这次提供的资金会不会给今后的贷款造成障碍。当按上例中第一种情况贷款时,每进行一步,余下的资金都能保证总存在一种方法可满足顾客以后的需要,故系统处于安全状态。但对第二种情况,若满足了 R 的请求,虽余下的资金可满足 Q 的需求,但并不能保证 P 和 R 的进一步需要得到满足,故系统处于不安全状态。**死锁避免是通过确保资源申请满足后系统处于安全状态来防止死锁的。**

**安全状态定义**:设系统中有 $n$ 个进程,若存在一个序列($P_1$, $P_2$, …, $P_n$),使得 $P_i$($i=1, 2, \cdots, n$)以后还需要的资源可以通过系统现有空闲资源加上所有 $P_j$($j<i$)已占有的资源来满足,则称此时这个系统处于安全状态。序列($P_1$, $P_2$, …, $P_n$)被称为安全序列。

在银行家贷款的例子中,当 P 第一次申请资金 4 时,安全序列为〈QPR〉或〈PQR〉或〈PRQ〉;当 Q 申请资金 2 时,安全序列为〈QPR〉或〈PQR〉。若此时 R 申请资金 3,则不存在安全序列了。若 R 申请资金 2,则安全序列为〈QPR〉。

银行家算法是以系统中只有一类资源为背景的死锁避免算法。1969 年,Haberman 将银行家算法推广到多类资源环境中,形成了现在的死锁避免算法。其数据结构如下。

(1) $n$ 为系统的进程个数,$m$ 为系统的资源类型数。

(2) Available(1:$m$)为现有资源向量，Available($j$)=$k$ 表示有 $k$ 个未分配的 $j$ 类资源。

(3) Max(1:$n$, 1:$m$)为资源最大申请量矩阵，Max($i$, $j$)=$k$ 表示第 $i$ 个进程在运行过程中对第 $j$ 类资源的最大申请量为 $k$。

(4) Allocation(1:$n$, 1:$m$)为资源分配矩阵，Allocation($i$, $j$)=$k$ 表示进程 $i$ 已占有 $k$ 个 $j$ 类资源。

(5) Need(1:$n$, 1:$m$)为进程以后还需要的资源矩阵，Need($i$, $j$)=$k$ 表示第 $i$ 个进程以后还需要 $k$ 个第 $j$ 类资源，显然 Need=Max−Allocation。

(6) Request(1:$n$, 1:$m$)为进程申请资源矩阵，Request($i$, $j$)=$k$ 表示进程 $i$ 正申请 $k$ 个第 $j$ 类资源。

资源分配程序的工作过程：当进程提出资源申请时，系统首先检查该进程对资源的申请量是否超过其最大需求量及系统现有资源能否满足进程需要。若超过，则报错；若不能满足，则让该进程等待。否则进一步检查，把资源分给该进程，系统能否处于安全状态。若安全，则分配，否则置该进程为等待资源状态。

设进程 $i$ 申请资源，申请资源向量为 Request $i$，则有如下的资源分配过程。

(1) 如果 Request $i$>Need $i$，则报错返回。

(2) 如果 Request $i$>Available，则因系统暂无足够资源返回。

(3) 假设进程 $i$ 的申请已获准，于是修改系统状态：

```
Available =Available -Request i
Allocation i =Allocation i +Request i
Need i =Need i-Request i
```

(4) 调用安全状态检查算法。

(5) 若系统处于安全状态，则将进程 $i$ 申请的资源分配给进程 $i$，返回。

(6) 若系统处于不安全状态，在恢复下列系统状态后，因系统不能保证安全，资源没有分配而返回：

```
Available =Available +Request i
Allocation i =Allocation i-Request i
Need i =Need i +Request i
```

下面介绍安全状态检查算法。

设 Work(1:$m$)为临时工作向量。初始 Work=Available，令 $N=\{1, 2, \cdots, n\}$。

(1) 寻找 $j \in N$ 使其满足 Need $j \leqslant$ Work，若不存在这样的 $j$ 则转(3)。

(2) Work = Work+Allocation $j$，$N=N-\{j\}$，转(1)。

(3) 如果 $N$ 为空集，则返回，提示系统安全；如果 $N$ 非空，则返回并说明系统不安全。

采用死锁避免方法要求用户在提交作业时说明对各类资源请求的最大量(即说明 Max $i$)，这对用户来说是高要求。况且在有些情况下，资源的最大申请量是不定的。此外，系统处于不安全状态时，只是有发生死锁的可能性，并不一定会进入死锁状态。主要原因是，虽然说明了进程在运行中所需的最大资源量，但进程活动期间对资源的请求是动态的，时而申请几个，时而释放一些。因此当系统处于不安全状态时，若碰上某些进程释放一些资源，则很可能系统又进入了安全状态。

该算法时间复杂度为 $O(mn^2)$。如果每类资源中只有一个资源，则可借助资源分配图来进行安全性检查，算法复杂度可降至 $O(n^2)$。为了在资源分配图中体现进程以后还需要的资源量(Need)，在图中引入需求边 $\langle P_i, r_i \rangle$，表示 $P_i$ 以后还要申请 $r_i$ 类型的资源。需求边用虚线表示以区别于请求边。当进程 $P_i$ 请求资源 $r_i$ 时，将需求边改成请求边。若请求被满足，则把请求边改成分配边。当 $P_i$ 释放资源 $r_i$ 时，将分配边改成需求边。修改后的资源分配图与安全状态间的关系为：当且仅当图中无圈时系统处于安全状态(证明留作习题)。故检查资源分配图是否含圈即可判断系统是否处于安全状态。因为只需关心图中形如 $P_i \to \square \to P_j$ 的顶点，故又可以把它简化为 $P_i \to P_j$，于是图中顶点个数等于进程个数 $n$，因此算法复杂度为 $O(n^2)$。

### 4.4.5 死锁检测

死锁避免方法在每次资源申请时，系统都需要做安全状态检查，开销太大；另一方面，往往进程今后要申请的资源总数是不可能预先知道的。若系统中未制定无死锁防范措施，即允许系统出现死锁，则必须设置一套机制用来检查系统中有无进程已进入死锁状态。一旦发现死锁则应立即排除，以确保系统继续正常运行。

理论上，人可以采用化简资源分配图的方法来检测系统中有无进程处于死锁状态。资源分配图的简化过程如下。

(1) 在图中找一个进程顶点 $P_i$，$P_i$ 的请求边均能立即满足。

(2) 若找到这样的 $P_i$，则将与 $P_i$ 相连的边全部删去，转①；否则化简过程结束。

如果化简后所有的进程顶点都成了孤立点，如图 4.21 所示，则称该图可完全化简；否则称该图是不可完全化简的，如图 4.22 所示。不难证明，系统中有死锁的充分必要条件是，资源分配图不可完全化简。经过化简后，非孤立点的进程处于死锁状态(证明留作习题)。

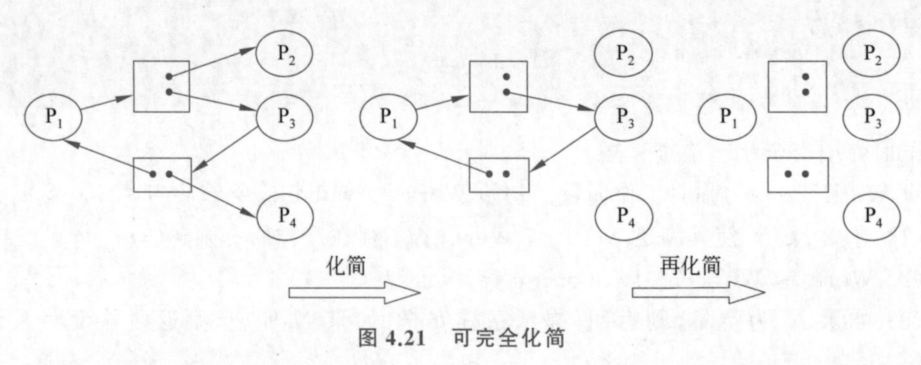


图 4.21 可完全化简

资源分配图可以用数据结构来描述：Allocation 表示分配边；Request 表示请求边；Available 表示系统资源集合 $R$ 中那些没有分配的资源。例如，对应图 4.23 各个数据结

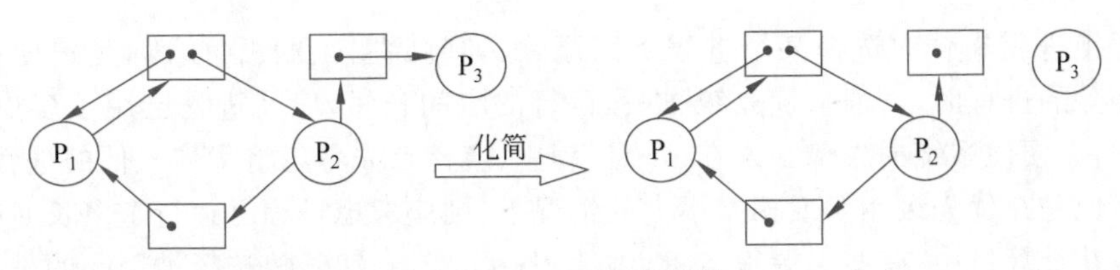


图 4.22　不可完全化简

构中的内容如下。

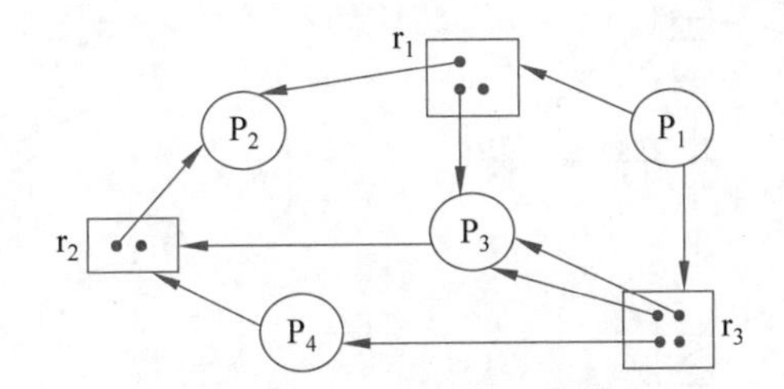


图 4.23　资源分配图示例

|  | Allocation: |  |  | Request: |  |  | Available: |  |  |
|---|---|---|---|---|---|---|---|---|---|
|  | r1 | r2 | r3 | r1 | r2 | r3 | r1 | r2 | r3 |
| $P_1$ | 0 | 0 | 0 | 1 | 0 | 1 | 1 | 1 | 1 |
| $P_2$ | 1 | 1 | 0 | 0 | 0 | 0 |  |  |  |
| $P_3$ | 1 | 0 | 2 | 0 | 1 | 0 |  |  |  |
| $P_4$ | 0 | 0 | 1 | 0 | 1 | 0 |  |  |  |

用算法描述资源分配图的化简过程，即死锁检测算法，如下所述。

设 Work(1:$m$)为临时工作向量。初始 Work = Available，令 $N=\{1,2,\cdots,n\}$。

(1) 寻找 $j\in N$ 使得 Request $j\leqslant$Work，若不存在则转(3)。

(2) Work = Work＋Allocation $j$，$N=N-\{j\}$，转(1)。

(3) 若 $N$ 为空集，则无死锁；若 $N$ 不为空集，则存在死锁进程，且此时的集合 $N$ 是处于死锁状态的进程标号的集合。

不难看出，死锁避免算法与死锁检测算法很相似。差别仅在于死锁避免算法考虑了进程今后可能要申请的资源量，或者说，死锁避免是假设进程将以后可能要申请的资源量都考虑在 Request 中来判断系统是否进入了死锁状态。

死锁检测算法的时间复杂度也是 $O(mn^2)$。若每类资源中只有一个资源，则系统有死锁的充分必要条件是资源分配图中含圈。在这种情况下，死锁检测可以通过判断图中是否含圈来进行，其时间复杂度为 $O(n^2)$。

因为检测算法开销太大，实际系统中没有采用，而由人来判断进程集合是否处于死锁状态。

### 4.4.6　死锁恢复

当发现系统中有死锁进程时，可通过破坏死锁的必要条件立即排除。

**【例 4.9】**　破坏循环等待条件举例。

从死锁进程集合中选择某个进程予以删除，如删除图 4.24 中的 $P_2$，死锁便排除了。在选择删除的进程时，一般从优先级、进程运行的时间长短，以及进程已用了多少资源等方面考虑，以便使系统损失最小。在多个进程中，应该首先考虑将优先级低的进程作为删除对象。但是在优先级相等或相差不大的情况下，则应考虑进程已运行了多长时间，以减少损失。在计算机中，有些资源很宝贵，因使用一次费用较高，故选择被删除的进程时，应尽量避免选择这类进程。

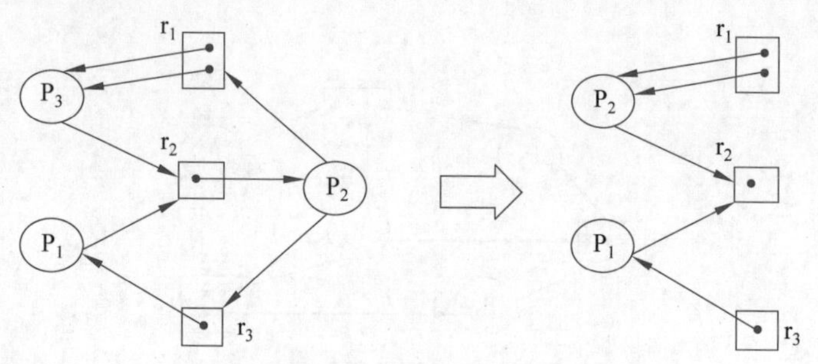


图 4.24 将 $P_2$ 进程删除从死锁状态恢复

在选出被删除的进程后，一种方法是将它所有的执行过程全部删除，另一种方法是让这个进程退回到系统可摆脱死锁状态的某个点上，要实现这种功能当然需要进程在该点上进行现场保护，这一点又叫检查点(checkpoint)。如 4.4.1 节中所举的车队一例，若选择东路车为被删除的车队而让其退回到始发处，则损失可能很大，排除死锁只需使东路车队退到如图 4.25 所示的 A 点即可。

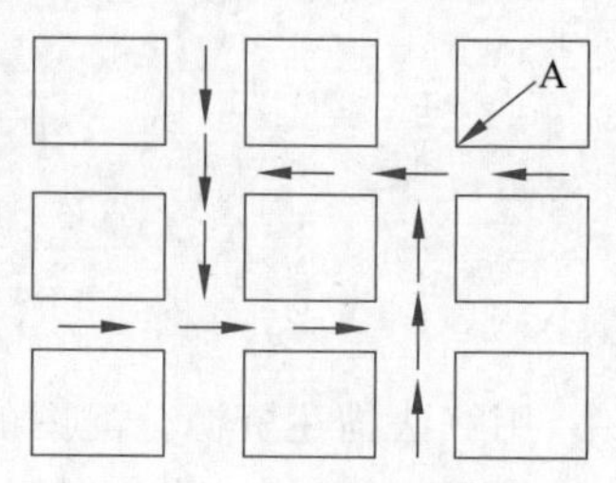


图 4.25 车队释放路口

### 4.4.7 实用死锁处理方法

实际系统实现时，前面的各种方法都有一定局限性。例如，因为进程运行程序是用户所编，不可能确保用户一定按照资源序号次序申请资源，也不能保证用户是一次性申请资源，死锁避免算法因为系统要知道进程总资源量，不可能实现，死锁检测算法开销太大，也不实用。

现在的实际情况是，在设计操作系统时，在开销不是很大的情况下，通过各种渠道防止死锁的发生。例如：

(1) 将终端作为非独占设备，多进程申请终端都可以满足。

(2) 让处理器和内存资源可剥夺。

(3) 使外部设备虚拟化，利用文件模拟外部设备将外部设备资源从有限物理资源变为无限的逻辑资源。

(4) 两种资源申请接口。分为紧急申请和一般申请方式，如为防止磁盘空间资源用尽发生死锁，可以设定磁盘空闲空间阈值，当阈值到达时不再允许一般方式申请空间，而只能以紧急方式申请空间。这样可以保证一般方式申请空间的如“建立新文件”等不被允许，提醒用户删除不用文件，避免文件删除操作都不可执行的情况发生(删除操作可能需要申请磁盘空间，如为运行删除进程，需要将别的进程所占内存空间剥夺，被剥夺空间原数据需要保存到磁盘空间，这时这种空间申请可以用紧急方式申请)。

另外，实际系统死锁发生往往由人判断，如发生死锁，则往往删除进程或重启系统。

## 4.5　核心知识点

实现可并行成分的并发执行，必须依靠操作系统提供的进程(线程)机制，操作系统提供进程(线程)创建、结束及同步等系统调用，用户编程可直接使用这些系统调用或通过库程序间接使用这些系统调用来实现程序的并发执行。

进程同步关系是指协调完成同一任务的进程之间需要在某些位置上相互等待的直接制约关系；进程互斥关系指进程间共享独占型资源而必须互斥执行的间接制约关系，互斥问题也称临界段问题。

利用硬件提供的特殊指令可以实现基本互斥工具，实现进程互斥。主要硬件方法有单机关中断、Test_and_Set 指令或 Swap 指令。

原语表示一个操作的互斥特性，可以通过关中断、加硬锁等方法来保证这种操作的互斥性。

信号量机制(又称关于信号量的 P，V 操作，或简称 P，V 操作)是理想的同步互斥工具，能够解决临界段问题和各种同步互斥问题。

许多典型的进程同步、互斥问题，如有限缓冲区问题、Reader/Writer 问题和哲学家就餐问题是非常重要的，因为它们代表着不同的并发控制问题。这些问题也一直被用于检测新提出的各种同步互斥工具。

消息传递是目前广泛采用的理想进程间通信工具，它能方便地用于传输消息，而且也解决了进程间同步问题。"消息系统"可以分为直接通信和间接通信两种类型，后一类型又称为信箱通信。管道通信是一种保序的字节流消息传递通信。

在计算机系统中，进程间由于竞争资源而造成相互等待以致僵持不下的状态称为死锁。出现死锁时，系统必然满足 4 个条件：互斥、占有等待、非剥夺和循环等待。通常采用两种方法解决死锁：一是设计无死锁的系统，二是允许系统出现死锁后排除之。前者包括死锁的防止和避免，死锁防止是通过破坏死锁存在的 4 个必要条件进行的，死锁避免是通过保证系统随时处于安全状态而实现的，但是死锁避免方法可行性差。死锁恢复通常通过杀进程或删除文件等强行释放资源的方式实现。

现代操作系统中，死锁问题并不严重。多数系统采用资源可剥夺法或资源小于阈值时限制申请来预防死锁，或者对死锁不予理睬，当操作员从外部发现系统僵持不下时删除有关进程，或重新启动一次系统。

## 4.6　问题与思考

**1. Linux 的 fork 系统调用是如何快速实现进程映像的复制的?**

思路：理论上说，fork 创建的子进程复制了父进程空间的程序区、数据区及用户栈区，只需要区分用户栈区中保存返回值寄存器的值即可(子进程返回值是 0)。如果在 fork 系统调用处理时进行批量复制，不但浪费时间，而且也浪费存储资源。

操作系统有两个基本理念，一是数据共享通过指针引用共享，二是资源能够晚分配就不要提前，最终目的就是资源利用率最大化。

父子进程程序区是一样的，那么就让子进程页表通过指针指向父进程程序区的页实体来实现共享，而数据区按说要批量复制父进程的数据区页，但是遵循上述两个基本理念，采用了COW(Copy on Write)技术实现批量复制的化整为零。就是首先只是让子进程数据区页表项通过指针指向父进程的数据区页实体，先让子进程共享父进程数据区，如果只是读操作，那么都是到同一页实体中读，待到父进程或子进程要写某一页中的变量时，在写前再申请空闲页帧复制该页，使得父子进程空间分开，然后再写入自己进程空间的数据页中。本来是在fork处理时复制全部的数据区页，现在变成了针对数据区的每个页，在fork以后第一次写该页时先复制该页，因为程序是顺序执行访存指令的，因此把一次批量复制变成了以后的按照写主存指令序的按页拷贝。

COW技术还可以用在其他的如文件或辅存设备数据快照中。

**2. 对访问了共享数据的进程怎么提高并行度？共享数据是指相关数据的集合，对共享数据互斥访问，是为了保证相关数据的一致性。为了提高并行度，共享数据集越小越好，怎么确定要互斥访问的共享数据边界？**

思路：在生产者/消费者问题中，把空缓冲区、满缓冲区都看成是一个整体的共享数据，并行度不高。如果把空缓冲区队列看成一个相关数据集合，把满缓冲区队列看成另一个相关数据集合，用两个不同的锁来保证对不同共享数据的互斥操作，则可以提高并行性。那满缓冲区这个集合还可以进一步细分来提高并行性吗？书中那些进程间通信消息队列设计，就是把放有消息的缓冲区放到接收消息进程的队列中，这其实就是把装满消息的队列分成了多条，给每一条队列设一把锁，这样就提高了并行性。

**3. 为什么进程之间的消息传递必须借助于操作系统内核空间？进程间还有什么别的通信方法？**

思路：每个进程有自己独立的地址空间。为了保证多个进程能够彼此互不干扰，操作系统给每个进程都是0地址开始的虚空间，利用进程自己的页表，利用硬件地址变换机制支持对进程的地址空间进行了严格的保护，限制每个进程只能访问自己的地址空间，除非进程间通过专门系统调用共享页。进程无法访问其他进程的地址空间，所以必须借助于操作系统的send系统调用把消息传到内核空间，接收进程通过receive系统调用从内核获取消息。

Linux系统除了消息传递外还有如下其他通信方式。

(1) 共享区通信。通过系统调用shmget创建共享区。多个进程可以(通过系统调用shmat)连接同一个共享区，这可使得多个进程的页表项指向相同物理页帧。通过直接读/写共享区对应的虚存空间实现进程之间的数据交换。使用共享区时，需要利用信号量解决同步互斥问题。

(2) 管道通信。进程通过读/写管道文件或无名管道(只方便于父子进程间，因为需要创建无名管道并将管道描述符传给对方)实现彼此之间的通信。管道是一个先进先出(FIFO)的信息流，允许多个进程向管道写入数据，允许多个进程从管道读出数据。在读/写过程中，操作系统保证数据的写入顺序与读出顺序是一致的。

(3) 共享文件。发送进程对文件写打开，接收进程对同一文件进行读打开。利用 write、read 系统调用实现进程之间的通信。或者把文件用 mmap 系统调用映射到各自进程虚空间，然后对虚空间直接读写交换信息。当然需要其他方法对文件数据进行同步互斥。

**4. 在设计资源管理程序时，如何做能确保申请资源时不发生死锁？**

思路：如果申请资源时，所管资源没有了，则回收(剥夺)其他进程占用的资源；怎么让进程没有使用完的资源可以回收呢？资源管理程序必须保存好资源使用的现场，如 CPU 资源在回收时的各寄存器，内存资源的所存数据。等到资源被分配回原来用到一半的进程时，其原来保存的现场要被恢复。当然还有把资源当成非独占资源分配的方法，如显示器资源，哪个进程申请都能成功，虽然偶尔可能出现交叉输出的错误，但是能够防止死锁也是值得的。

**5. 有一座东西方向架设单车道简易桥，最大载重负荷为 4 辆车。请定义合适的信号量，正确使用 PV 操作，实现双向车辆的过桥过程。**

思路：这是一个与 Reader/Writer 类型相似的同步互斥问题。可以看成两组不同的 Reader：从东向西的车流和从西向东的车流。共享的资源是可双向通行的单车道简易桥，即双向过桥的车辆对桥的使用是互斥的，同方向上允许有多辆车辆同时过桥，但是同时过桥的车辆数目不能大于 4 辆。因此，可以按照通常的 Reader/Writer 问题进行处理，但在同组 Reader 使用资源的过程中，需要增加信号量的控制，以满足最大载重负荷为 4 辆汽车的条件。

解：设置 4 个信号量：

S：代表桥的互斥使用的信号量，初值为 1。

Scounteast：代表由东向西方向的车辆计数器的互斥使用的信号量，初值为 1。

Scountwest：代表由西向东方向的车辆计数器的互斥使用的信号量，初值为 1。

Scount4：代表可上桥车辆计数器的信号量，初值为 4。

算法如下。

```
Semaphore S,Scounteast,Scountwest,Scount4;
int Counteast,Countwest;            #两个方向车辆计数变量
S =1; Scounteast =1; Scountwest =1; Scount4 =4;
Counteast: =0;
Countwest: =0;
Program_east( ) {
    P(Scounteast);
    if ( Counteast==0 ) then P(S);
    Counteast =Counteast + 1;
    V(Scounteast);
    P(Scount4);
    过桥;
    V(Scount4);
    P(Scounteast);
```

```
        Counteast =Counteast －1;
        if ( Counteast==0 ) then V(S);
        V(Scounteast);
    }
    Program_west( ) {
        P(Scountwest);
        if ( Countwest==0 ) then P(S);
        Countwest =Countwest ＋ 1;
        V(Scountwest);
        P(Scount4);
        过桥;
        V(Scount4);
        P(Scountwest);
        Countwest =Countwest －1;
        if ( Countwest==0 ) then V(S);
        V(Scountwest);
    }
```

## 习　　题

4.1　最常见的实现并行任务编程的方法是什么？

4.2　并行任务并行(并发)运行的操作系统机制是什么？

4.3　Hyman 于 1966 年提出了如下的解决临界段问题的算法，判断它是否正确。如果不正确，举例说明它有什么问题。

两个进程 $P_0$ 和 $P_1$ 共享下列变量：

```
boolean flag[2];
    int turn;
```

其中，flag 数组元素初值均为 false。进程 $P_i$(i=0 或 1)所对应的程序表示为：

```
do{
    flag[i]=true;
    while(turn≠i){
        while(flag((i+1)%2)){
        空操作;
        };
        turn=i;
    };
    …
    critical section
    …
```

```
    flag[i]=false;
    …
    non critical section;
}while(1);
```

4.4　何谓原语？它与系统调用有何区别？如何实现原语执行的不可分割性？

4.5　什么是“忙等待”？如何避免 P 操作的“忙等待”？

4.6　如果 P,V 操作不作为原语，即可分割执行，那么是否还可用于解决互斥问题？如果不能，举例说明。

4.7　使用下列指令设计一个解决 n 个进程互斥问题的算法：①Swap 指令；②Test_and_ Set 指令。

4.8　如何定义二值(仅取 0 或 1)信号量的 P,V 操作？并利用其实现一般(多值)信号量的 P,V 操作。

4.9　无忙等待的信号量机制中，等待队列通常设计成 FIFO 队列。如果将其设计成一个栈，会出现什么问题？

4.10　假设系统只提供信号量机制(P,V 原语)。欲重新定义如下两条原语：ENQ 和 DEQ。其中，r 是某个资源；P 是一个进程；queue(r)是等待使用资源 r 的进程 FIFO 队列；inuse(r)是一个布尔变量。

```
ENQ(r){
  if(inuse(r))then{
     insert P in queue(r);
     block P;
  };
  else {
     inuse(r)=true;
  }
}
DEQ(r){
  P=head of queue(r);
  if(P≠nil) then activate P;
  else {
     inuse(r)=false;
  }
}
```

试利用信号量机制实现 ENQ 和 DEQ，允许使用任何所需的数据结构和变量。

4.11　多元信号量机制允许 P,V 操作同时对多个信号量进行操作。每个信号量控制一类资源申请或释放，这种机制对同时申请或释放若干类资源是非常有用的。假设二元信号量(用于同时申请或释放两类资源)机制中的 P 原语定义为：

```
P(S, R): While(S≤0 or R≤0);
    S=S-1;
    R=R-1;
```

试用一元信号量机制实现该P(S, R)操作的原子性。

4.12　为什么说P,V操作使用不当容易出现错误？请列举可能出现哪些类型的错误,并分析有限缓冲区的生产者、消费者程序,颠倒两个P操作次序时,在什么条件下会出现死锁？

4.13　假设有三个并发进程(P, Q, R),其中,P负责从输入设备上读入信息并传送给Q,Q将信息加工后传送给R,R则负责将信息打印输出。写出下列条件的并发程序。

(1) 进程P,Q共享一个缓冲区,进程Q,R共享另一个缓冲区。

(2) 进程P,Q共享一个由$m$个缓冲区组成的缓冲池,进程Q,R共享另一个由$n$个缓冲区组成的缓冲池(假设缓冲区足够大,进程间每次传输信息的单位均小于或等于缓冲区长度)。

4.14　8个协作的任务A,B,C,D,E,F,G,H分别完成各自的工作。它们满足下列条件：任务A必须领先于任务B,C和E;任务E和D必须领先于任务F;任务B和C必须领先于任务D;而任务F必须领先于任务G和H。试写出并发程序,使得在任何可能的情况下,它们均能正确工作。

4.15　“理发师睡觉”问题：假设理发店由等待间(n个座位)和理发间(只有一个座位)构成。无顾客时,理发师睡觉。顾客先进等待间再进理发间,当顾客进入理发间发现理发师在睡觉时,则叫醒理发师。试写出模拟理发师和顾客的程序。

4.16　“吸烟者”问题：假设一个系统有三个吸烟者(Smoker)进程和一个供货商(Agent)进程。每个吸烟者连续不断地制造香烟并吸掉它。但是,制造一支香烟需要三种材料：烟、纸、火柴。一个吸烟者进程有纸,另一个有烟,第三个有火柴。供货商进程可以无限地提供这三种材料。供货商将两种材料一起放在桌上,持有另一种材料的吸烟者即可制造一支香烟并吸掉它。当此吸烟者吸烟时,他发出一个信号通知供货商进程,供货商马上给出另两种材料,如此循环往复。试编写一个程序使供货商与吸烟者同步执行。

4.17　假设某个系统未直接提供信号量机制,但提供了进程通信工具。如果某个程序希望使用关于信号量的P,V操作,那么该程序将如何利用通信工具模拟信号量机制？要求说明如何用Send/Receive操作及消息表示P,V操作和信号量。

4.18　假设系统未提供任何类似P,V操作的同步工具和任何通信工具,仅提供了Sleep(进程睡眠)和Wakeup(唤醒进程)原语,你能否解决同步、互斥问题？如果不能,说明理由。如果能,举例说明。

4.19　死锁的4个必要条件是彼此独立的吗？试给出最少的必要条件。

4.20　设系统只有一种资源,进程一次只能申请一个资源。进程申请的资源总数不会超过系统的资源总数。下列情况中哪些会发生死锁？

| | 进程数 | 资源总数 |
|---|---|---|
| ① | 1 | 1 |
| ② | 1 | 2 |
| ③ | 2 | 1 |
| ④ | 2 | 2 |
| ⑤ | 2 | 3 |

现在假设进程最多需要两个资源，下列情况中哪些会发生死锁？

| | 进程数 | 资源总数 |
|---|---|---|
| ⑥ | 1 | 2 |
| ⑦ | 2 | 2 |
| ⑧ | 2 | 3 |
| ⑨ | 3 | 3 |
| ⑩ | 3 | 4 |

4.21 考虑由 4 个相同类型资源组成的系统，系统中有三个进程，每个进程最多需要两个资源。该系统是否会发生死锁？为什么？

4.22 假设系统由相同类型的 $m$ 个资源组成，有 $n$ 个进程，每个进程至少请求一个资源。证明：当 $n$ 个进程最多需要的资源数之和小于 $m+n$ 时，该系统无死锁。

4.23 对于哲学家就餐问题，采用书中的解决办法时，这 5 个哲学家在什么情况下进入死锁状态？重新设计一种无死锁的方法，并考虑新设计的方法中是否存在饿死情况？

4.24 试举若干死锁预防实用设计的例子，请说明是破坏了哪一个必要条件或是因为其他原理。

4.25 设系统有三种类型的资源，数量为(4, 2, 2)，系统中有进程 A,B,C。按如下顺序请求资源：

```
进程 A 申请(2, 2, 1)
进程 B 申请(1, 0, 1)
进程 A 申请(0, 0, 1)
进程 C 申请(2, 0, 0)
```

该系统按照死锁防止第二种资源剥夺法分配资源。试对上述请求序列，列出资源分配过程。指出哪些进程需要等待资源，哪些资源被剥夺。进程可能进入无限等待状态吗？

4.26 在实际的计算机系统中，资源数和进程数是动态变化的。当系统处于安全状态时，如下变化是否可能使系统进入非安全状态？

① 增加 Available ② 减少 Available ③ 增加 Max
④ 减少 Max ⑤ 增加进程数 ⑥ 减少进程数

4.27 设系统状态如下：

```
Allocation      Max      Available
0012            0012     1520
1000            1750
```

```
1354            2356
0632            0652
0014            0656
```

使用银行家算法回答下列问题：

(1) Need 的内容是什么？

(2) 系统是否处于安全状态？

(3) 如果进程 2 请求(0, 4, 2, 0)，能否立即得到满足？

4.28　银行家算法有某些不足之处，使该算法难以在计算机系统中应用，试说明之。

4.29　讨论死锁检测算法与死锁避免算法的联系与区别。

4.30　化简如图 4.26 所示的资源分配图，并说明有无进程处于死锁状态。

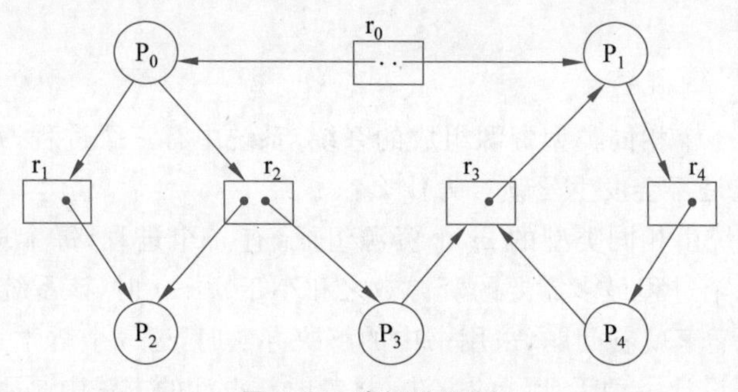


图 4.26　资源分配图

4.31　若发生了死锁会出现什么现象？系统管理员对此应采取什么措施？

第5章

# 存 储 管 理

存储管理主要是研究进程(或作业)如何占用主存资源。当前计算机都是基于冯·诺依曼存储程序式的计算机,程序和数据在运行和使用时都需要存放在主存中。设计操作系统的重要目标之一是提高计算机资源的利用率,其根本途径是采用多道程序设计技术。因此,必须合理地管理主存储空间,使尽量多的进程(或作业)能够同时存放于主存以竞争处理器,保证处理器和I/O设备能够并行运行。

存储管理所研究的内容包括三个方面:取(Fetch)、放(Placement)、替换(Replacement)。

"取"是研究该将哪个进程(或进程的某些部分)从辅存调入主存。调入进程占用主存或有资格占用主存是中级调度的工作。在主存资源有限的情况下,也可以调入进程的某些部分占用主存,它一般有请调(Demand Fetch)和预调(Anticipatory Fetch)之分。前者按照进程运行需要来确定调入进程的某个部分;后者是采用某种策略,预测出即将使用的进程的某部分并调入主存。

"放"则是研究将"取"来的某个进程(或进程的某部分)按何种方式放在主存的什么地方。

"替换"是研究将哪个进程(或进程的某部分)暂时从主存移入辅存,以腾出主存空间供其他进程(或进程的某部分)占用。

在这三个方面中,"放"是存储管理的基础。目前,"放"的技术可归结成两类:一类是连续的,即运行的程序和数据必须放在主存的一片连续空间中(本章介绍的单道连续分配、多道连续固定分区和多道连续可变分区方法均属此类);另一类是不连续的,即运行的程序和数据可以放在主存的多个不相邻的块中(本章介绍的页式管理、段式管理和段页式管理即属此类)。

除介绍上述各种存储管理方法外,本章还将介绍虚拟存储管理技术,在虚拟存储管理技术中涉及替换问题。

本章内容以将进程或作业放在主存中的方式为线索,按照存储管理的发展历程详细描述连续存储分配、不连续存储分配、虚存管理策略。并且介绍在各种策略下的存储空间保护和地址变换问题。

# 5.1 连续空间分配

在早期的操作系统设计中，都采用连续空间分配策略。那时还没有引入进程的概念，主存分配还是以作业为单位。本节介绍将作业分配到一段连续存储空间的方法，虽然是针对将主存分配给作业，但这些方法对任何形式的空间分配都具有参考意义。连续空间分配具有易理解、访问效率高、空间利用率低等特点。

## 5.1.1 单道连续分配、覆盖与交换技术

操作系统中只有单道用户程序，单道用户程序连续存放于主存中。

### 1. 空间划分与空间保护方法

在没有操作系统的时期，整个存储空间由单个用户使用。随着系统“监督程序”的出现，存储管理也随之出现了。当时的存储管理十分简单，仅将主存空间分成两部分，如图 5.1 所示。操作系统在低地址部分(0～a 单元)。

有了操作系统后，用户不再独占主存资源。为了避免用户程序执行时随意访问操作系统占用的主存空间，应将用户程序的执行严格控制在用户区域中。这种存储保护的控制措施主要是通过硬件提供的界地址寄存器和越界检查机制来实现的。将操作系统所在空间的下界 a 存放在界地址寄存器中，用户程序执行时(即处理器在用户态下运行时)，每次访问主存时，越界检查机制都会将访问主存的地址和界地址寄存器中的值进行比较，若越界，则终止程序的执行，如图 5.2 所示。

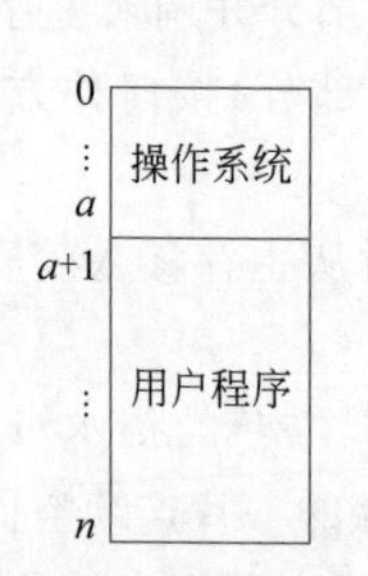


图 5.1 单道连续分配法的空间安排

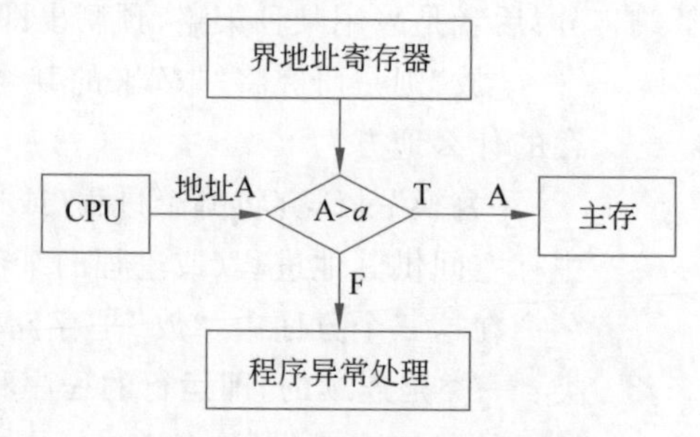


图 5.2 地址越界检查机制

### 2. 覆盖(Overlay)技术

早期，主存十分昂贵，因此主存的容量较小。虽然主存中仅存放一道用户程序，但是存储空间容不下用户程序的现象也常会发生，这一矛盾可用覆盖方法来解决。覆盖的基本思想是，由于程序运行时并非任何时候都要访问程序及数据的各个部分(尤其是大程序)，因此可以把用户空间分成一个固定区和一个或多个覆盖区。将经常活跃的部分放在固定区，其余部分按调用关系分段。首先将那些即将要用的段放在覆盖区，其他段放入辅存。在需要调用前，用户安排“调入覆盖系统调用”将其调入覆盖区，替换覆盖区中原有

的段。

例如，某作业各过程间有如图 5.3 所示的关系。过程 A 调用过程 B 和 C，过程 B 调用过程 F，过程 C 调用 D 和 E。由于 B 不会调用 C，C 也不会调用 B，所以过程 B，C 不必同时存入主存，同样的关系也发生在过程 D，E 之间，以及过程 D，E 和过程 F 之间。因此，用户可以建立如下的覆盖结构：将主存分成一个容量为 4KB 的固定区（由过程 A 占用）和两个覆盖区，容量分别为 6KB 和 10KB，如图 5.4 所示。将作业分成两个覆盖段：覆盖段 0 由过程 B，C 组成，覆盖段 1 由过程 F，D，E 组成。组成覆盖段的那些过程称为覆盖。

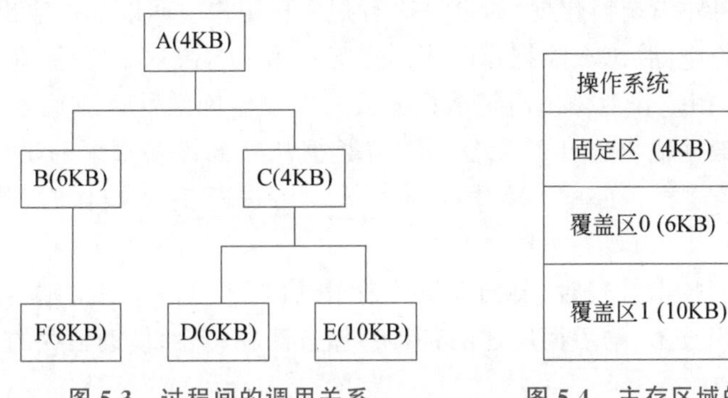


图 5.3　过程间的调用关系　　图 5.4　主存区域的划分

在覆盖结构中，每个覆盖用$(i,j)$来表征，$i$ 指覆盖所在的覆盖段号，$j$ 指覆盖段中的覆盖号。本例的覆盖结构如图 5.5 所示。当作业运行时，过程段 A 占用固定区，覆盖区 0 由覆盖段 0 中的覆盖根据需要占用，覆盖区 1 由覆盖段 1 中的覆盖根据需要占用。例如，覆盖区 0 由覆盖(0,1)占用，覆盖区 1 由覆盖(1,1)占用。这时，过程 C 要调用过程 E，于是将覆盖(1,1)移入辅存，将覆盖(1,2)从辅存调入主存，占用覆盖区 1。这一变化过程如图 5.6 所示。

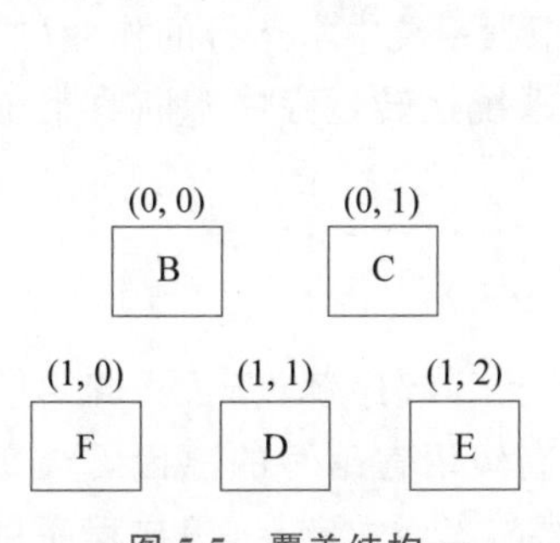


图 5.5　覆盖结构

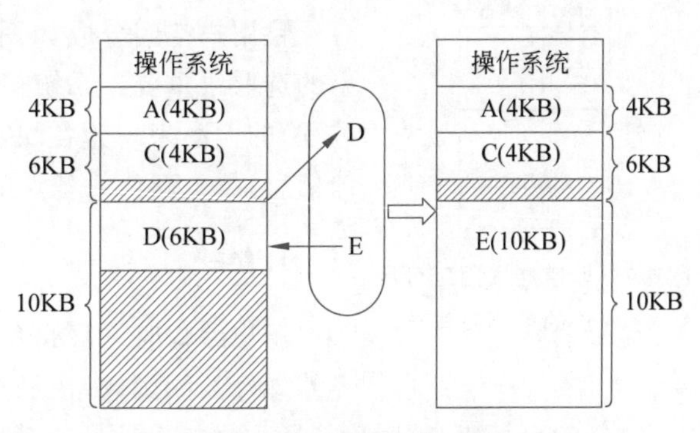


图 5.6　E 覆盖 D 的过程

采用覆盖技术是把解决空间不足的问题交给了用户。操作系统提供帮助用户将覆盖段调入主存的系统调用，但用户自己必须安排程序调入覆盖段，由此可见，覆盖技术用户参与过多，会给用户带来麻烦。

后面的虚存请调技术思想来自覆盖，但是无须额外用户编程了，访存指令能够自动判断所访问的数据不在主存而通知操作系统把数据从辅存调入主存。

**3. 交换(Swapping)技术**

引入交换技术的目的是想让那些在等 I/O 完成的作业先把内存腾出来给别的作业来占用处理器运行,从而让处理器与 I/O 能够并行。

交换的基本思想是,把处于等待状态的作业从主存移入辅存,这一过程称为换出;把准备好竞争处理器运行的作业从辅存移入主存,这一过程称为换入。

应特别注意,当作业处于等待状态而准备换出时,作业正在进行 I/O 操作,按理正在 I/O 操作的作业要与外设交换数据,如果是输出则要从用户空间取数据输出,如果是输入则要把数据放到用户空间,怎么能把作业滚出去呢?为了解决这个问题,在系统空间中必须开辟 I/O 缓冲区,用户作业输出时把数据先放入系统空间缓冲区或输入时从系统空间缓冲区取数据。将数据输出到外部设备中或将数据从外部设备输入的 I/O 操作必须在系统缓冲区中进行,这样,在系统缓冲区与外部设备进行 I/O 操作时,作业交换不受限制。

后面的虚存请调技术实现时,要调入新的数据或程序,但是没有空闲空间怎么办?交换技术可以作为通用技术,与后面所述的各种存储方法相结合,借助辅存的空间在逻辑上实现主存空间的扩展。

### 5.1.2 多道固定分区、链接与重定位技术

随着多道程序设计技术的出现及主存空间的增长,要求主存中可以存放多道作业(或进程,这时已出现进程概念),若仍利用简单的用户与系统界地址的存储保护方法,操作系统虽得以保护,但如果在某道作业运行时可能误访问其他作业空间,使其他作业的空间得不到应有的保护。因此,在多道程序设计中,为了保护用户访存不越界,硬件和软件应提供更多的支持。

| 操作系统 |
| --- |
| $U_1$ |
| $U_2$ |
| ⋮ |
| $U_n$ |

图 5.7 多道连续固定分区法的空间安排

将用户空间分成如图 5.7 所示的大小固定的几块,各块大小的选取很重要。系统初启时,可根据系统中常运行的作业(或进程)的大小来划分各块。以后在系统运转过程中不断收集统计信息,再重新修订各块的大小。

**1. 链接**

用户编程时一般是用高级语言编写程序源代码,会调用已经编译好的库函数,在经过编译后高级语言编写的源代码会变成二进制的目标码,这时库函数调用指令地址未确定,然后要与库函数链接,用户程序目标码和库函数的目标码被并到一起从 0 依次编址,函数的地址这时被确定,即按照库函数入口所在地址修改函数调用指令的地址域,形成最后的用户程序目标码文件,这一过程叫作静态链接。

后来为了解决静态链接技术出现的多个不同进程调用相同库函数引起的库函数目标码多份副本的问题,引入了动态链接技术。动态链接是在主存保存一份库函数代码,在编译链接时不能把库目标码合并进用户程序目标码了,只能在将进程的用户程序代码加载

到主存时或用户程序代码执行到调用函数时再确定调用函数地址。我们可以把要调用的库函数地址放到指针变量中，链接时根据库函数实际地址改变这个指针变量的值即可，如 C 语言的函数指针变量，调用函数指针变量代表的函数是很容易的。读者可以到网上搜索有关资料。其实系统调用也是一种特殊的动态链接，无须在用户程序编译链接时确定操作系统内核的系统调用处理程序地址，其特殊性在于根本就没有用函数地址来调用，只是用系统调用号查系统调用函数表，再转调函数表中的函数。

### 2. 地址重定位与空间保护方法

地址重定位是指将用户程序目标码中相对于 0 地址开始的所有指令、数据逻辑地址变换成指令、数据所在的主存物理地址。主要的重定位方法有两种：静态重定位，即在操作系统将目标代码加载到主存时，将目标代码所有地址域改为"原地址＋目标代码所在主存起始地址"；动态重定位，由硬件地址转换机制实现，在执行访存指令时将"原地址＋目标代码所在主存起始地址"后进行访问。

注意，链接主要是强调将原来不在一起的模块中的函数地址在统一的逻辑地址空间中确定好，而重定位强调把逻辑地址定位到物理地址。

多道连续固定分区法所依赖的保护机制有两种：一种是上、下界寄存器和地址检查机制；另一种是基址寄存器、长度寄存器和动态地址转换机制。前者要求用户代码是静态重定位的（用户代码中使用相对于 0 的地址，加载程序在确定其主存存放位置并加载到主存后将其修改成绝对地址），后者要求用户的代码是动态重定位的（用户代码中的相对地址在指令执行时才被动态地转换成绝对地址）。

上、下界寄存器是硬件提供的一对寄存器，分别存放正在运行程序的上、下界。当处理器资源分给某作业时，即将该作业的上、下界地址分别装入上、下界寄存器。

地址检查机制是指，当用户程序被执行时，每次访问主存时，该机制都会将指令的访存地址与上、下界寄存器的值进行比较。若其值介于上、下界之间，则可用该地址访问存储器，否则，终止程序的运行，如图 5.8 所示。

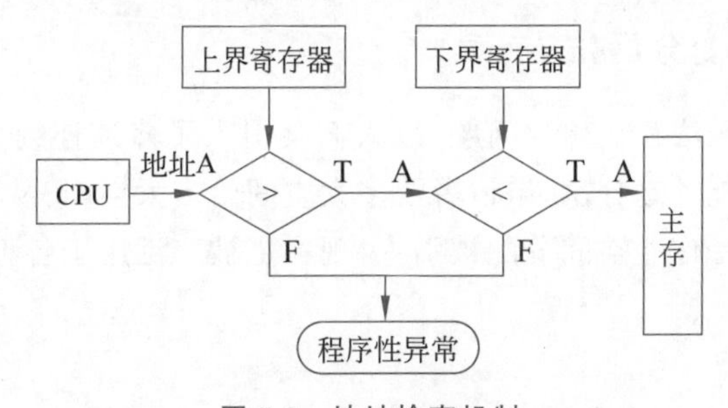


图 5.8　地址检查机制

基地址寄存器、长度寄存器分别存放运行程序在主存的起始地址及其总长度。当处理器资源分给某作业时，即将其主存的起始地址和长度分别装入基地址寄存器和长度寄存器。

动态地址转换机制是指，当用户程序运行时，每次访问主存时，该机制都会将指令的访存地址(相对地址)与长度寄存器中的值进行比较。若越界，则终止该程序；否则，与基地址寄存器中的值相加成为访问主存的绝对物理地址，如图 5.9 所示。

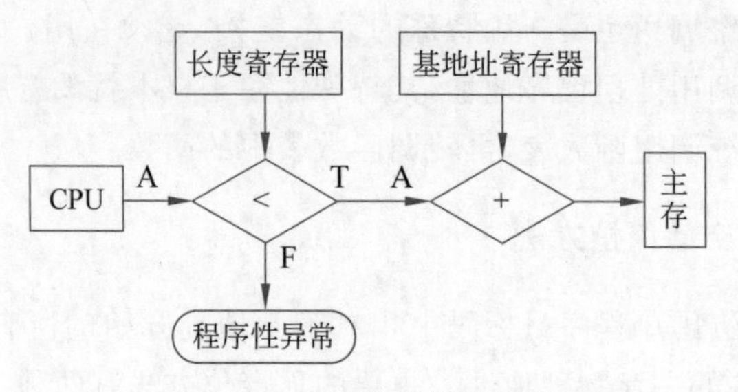


图 5.9 动态地址转换机制

如果某多道连续固定分区存储管理系统使用基地址寄存器和长度寄存器进行地址变换与存储保护，如第 3 章所述，进程控制块(PCB)包含进程映像位置信息。PCB 中的位置信息应该包括进程的基地址与程序长度。当进程调度程序选中某个进程后，应将其 PCB 中的这些位置信息内容装入基地址寄存器和长度寄存器。

#### 3. 存储碎片

多道连续固定分区法与单道连续分配法相比，虽然提高了空间利用率，但对空间的利用仍不充分。由于进入各存储块的作业长度往往短于该块的长度，因而存在一些未加利用的存储空间。另外，若大作业较多，则小存储块常处于空闲状态，从而造成浪费。这些未得到利用的空间称为存储碎片(Memory Fragmentation)。

存储碎片分为内部碎片和外部碎片。若存储块的长度为 $n$，其存储的作业长度为 $m$，则剩下的(长度为 $n-m$)空间称为该块的内部碎片；若存储块的长度为 $n$，如果一直没有适合该块的作业，长时间得不到使用，则称该块为外部碎片。在多道连续固定分区法中，这两种碎片都存在。因此人们提出了要多少空间给多少空间的可变分区法。

### 5.1.3 多道连续可变分区法

多道连续固定分区法存在碎片问题，故人们又引入了多道连续可变分区法。这种方法对用户存储区域实施动态分割，申请者要多大空间给多大空间，从而改善了空间的利用效果。这种方法虽然是作业空间分配被引入，现在也被广泛用于各种存储空间分配中。

#### 1. 管理方法

系统设置一张表，登记主存空间用户区域中未占用的块(空闲块)。当作业被中级调度选中后，即可在空闲块中分配空间。例如，主存的总存储量若为 257KB，操作系统占用 40KB。假设在任何一段时间里，驻留在主存中的每道作业都获得相等的处理器时间。作业队列见表 5.1(假设作业运行时间是指处理器时间，不含 I/O)，则存储区域的变化如图 5.10 所示。

表 5.1　作业队列

| 作业队列次序 | 所需存储量/KB | 运行时间/s |
|---|---|---|
| 1 | 060 | 10 |
| 2 | 100 | 05 |
| 3 | 030 | 20 |
| 4 | 070 | 08 |
| 5 | 050 | 15 |

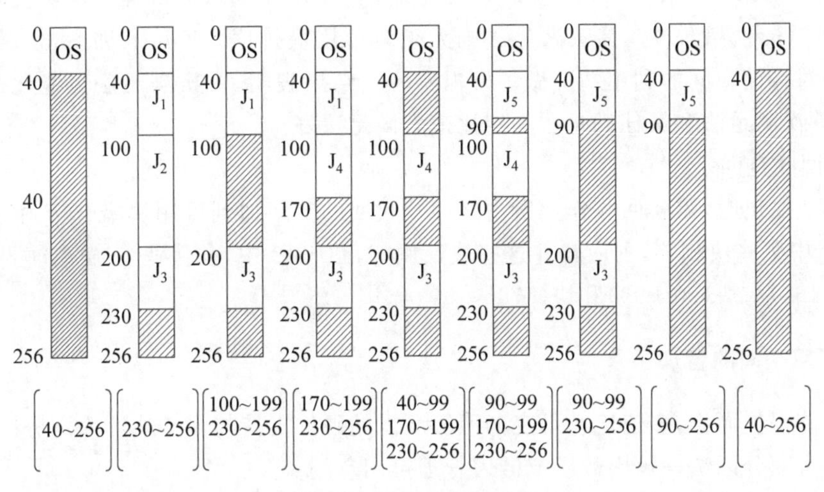


图 5.10　存储区域的变化

多道连续可变分区法的存储管理较复杂，需要用到作业分配和回收存储空间的算法。

(1) 分配存储空间。

中级调度程序为选中的作业分配存储空间，则在可用块集合中按某种策略选择一个大小满足该用户作业要求的可用块分配给用户。若选中的块比该用户作业需要的量大，则应将剩余部分回收到可用块集合中。假设 $F$ 为可用块集合，size($k$)为块 $k$ 的大小，size($v$)为用户所需的存储量。算法可表示如下。

① 如果对所有的 $k \in F$，均有 size($k$)<size($v$)，则分配失败。

② 否则，按下述一种"分配策略"选出 $k \in F$，使得 size($k$)≥size($v$)。

③ $F=F-\{k\}$。

④ 如果 size($k$)－size($v$)<ε(ε 为基本存储分配单位的大小)，则将块 $k$ 分给该用户。

⑤ 否则分割 $k$ 为 $k'$和 $k''$，其中，size($k'$)＝size($v$)。将 $k'$分给用户同时回收 $k''$，$F=F\cup\{k''\}$。

分配策略：满足作业要求的可用块可能有很多块，那么应该选哪块分给该作业呢？有下述三种选择方法。

① 首次满足法(First Fit)。搜索 $F$ 时，选择所碰到的第一个满足作业要求的存储块

分配给用户。

② 最佳满足法(Best Fit)。在 $F$ 中选出所有满足作业要求的存储块中最小的一块分给用户。

③ 最大满足法(Largest Fit)。在 $F$ 中选出所有满足作业要求的存储块中最大的一块分给用户。

基本存储分配单位：$\varepsilon$ 为系统规定的基本存储分配单位，若分配后的剩余量比 $\varepsilon$ 还小，则把该块全部分给用户。

对于上述三种分配策略，若采用后两种方法，则需将可用块排序。采用最大满足法仅需搜索 $F$ 中的第一个元素($F$ 中元素按从大到小的次序排列)，而最佳满足法搜索的平均次数为 $n/2(n=\#(F))$。首次满足法则无须对可用块排序。Knuth 和 Shore 分别就这三种方法对存储空间的利用情况做了模拟实验。结果表明，首次满足法可能比最佳满足法好，而首次满足法和最佳满足法一定比最大满足法好。

(2) 回收空间。

当作业撤出时，需要回收作业所占空间。收回的空间加到可用块集合 $F$ 中。若收回的块与 $F$ 中某些块相邻，则应合并这些块。例如，图 5.10 中，在作业 $J_4$ 撤离时，所释放的块(100～169)与块(90～99)和块(170～199)合并。

**2. 可用空间的管理**

就存储保护而言，多道连续可变分区法所需的硬件支持与多道连续固定分区法一样。多道连续可变分区法一般用数组或链表管理可用空间。

(1) 数组管理。用一个数组登记可用空间的分配情况。数组的最大项数为用户空间的总存储量/基本存储分配单位。当数组项为 0 时，表示该项对应的存储分配单位为空闲；为 1 时，表示占用。为节省空间，数组项可以用 1 位表示，这就用 bitmap 表来表示基本存储单位的空闲情况。

(2) 链表管理。在每个可用块的低地址部分设两个域，分别是指针域和表示块长的长度域。将所有可用块使用指针串起来，系统掌握表头。

采用可变分区，没有内部碎片(一般不把小于基本存储分配单位的未利用的空间看成碎片)，但是有外部碎片，并且外部碎片现象经常很严重。这可以用紧致(**Compact**)空间的方法予以消除。紧致空间的基本思想是，通过移动主存中的作业位置，使可用空间连成一片。要实现紧致空间，必须要求作业代码可动态重定位。可以设计一个系统进程负责紧致空间的工作，该进程平时处于睡眠状态，当外部碎片较多时将其唤醒，或者系统定期唤醒它。紧致空间需要花费很多时间，并且在紧致空间时不允许被移动的作业运行，否则难以保证正确性。

本节介绍的对主存管理的三种管理方法有一个共同特点，即用户作业在主存中是连续存放的。表 5.2 对这三种方法进行了比较和总结。这类方法的优点是硬件支持简单，但无论何种方法都有大量的存储碎片。多道连续可变分区法虽可利用紧致空间的方法消除外部碎片，但时间和空间耗费都太大。

表 5.2　连续空间分配小结

<table>
<tr><th>项目<br>方法</th><th>作业个数</th><th>内部碎片</th><th>外部碎片</th><th>硬件支持</th><th>可用空间管理</th><th>解决碎片方法</th><th>解决空间不足</th><th>提高作业个数</th></tr>
<tr><td>单道连续分配法</td><td>1</td><td>有</td><td>无</td><td>界地址寄存器越界检查机制</td><td>—</td><td>—</td><td rowspan="3">覆盖</td><td rowspan="3">交换</td></tr>
<tr><td>多道连续固定分区法</td><td>≤$N$(用户空间划成 N 块)</td><td>有</td><td>有</td><td rowspan="2">1. 上、下界寄存器，越界检查机制<br>2. 基地址寄存器、长度寄存器、动态地址转换机制</td><td>—</td><td>—</td></tr>
<tr><td>多道连续可变分区法</td><td>不定</td><td>无</td><td>有</td><td>1. 数组<br>2. 链表</td><td>紧致</td></tr>
</table>

# 5.2　不连续空间分配

连续存储分配容易出现大段的连续空间因不能容纳作业或进程而不可用。因此，为了充分利用存储空间资源而引入了不连续空间分配策略。

## 5.2.1　页式管理

连续分配存储空间存在的许多存储碎片和空间管理较复杂(指多道连续可变分区法)的问题，其原因在于，连续分配要求把作业(进程)放在主存的一片连续区域中。页式管理避开了这种连续性要求。例如，有一个长度为 3 的进程，而主存中当前仅有两个长度为 2 和一个长度为 1(都小于该进程长度)的可用块，但总长度又可以满足。连续分配法对此的唯一解决办法就是紧致空间，然而紧致空间的操作开销很大。在页式系统中，将进程和主存都分成较小的块，可将进程的各块非连续地分配到可用块中。这样做既不用移动进程又解决了碎片问题。

### 1. 逻辑空间与物理空间

在连续存储分配中，用户作业的地址与主存地址有简单的对应关系。在页式系统中，因为连续性被破坏，所以用户程序目标代码所用的地址与程序和数据在主存中所对应的地址已失去这种简单对应关系。为此需要对这两种空间加以区分。用户程序目标代码所设想的空间和所用地址称为逻辑空间和逻辑地址；其所占主存空间称为物理空间，对应的地址称为物理地址。在页式系统中，逻辑空间、物理空间均以相同长度为单位进行等分。逻辑空间所划分出的每个区域称为页(Page)或页面；物理空间所划分出的每个区域称为页帧(Page Frame)。

系统在最初启动时，把所有页帧作为可用页帧放在一个队列中。当用户作业申请空间时，便从可用队列中按申请的量分配页帧。整个逻辑空间中的页集合可以离散地以页为单位存储在主存中。当某用户释放空间时，系统将释放的页帧回收到可用队列中。

### 2. 动态地址转换机制

页式方法中逻辑地址与物理地址之间失去了自然联系。必须在程序运行时，使用由硬件提供的动态地址转换机制把逻辑地址映射成对应的物理地址，程序才能正确运行。

1）页表

由于逻辑地址和物理地址不一致，因此必须把每页第一个单元逻辑地址所对应的物理地址登记在一张称为页表的表中。逻辑空间若有 $n$ 页，页表就应该有 $n$ 项。为了节省空间，页表中登记的物理地址可以由页帧号替代。

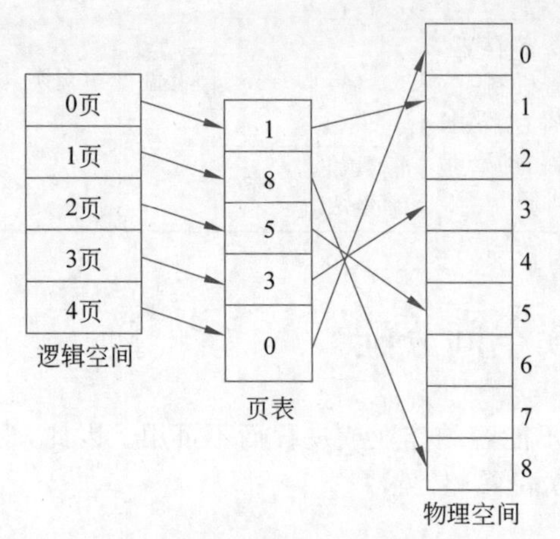


图 5.11　页表项的内容

页表的第 $i$ 项描述第 $i$ 页。例如，用户作业由 5 页组成，分别放在第 1,8,5,3,0 号页帧中。页表项的内容如图 5.11 所示。在页式系统中，系统空间设置一片区域作为页表区，系统为每道作业（进程）提供一个页表。如果是进程，则页表的起始地址存放在进程 PCB 表的页表始地址信息栏目中。

2）地址结构

在页式系统中，为了通过页表把逻辑地址（LA）转换成物理地址（PA），必须把线性的逻辑地址分解成页号、页内位移，分别记为 $P$，$d$。利用页号通过查页表得到页帧号，再由页帧号和页内位移可以计算出线性的物理地址。页帧号、页帧内位移记为 $f$，$d$（因为页与页帧大小相同，故页内位移与页帧内位移等值。例如，页大小为 512B，地址 539 属于第 1 页，位移为 27）。在求解逻辑地址对应的物理地址时，首先应分解出逻辑地址的页号和页内位移，然后按页号查找对应的页表项得到 $f$。按空间的划分规则可知：

$$P=\text{LA}/\text{页大小},\quad d=\text{LA}-P\times\text{页大小}$$

地址转换过程为：通过逻辑地址分别求出 $P$，$d$；将页表始地址加上 $P$ 得到页表项地址；从页表项中获得该页所驻留的页帧号 $f$；再将 $f$ 乘以页大小加上 $d$ 就得到所要的物理地址，如图 5.12 所示。即：$\text{PA}=f\times\text{页大小}+d$。

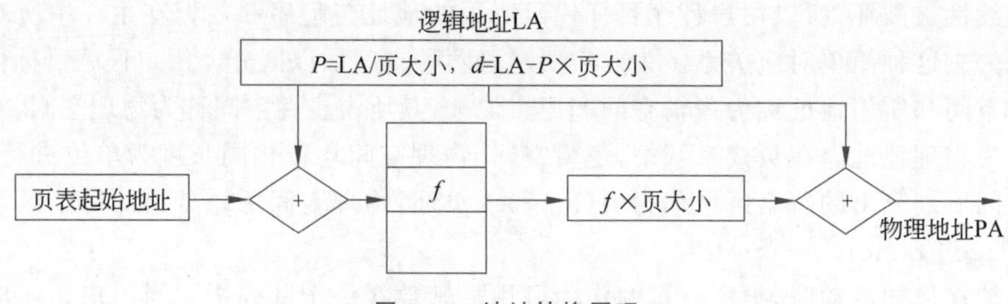


图 5.12　地址转换原理

3）把页大小设为 2 的幂可以节省地址转换开销

上述过程要做加、减、乘、除运算，耗时太多。因为计算机采用二进制编码，所以如果取页大小为 2 的正整数次幂，乘、除运算就变成了位移运算。例如，取页大小为 $2^9$(512)B，则逻辑地址的低 9 位为页内位移，高位为页号。这样，进行地址转换时可以不做乘、除运算。

在页式系统中有此原则：页大小 $=2^k$（$k$ 是正整数）。

另外，页不可过小，也不可过大，太大便失去了分页的意义，太小一方面造成页表过大，另一方面使得可用空间的管理开销太大。一般地，页大小取 512B、1024B、2048B、4096B。在上述原则下，地址转换机构可以大为简化，取逻辑地址的高 $n-k$ 位作为页号，查页表得到页帧号 $f$，把逻辑地址的低 $k$ 位拼接在 $f$ 的右侧便得到物理地址，如图 5.13 所示。

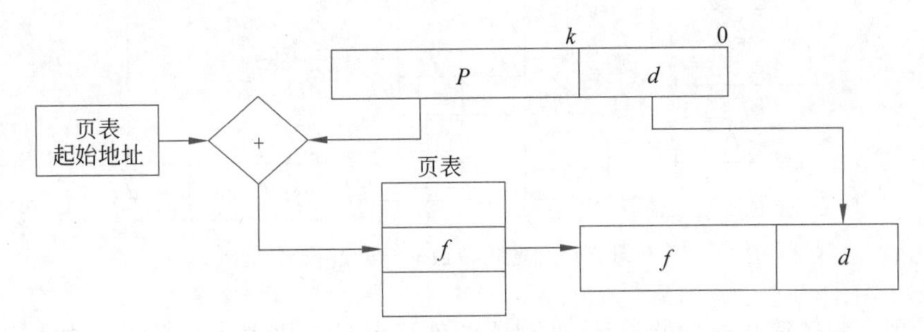


图 5.13　页大小为 $2^k$ 的地址转换原理

4）快表（TLB）

页大小为 $2^k$ 虽能加快地址转换速度，但由于地址转换时要查页表（页表存放在主存中），因此用户每访问一次存储单元实际需要访问两次主存。由于访问主存在程序执行过程中占较大比例，因此两次访问主存几乎使程序运行的速度下降了一半。显然，不解决这个矛盾页式系统就无法在实际系统中使用。若把页表中经常使用的页表项置于快速存储器（如快表，又称为联想存储器），此矛盾就能得到较好的解决，页式管理法也就得以付诸实用。

快表是一种高速存储体。它的每项主要由两部分组成：关键字和值。每项还有一个比较装置。当输入信息到达后，便同时与快表中各项的关键字进行比较，若某项关键字与输入信息相同，则输出该项的值。若所有项的关键字均与输入信息不同，则输出一个特殊信号表示匹配不成功。把页式系统中的页表项放在快表中，则其页号为关键字，对应的页帧号是值。将待转换的逻辑地址的页号作为输入，与快表中的每项进行匹配。若匹配成功，则输出对应的页帧号，从而合成物理地址，如图 5.14 所示。

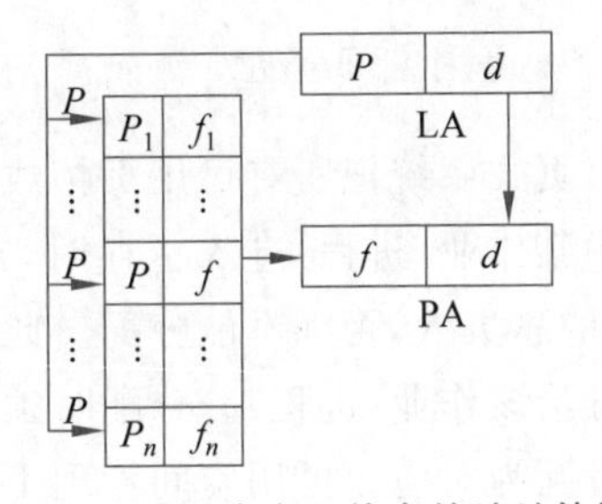


图 5.14　将页表存入快表的地址转换

由于访问快表的时间短得可以忽略不计，因此若把整个页表都放在快表中，则访存指令执行的时间基本接近一次访问主存的时间。但是，快表十分昂贵，不可能将整个页表都放在快表中。一般只设置由很少几项组成的快表，将一部分页表项放在其中。这时地址转换过程如下：首先把页号送到快表中去匹配。若匹配成功，则形成物理地址，否则到主存页表中查找页表项来形成物理地址。如果快表不满，则将新页表项加入快表，否则从快表中淘汰一项后再加入新项，如图 5.15 所示。

有些处理器设计是匹配快表和查找页表同时进行，如果快表匹配成功，则查找页表逻

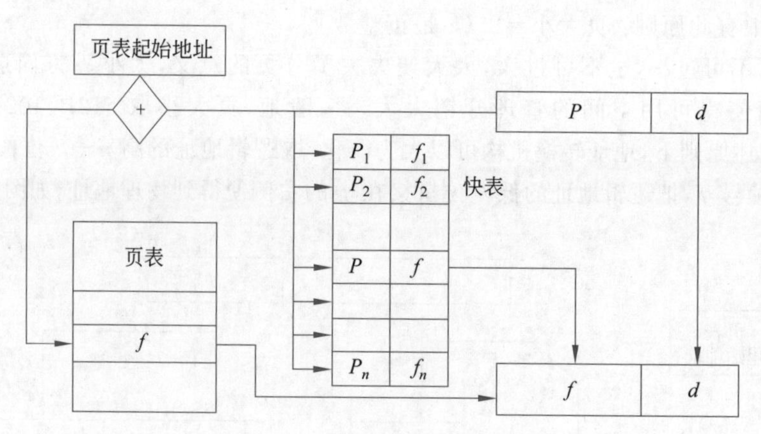


图 5.15　地址转换的一般过程

辑终止。现在为了简化处理器设计，处理器硬件可以只查快表。如果快表中没有对应页表项，则报异常，让操作系统处理该异常时把对应页表项加入快表，重新执行访存指令。

假设访问主存的时间为 750ns，搜索快表的时间为 50ns，命中率为 80%，则可求出平均访存指令执行时间为：

$$80\%\times(50+750)+20\%\times(50+750+750)=950\text{ns}$$

与非页系统相比，访问速度只降低了 26.6%。这种耗费不算大，降低的速度也可控制在允许范围内。故页式系统一般都采用这种机制进行动态地址转换。

综上所述，可以把快表视为一组特殊的寄存器，进程调度选中某个进程后，一方面将该进程的页表始地址装入页表始地址寄存器，另一方面应对快表内容进行更新，由新选中的进程使用快表。

### 3. 可用空间管理

页式系统把所有可用页帧或组成一个链表，或将它们登记在数组中。当按调度原则选中某作业（进程）进入主存时，首先检查现有的可用页帧总数是否大于或等于作业（进程）的总页数，否则不能分配。此时，需从可用队列中取出满足作业（进程）要求的若干页帧分给该作业（进程）。分配时须将页中内容抄到对应的页帧中，并填写对应的页表项，使二者互为对应。可用空间管理工作如下。

(1) 若可用页帧总数小于作业（进程）总页数，则拒绝分配，结束。

(2) 取作业（进程）的下一页 $P$，分配一个可用页帧 $f$，并将 $P$ 的内容抄到 $f$ 中。

(3) 将 $f$ 抄到页 $P$ 的页表项中。

(4) 若所有页已处理完，则结束，否则转到(2)。

当作业（进程）结束或交换出内存时，根据页表项中记录的页帧号，回收页帧到可用队列中。

### 4. 共享与保护

在系统中，很多代码应是可被多个作业或进程共享的，如命令解释程序、编译程序、编辑程序等。在连续分配存储空间模式下，共享是不可能的，因为一道作业运行时只能访问一片连续的区域，多道作业放在不同连续空间，显然不能与被共享程序保持连续。

在页式系统中便可实现共享。例如，有三道作业（进程）共享编辑程序 EDIT，EDIT 的长度为三页，这三页分别驻留在主存的 3，4，6 号页帧中。三道作业（进程）的逻辑空间安排及所占用的页帧如图 5.16 所示。三道作业（进程）共享部分在物理上虽不连续，但逻辑上是连续的。每道作业（进程）运行时由自己的页表来进行地址映射，从而实现了多道作业（进程）对一个 EDIT 程序的共享。

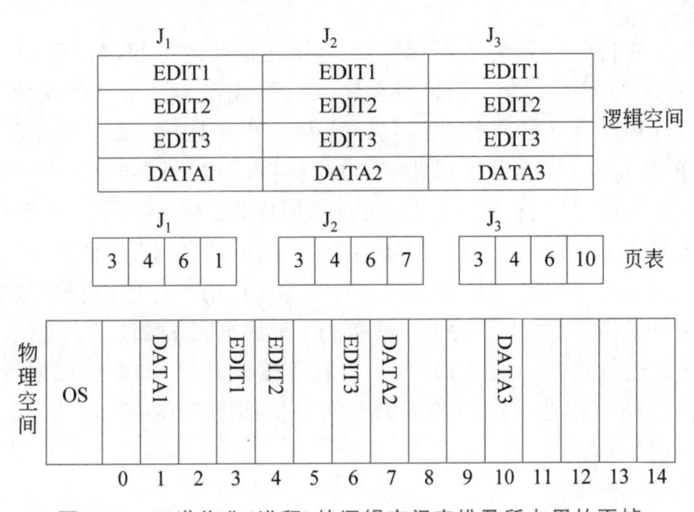


图 5.16　三道作业（进程）的逻辑空间安排及所占用的页帧

当引进页式不连续分配模式后，由于共享的出现对存储保护也提出了新的要求。在页式系统中除仍需进行越界保护外，对共享页还要进行各自进程相关的特殊保护。例如，教务办公室进程制定课表，各个教研室根据课表安排教学。课表就成了办公室进程和各教研室进程的一个共享数据结构页。办公室进程不仅有权读课表的内容，还有权修改课表，而各教研室进程只有读课表的权限。对页的这种保护称为操作访问保护。

在页式系统中，越界保护的方法是设置页表长度寄存器。在查页表之前，首先检查页号是否已越界。

操作访问保护的一般方法是，在页表项中增设一个存储保护域。保护项目一般有读、写、执行，分别用 R，W，E 来表示。每个保护项目用一位表示，该位为 1 表示可以进行这种操作，为 0 表示不可以进行这种操作。R，W，E 各位的不同取值形成表 5.3 的 8 种保护模式。

表 5.3　对页实施的 8 种保护模式

| RWE | 描　述 | RWE | 描　述 |
|---|---|---|---|
| 0 0 0 | 不可以执行任何操作 | 1 0 0 | 可以读，但不能写、执行 |
| 0 0 1 | 可以执行，但不能读、写 | 1 0 1 | 可以读、执行，但不能写 |
| 0 1 0 | 可以写，但不能读、执行 | 1 1 0 | 可以读、写，但不能执行 |
| 0 1 1 | 可以写、执行，但不能读 | 1 1 1 | 可以读、写、执行 |

硬件在进行地址转换的同时，将该次访问要进行的操作与进程页表的页表项中的保护码进行匹配。若访问不合法则报访问权限错，系统产生异常，异常处理将终止进程的运行。例如，若页表项中的保护码为101，而访问该页是取其指令执行则为合法。若是欲修改该页(即进行写操作)，则访问不合法。故页表项中除含有页帧号外，还包含保护码。

就页式管理而言，内部碎片虽然存在(即最后一页可能不满)，但是很少，可忽略不计，故认为没有内部碎片。可用空间的管理很简单，但硬件地址转换开销比较大。

### 5.2.2 段式管理

引入段式系统的目的就是为了不同作业(进程)如果运行相同的程序，能够在内存放一份程序副本，实现共享程序段。如果将程序、数据、栈作为一个整体连续地放入主存，是没有办法实现运行相同程序的多作业(多进程)共享程序段的，页式管理虽具有空间利用好、管理方法简单的特点，也能够实现共享，但是将空间按页划分就用户而言显得不自然。

用户看待执行程序是以自然段为单位的，如程序段、数据段等。若用户要求保护，那么受到保护的基本单位也是自然段。例如，存放数据的段能读写，程序段可执行等。而分页完全可能把不属于同一段的两块分到一页中。例如，用户程序由程序段和数据段组成，分页的结果可能使得第4页中程序段(可执行)和数据段(可读/写)各半(如图5.17所示)，从而无法对其进行保护。此外，分页也不利于按段共享(共享应以段为单位)。例如，共享子程序SIN的两道作业(进程)的逻辑空间安排如图5.18所示。

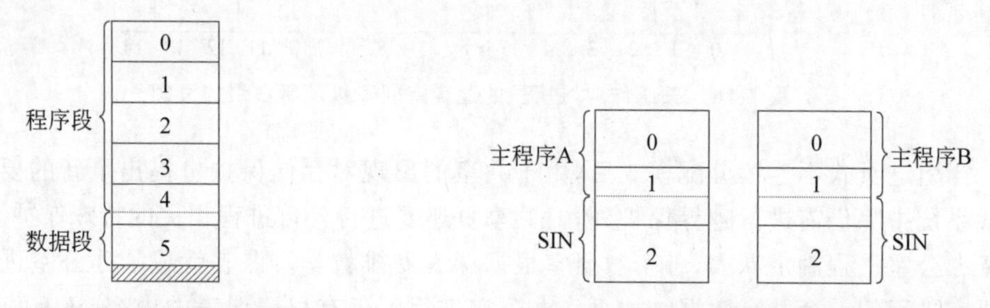


图5.17 不同性质的段被划分到同一页

图5.18 共享段与非共享段被划分到一页

两道作业(进程)的第1页都由两部分组成：一部分是自己的主程序段；另一部分属于共享段。那么应怎样对待第1页呢？针对上述问题，提出了段式系统。在段式系统中，空间不按等长而是根据自然段来划分。

#### 1. 空间安排

段式系统是按照用户作业(进程)中的自然段来划分逻辑空间的。例如，用户作业(进程)由一个主程序、两个子程序、一个栈和一段数据组成，于是可将这个用户作业(进程)划分成5段，每段从零开始编址(如图5.19所示)。其逻辑地址则由两部分组成：段号与段内位移，分别记为$S$，$d$。若作业(进程)正在运行主程序，则地址为$(0,d)$；一旦调用子程序1，则地址变为$(1,d)$；若访问数据段，则地址变为$(4,d)$。在页式系统中，逻辑地址的页号和页内位移对用户是透明的。但段式系统中的段号、段内位移必须显式提供。显然，对高级程序设计语言的用户而言，应该在编译程序对源程序进行编译时，把地址翻译成$(S,d)$的形式。

段式系统对物理空间的管理与多道连续可变分区法一样，但段式系统不要求作业（进程）在主存中以整个作业（进程）为连续单位，而以段为连续单位。例如，将图 5.19 中的各段安排在主存的各个区域中的一种特例如图 5.20 所示。

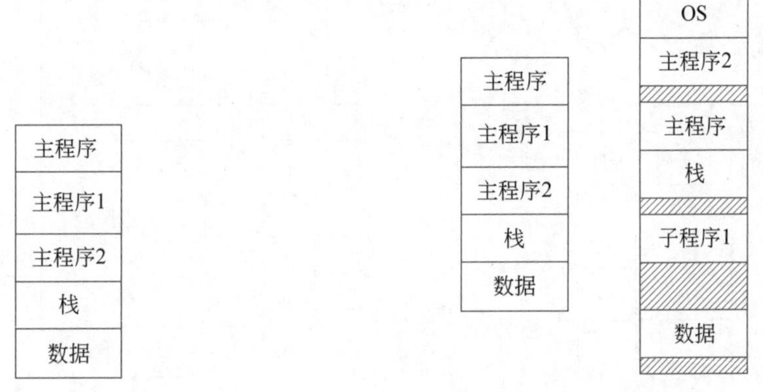


图 5.19　段式系统中段的划分　　图 5.20　作业（进程）在主存中以段为连续存放单位

**2. 动态地址转换**

由于作业（进程）的逻辑段存放在不同主存区，故运行时必须进行地址转换。段式系统的地址转换与页式系统基本相同。首先需要一张逻辑空间与主存空间对照的段表，若作业被划分成 $n$ 段，段表就应该有 $n$ 项。段表项中的内容（如图 5.21 所示）包括本段在主存的起始地址、本段的长度及保护码等。系统为每道作业（进程）设置一张段表放在系统空间。作业控制块（或 PCB）保存段表起始地址和段表长度。系统还设置段表起始地址寄存器及段表长度寄存器，进程调度选中某个进程后就将该进程的段表起始地址与长度装入这对寄存器中。

图 5.21　段表项中的内容

保护码与页式系统的保护码相同。在进行地址转换时需要用到段长，即用于检查段内位移 $d$ 是否在本段内。在页式系统中不必设置这一项，因为页是等长的，而页内位移一定是在一页以内。同样，要设置快表，将部分段表项放在快表中以提高转换速度。地址转换的过程是，将段号与快表中的各个关键字进行比较，若匹配成功，则检查段内位移 $d$ 是否在该说明的长度内，同时检查保护码与本次操作的一致性，若这些比较结果都正常，则输出该段的起始物理地址，并与 $d$ 相加得到物理地址。若在快表中匹配不成功，则将 $S$ 与段表长度寄存器的内容进行比较。若没有越界，则将 $S$ 与段表始地址相加，得到段表项的物理地址，查段表项，检查 $d$ 是否越界，操作码是否与保护码一致。最后用该段起始地址与 $d$ 相加得到物理地址，同时更换快表的内容。这一过程如图 5.22 所示。

**3. 共享**

引入段式管理的目的就是为了实现按段共享。段式系统与页式系统实现共享的方法基本相同。若多个作业（进程）需要共享某段，则不同段表中的某段表项中的地址域指向

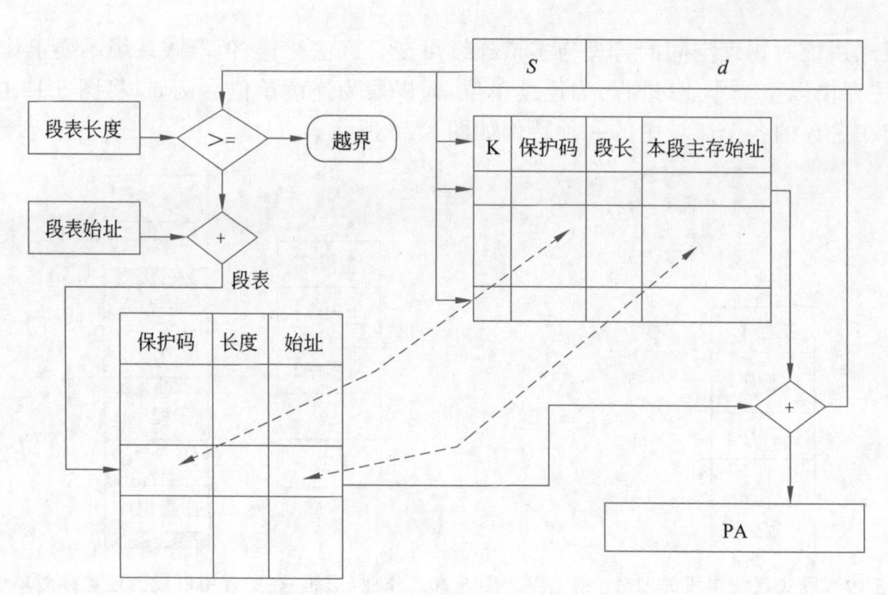


图 5.22 段式管理的地址转换过程

主存的同一地址,主存中以该地址为起始地址的那一段便被共享了。例如,两道作业共享子程序 SIN,如图 5.23 所示。

在段式系统中,保护与共享都是按照段进行的。

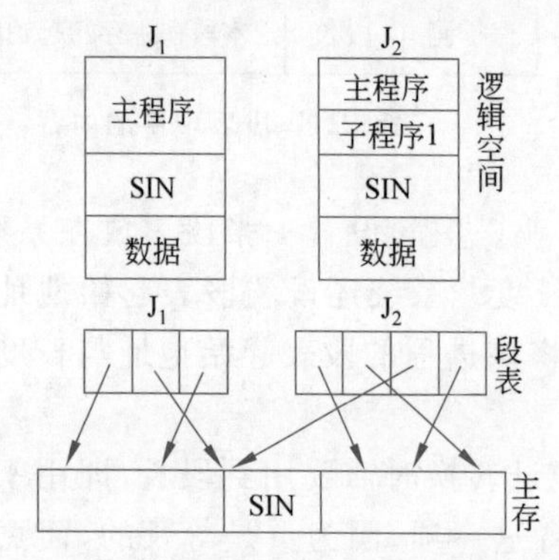


图 5.23 两道作业共享 SIN 段示例

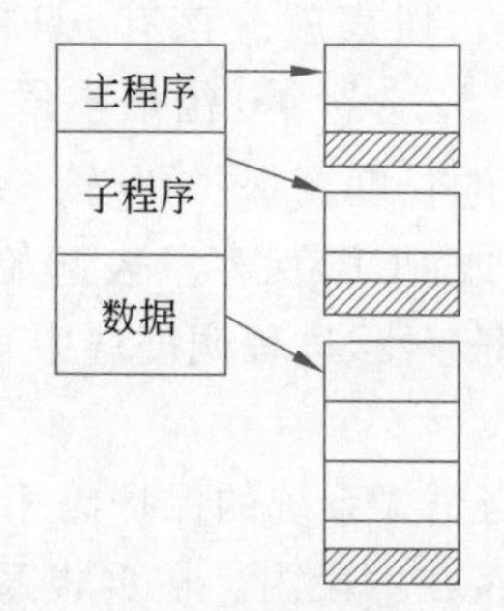


图 5.24 对作业进行段、页划分

## 5.2.3 段页式管理

若能将段式系统和页式系统这两种方法结合起来,则能弥补段式管理还是存在碎片的问题,本节将要介绍段页式管理。

### 1. 空间安排

段页式系统对物理空间的管理与页式系统相同,而对逻辑空间则先进行段的划分,然后在每段内再进行页的划分。例如,若用户作业由主程序、子程序和数据段组成,则进行段、页划分后,结果如图 5.24 所示。其逻辑地址由三部分组成:段号、页号、页内位移,分

别记为 $S$,$P$,$d$。对用户来讲,段页式系统和段式系统是一样的。用户逻辑地址只提供段号和段内位移,系统则按页式管理的原则将段内位移分割成页号和页内位移。

**2. 动态地址转换**

在段页式系统中,作业运行时同样需要动态地将逻辑地址转换成物理地址。地址转换所依赖的数据结构是段表和页表。每道作业均有一个段表,而每段都有一个页表(都放在系统空间里)。段表项中原先的"本段在主存的起始地址"一栏改成"本段页表在主存的起始地址"。如图 5.25 所示是与如图 5.24 所示对应的段页表。当进行动态地址转换时,首先通过段表查到页表始地址,然后通过页表找到帧号,最后形成物理地址。因此,进行一次访问实际需要三次访问主存。解决方法仍旧是采用快表。快表的关键字由段号、页号组成,值是对应的页帧号和保护码。

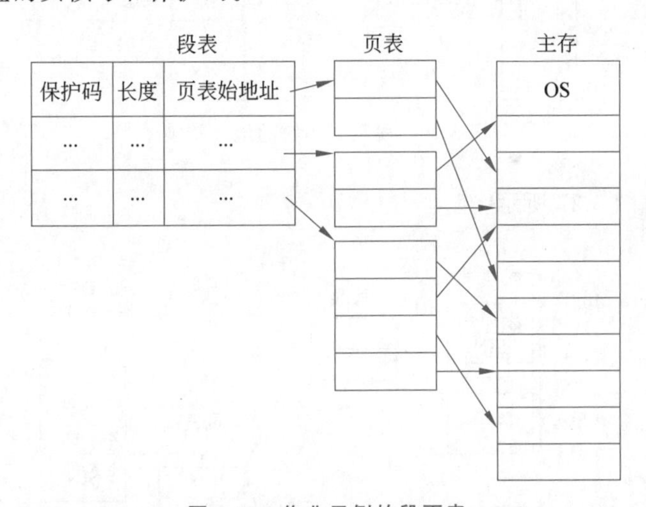


图 5.25　作业示例的段页表

当地址转换时,首先向快表输入 $S$,$P$,而 $S$,$P$ 同时与各个关键字比较。若匹配成功,则进行操作保护检查。若操作合法,则输出对应的页帧号,合成物理地址。若匹配不成功,则将 $S$ 与段表长度进行比较,查看是否越界。若正常,则将段表始地址与 $S$ 相加,到主存查找对应的段表项。将段表长度与 $P$ 比较,若没有越界,则将段表始地址与 $P$ 相加得到页表项地址,同时进行操作保护检查。最后查页表项,得到 $f$,将 $f$ 与 $d$ 合成物理地址,并用 $S$,$P$,$f$ 替换快表中的一项,如图 5.26 所示。

经验表明,若采用适当的替换策略,使用 8～16 项组成的快表,命中率可达 80%～95%。例如,存储访问时间为 750ns,搜索快表的时间为 50ns,命中率为 95%,则可求出等效访问时间为 95%×(50＋750)＋5%×(50＋750＋750＋750)＝875,比原速度降低 16.7%。

**3. 保护与共享**

段页式系统的保护方法与段式系统相同。当然也可与页式系统一样将保护码置于页表项中,从页表开始被共享。例如,两道作业若共享 SIN 子程序,则 SIN 段的页表便被这

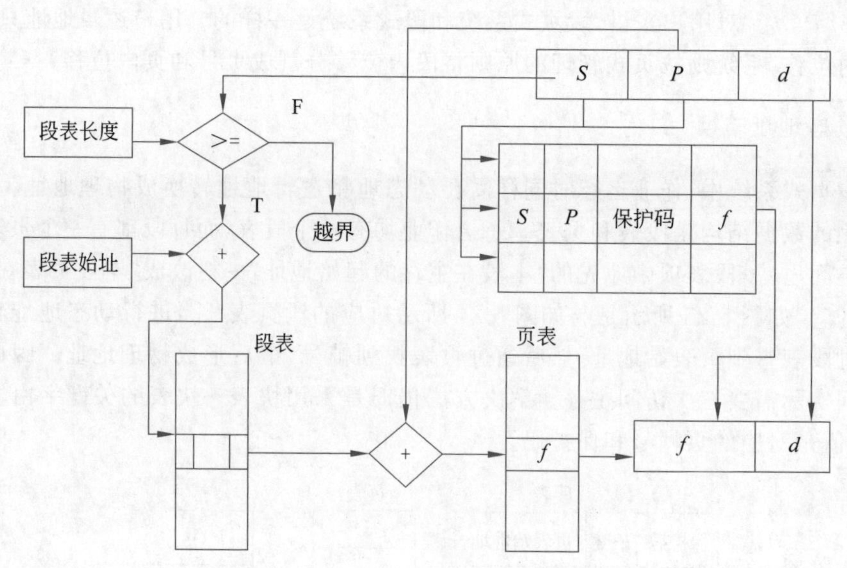


图 5.26 段页式系统的地址转换

两道作业共享,如图 5.27 所示。

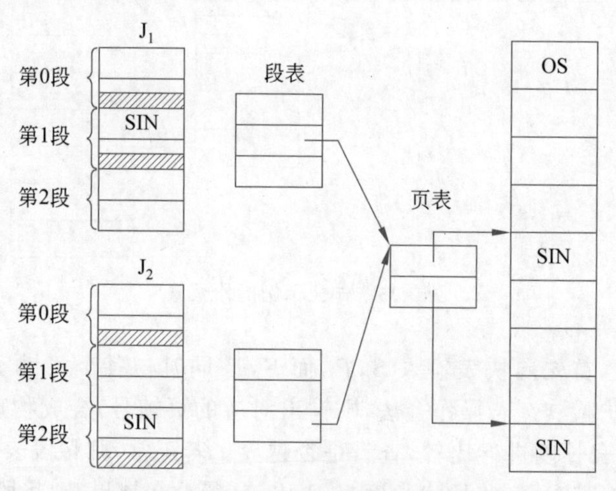


图 5.27 两个作业共享 SIN 段页表

## 5.2.4 改进的页式管理

段式与段页式系统改进了页式管理不能按段保护的问题,但采用二维地址,给地址表示及转换带来额外开销。在页式管理的情形下,能不能避免将不同性质的相邻段数据分到同一个物理页帧中?答案是肯定的。可以要求编译链接将程序和数据的自然段按照页边界存放,即每个自然段的首字节必须存放于页的开始位置,这样就可以防止不同段跨页存放的问题,同时将相同段的所有页保护方式设成一致。

在编译器及链接器生成目标代码后,程序和数据各段存放于线性地址表示的分页逻辑空间中,段占用整数页,如果段中有效数据不能占用整页,则后面加 0 补齐,保证后续段从整页开始。这种逻辑空间安排方式可以完全采用页式管理来表示地址并进行地址转换。

各种存储管理小结：

总结各种存储管理方法，"放"可归纳为连续存放与不连续存放这两类。前者包括单道连续分区、多道连续固定分区和多道连续可变分区。后者包括页式、段式和段页式系统。对连续存放的管理方法，硬件只提供越界保护措施，但是这类方法不能较好地利用存储空间（多道连续可变分区法虽可用紧致方法消除碎片，但耗费巨大）且无法实现共享程序或数据。非连续存放的管理方法均要求硬件提供动态地址转换机制，能实现共享。段式系统有利于共享和保护，但空间利用差。改进的段页式管理解决了空间利用的问题，但是地址变换开销比较大。改进的页式管理是一个比较好的方法。

## 5.3 虚拟存储管理

随着用户程序功能的增加，进程所需空间越来越大，进程空间很容易突破主存的大小，导致进程无法运行。本节介绍另一种存储管理方法——虚拟存储管理，这种管理方法通过统一管理主存、辅存，给用户提供一个巨大的逻辑空间，又叫作虚存空间。在介绍连续存储分配法时曾指出：当用户程序比实际存储量大时，可通过覆盖使程序正常运行。但覆盖只是把解决空间不足的问题交由用户处理。由用户自行设计覆盖结构是不容易的，而需要覆盖的往往又是大程序，如果让用户在覆盖问题上花费精力，则不利于集中精力解决所要解决的问题。因此最好由系统自动进行覆盖，虚存技术正是为满足这种需要而产生的。

现在，软硬件都有了较大的发展，特别是硬件价格大幅度降低，主存已做得很大。但是虚存技术并未因此而遭淘汰，因为采用虚存技术仍有重要意义，除能给用户进程一个足够大的虚存空间外，还能提高系统的吞吐率。因为它只把运行程序在最近一段时间里活跃的那一部分放进主存，而这一部分往往只占整个程序空间的少数，于是主存中能同时存在的进程个数明显增多，为提高系统的吞吐量奠定了基础。

### 5.3.1 页式虚存的基本思想

在虚存系统中，每个进程都有自己的逻辑空间，而主存的物理空间是由系统各进程分时共享的。进程逻辑空间的容量由系统提供的有效地址长度决定。例如，地址长度为32b（位），寻址单位是B（字节），逻辑空间的大小就是 $2^{32}$ B。而主存物理空间的大小可以小于地址长度所能表示的最大空间，物理空间可能只有 $2^{12}$ B。然而用户看到的空间大小是 $2^{32}$ B，用户就可以在这个虚拟空间上存放程序数据，故逻辑空间称为虚存空间。

实现页式虚拟空间的基本方法是，在页式存储管理的基础上，仅把进程的一部分页放在主存中。页表项中注明对应的页是在主存中还是在辅存中。程序在执行时，当访问的页不在主存中时，根据页表项的指引，从辅存将其调入主存。如果这时已无可用的物理空间，则从主存中淘汰若干页。

由此可知，要实现虚存，首先要有辅存的支持。没有辅存，进程虚空间的程序和数据就没有地方保存，主存可以看成进程虚空间的缓冲区。主存空间管理必须以非连续的存储管理法为基础。页式管理、段式管理、段页式管理和虚存技术的结合分别称为页式虚存系统、段式虚存系统、段页式虚存系统。下面只介绍页式虚存系统的实现原理。

如果进程虚空间的页中含有有效数据，那么这些页数据可以是来自辅存的文件，也可以是在进程执行时新生成的数据页，如动态申请存储空间后存放在其中的数据。如果页需要保存，通常这些页在释放主存时会被保存到辅存的交换区中，如图 5.28 所示。

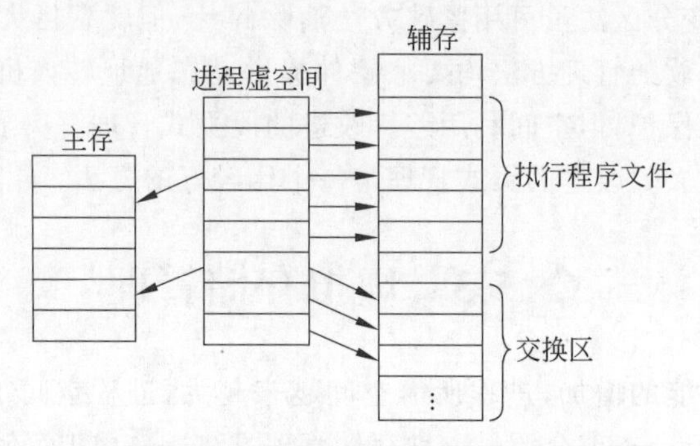


图 5.28　进程页式虚空间与辅存、主存间的关系

### 5.3.2　页式虚存管理实现

页式虚存系统对页表项的内容进行了扩充，首先因为虚空间以辅存为基础，故必须增加一个栏目以存放对应页驻留在辅存中的块号。增加一个合法位(Valid Bit)用于标志对应页是否在主存。若在主存，则合法位为 1，并称该页合法，同时，页表项中指出该页所在的主存页帧号；否则合法位为 0，称该页不合法，页表项此时应指出该页所在的辅存块号。下面介绍具体的页表项结构、页表的建立时机及过程、硬件动态地址转换过程、当页不在主存时的缺页处理方法。通过这些介绍读者可了解硬件及操作系统处理一条访存指令的过程。

#### 1. 页表项结构

如图 5.29 所示，是页式虚存系统中页表项应包含的基本内容。

修改位是为了在将页所占用的主存页帧释放回系统时，指明该页是否要保存到辅存块中。如果修改位已被置上，则表示该页自上次从辅存调入主存以来，页中的数据已经被修改过；若没有置位，则说明该页自上次从辅存调入主存以来，未对其进行写操作。因此，操作系统在回收该页帧时，也不必将页保存到辅存中。修改位置上的页一旦保存到辅存中，即可以释放页帧，并将修改位、页帧号和合法位都清 0。

| 合法位 | 修改位 | 页类型 | 保护码 | 辅存块号 | 页帧号 |
|---|---|---|---|---|---|

图 5.29　页式虚存系统中页表项结构

辅存块号表示页在辅存中存放的位置。当一个进程刚被创建用来运行一个程序时，该进程的页所在的辅存位置即是二进制目标码程序文件所在的辅存位置。一般来说，程序文件中包含程序的二进制目标代码，以及程序所要处理数据的初始值和初值为0的变量区说明。程序在进程的运行过程中，数据的初始值页被调入主存使用，而且存放初始值的主存单元可能被修改。这时，系统不能将修改过的页回写到程序文件中，因为程序文件中的初始值不能被改变。为此引入了专用的交换区（或Swap文件/页文件）用于存放那些可读/写的进程页。只读的进程页的辅存块号，在进程生存周期内是不改变的，都指向执行程序文件所在的辅存块号。但上述的可读/写的页，其初始值从执行程序文件中获得，一旦被修改，保存时则被写到辅存的交换区中。当需要再度使用时，将其从辅存的交换区中取出。这种页称为**“回写Swap文件页”**。

还有一种页，存放没有初值的变量或存放初值为0的变量，在执行程序文件中被说明是初值为0的工作区，称为**“零页”**，表示该页的初始值是0，为这种页分配主存页帧时，不必从辅存获得初始数据，只要在分配页帧时，将页帧清0即可。当保存时，也需要分配交换空间，然后保存到交换空间中。以下是图5.29中各域的具体说明。

(1) 合法位：置上表示该页在主存中。

(2) 修改位：置上表示该页在上次调入主存后被修改过，在淘汰时应保存到辅存中。

(3) 页类型：若为“零页”，则表示该页在分配物理页帧时，应将页帧空间清0；若为“回写Swap文件页”，则表示在保存时必须分配交换空间，并保存到交换空间中；若没有设置特别页类型，则表示按正常方式处理。

(4) 保护码：说明许可对该页的读/写或执行操作。

(5) 辅存块号：该页所在辅存的块号，用于页的调入和保存。

(6) 页帧号：当合法位置上时，代表该页所在主存的页帧号。

**2. 页表建立**

页表是在进程创建时建立的，初始化页表的主要方法是利用父进程页表生成子进程页表，如UNIX/Linux中的fork( )系统调用处理。另一种方法是用一个可执行程序文件来初始化页表，如Windows的创建进程系统调用包含一个执行程序文件名参数，用该程序文件来对页表进行初始化。

1) 利用父进程页表生成进程页表

下面论述一个进程创建时系统调用处理的大致过程。可以看出，建立并初始化页表是进程创建的一项主要工作。

(1) 给子进程分配进程号pid，分配PCB空间。

(2) 填写PCB表中的进程标识信息、进程控制信息中的调度等信息。

(3) 分配子进程页表空间。

(4) 将父进程的所有程序页的页表项复制到子进程页表中，使程序被共享。

(5) 复制父进程的数据区和栈区页，重新填写子进程数据区和栈区页的页表项内容，这些页的初始数据还继承父进程的相应页的内容，但从此以后，页所占主存页帧及交换空间都将与父进程不同(采用了所谓的Copy-on-Write技术)。

(6) 继承父进程对其他资源的访问现场，如打开文件的现场。

(7) 用父进程 PCB 中核心栈中处理器现场区初始化子进程 PCB 中核心栈中处理器现场区,且修改现场保证子进程从 fork( )调用后的语句开始执行,并保证子进程 fork( )的返回值为 0。

(8) 将子进程挂到就绪队列。

(9) 给父进程返回子进程 pid。

2) 用一个可执行程序文件来初始化页表

产生一个进程就是为了执行一个程序,故可以利用一个新的执行程序文件的辅存信息来初始化进程的页表。页表初始化的大致过程如下。

(1) 为执行程序页创建页表项,将保护码设置为可执行,辅存块号设置为该页对应执行程序文件的辅存块号。这些页是不用回写的。

(2) 为全部有初值的数据页创建页表项,将保护码设置为可读/写,页类型设置为回写 Swap 文件页,辅存块号设置为该页对应执行程序文件的辅存块号。待该页需保存时,再分配交换空间,修改辅存块号并清除页类型设置(说明以后作为一般页处理)。

(3) 为所有存放无初值或初值为 0 全局变量的数据页创建页表项,保护码设置为可读/写,页类型设置为零页,辅存块号设置为空。当第一次访问该页时,分配主存页帧并清 0。当需要保存时,再分配交换空间,将辅存块号设置为交换空间的块号,并清除页类型设置。

**3. 硬件动态地址转换**

硬件执行访存指令的大致过程如下。当处理器执行访存操作时,首先从快表查找要访问地址的逻辑页号对应的物理页帧号。注意,快表中的项都是合法页的页表项,它们在进程被调度后页面第一次被访问时由硬件或操作系统缺页异常处理程序置入。若能够在快表中获得要访问页的页帧号,则合成物理地址并进行访问。若要查页表,须先检查该页页表项的合法性。若合法位已被置上,则从页表项中获得页帧号,合成物理地址并进行访问。若合法位未被置上,则马上产生一个页故障(Page Fault)或称为缺页异常。进入操作系统核心,马上进行页调入处理。操作系统处理完成后,返回刚产生页故障的指令运行现场,重新执行访存指令。这时,访存指令可以合成物理地址并进行访存。由此可见,页故障的开销会非常大,如何减少页故障,是操作系统虚存管理面临的挑战。

**4. 缺页处理**

当硬件执行访存指令时,若要访问的页不在主存中,则会发生缺页异常。发生缺页异常后,硬件会保护 PC、PS 后马上转到操作系统中断/例外入口处,进一步进行现场保护,缺页异常进行如下处理。

(1) 根据发生页故障的虚地址得到对应页的页表项。

(2) 申请一个可用的页帧(根据所采用的页替换策略,可能需要淘汰某页,即将某页的主存空间释放)。

(3) 检查发生页故障页的页类型。若为零页,则将刚申请到的页帧清 0,将页帧号填入页表项,置合法位为 1。否则,调用 I/O 子系统将页表项中辅存块号所指的页读到页帧中,将页帧号填入页表项,将合法位置1,结束缺页异常的处理,转中断/例外处理公共出口,恢复现场,重新执行访存指令。

**5. 页淘汰**

页淘汰可以发生在申请页帧时,因为已无可用空闲页帧,所以需要淘汰部分页,将其所占的页帧回收。现代操作系统一般定时进行页淘汰,以保证在缺页处理时,可以马上申请到页帧。如何选取被淘汰的页是由页替换策略决定的,进程的合法页集合称为驻留集(或称工作集),是否允许进程驻留集大小可变也是页替换策略的关键。若已决定淘汰页$P$,则主要做以下工作。

(1) 查$P$页表项的修改位,若未修改,对合法位清0,将页帧回收。

(2) 若已修改,则检查$P$的类型栏。

(3) 若为零页或回写Swap文件页,则申请交换空间的一个空闲块,将$P$页表项的辅存块号置上且清除页类型(以后作为一般页处理)。

(4) 调用I/O子系统将页帧上的数据写到辅存块号所指的辅存空间,对合法位清0,将页帧回收。

### 5.3.3 多级页表

现代大多数计算机系统,一般均支持非常大的逻辑地址空间,从而使页表变得十分庞大且需要占用相对可观的主存空间。例如,一个具有32位逻辑地址的页式系统,如果规定页大小为4KB,则每个进程页表的页表项可达1M个,如果设定页表项大小为4B,则每个进程页表需要占用4MB的主存空间,且要求是一片连续的主存空间。这显然要求太高。为此,可从以下两方面出发来寻求这一问题的解决方法。

(1) 取消页表所占主存空间的连续性要求,即将一个进程页表离散地存放在若干不相邻的主存区域,这样便可避开"难以找到连续的大的主存空间"的问题。

(2) 仅将当前需要的部分页表项调入主存,其余部分存放到辅存上,在需要时再调入主存,从而减少页表所占用的主存空间。

所谓多级页表解决方案便是在综合运用上述策略的基础上形成的。

**1. 两级页表**

两级页表(Two-Level Page Table)是最常用的多级页表类型。其基本方法是,首先对页表按物理主存页帧大小进行分页,对它们编号并离散地存放于不同的物理页帧中;同时为离散存储的页表再建立一张页表,称为外层页表(Outer Page Table)或页目录表,以记录各页表页对应的物理页帧号。

以前述32位逻辑地址空间、页大小为4KB的系统为例,若采用一级页表结构,则每个进程页表的页表项可达1M个;而若采用两级页表结构,由于各页表页包含4KB/4B=1K个页表项,因此需要1K个页表页即可。或者说,外层页表中的外层页内地址$P_2$为10位,外层页号$P_1$也为10位。此时的逻辑地址结构如图5.30所示。

从图5.31可以看出,在页表的每个页表项中存放的是进程的某页在主存中的物理页

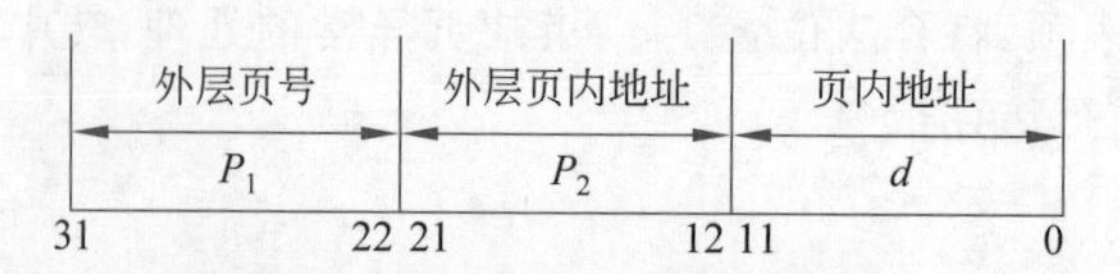


图 5.30 两级页表逻辑地址结构

帧号，如第 0 页存放在 1 号物理页帧中；第 1 页存放在 4 号物理页帧中……而在外层页表的每个页表项中，所存放的是某页表页所在的物理页帧号，如第 0 页表存放在第 1011 号物理页帧中。可以利用外层页表和页表这两级页表，来实现从进程逻辑地址到主存物理地址的变换。

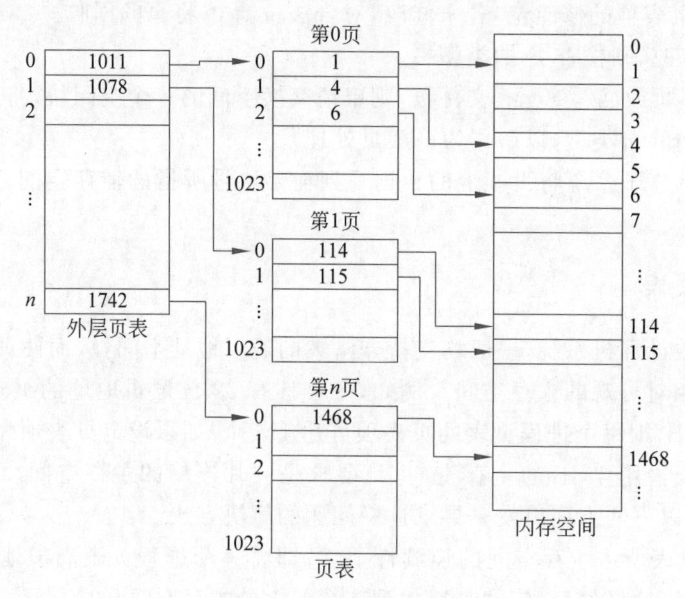


图 5.31 两级页表示例

为了方便地实现地址变换，在地址变换机制中同样需要增设一个外层页表寄存器，存放外层页表的起始地址，并利用逻辑地址的外层页号，作为外层页表的索引，从中找到指定页表页的物理地址，再利用 $P_2$ 作为指定页表页的索引，找到指定的页表项，其中含有该页在主存的物理页帧号，用该页帧号和页内地址 $d$ 即可构成访问的主存物理地址。如图 5.32 所示为两级页表的地址变换机制。

**2. 多级页表**

对于 32 位计算机，采用两级页表结构是合适的；但对于 64 位计算机，若规定页大小仍为 4KB，则每个进程的页表项可达 $2^{64}/4K=2^{52}$ 个。若采用两级页表结构，由于各页表页包含 1K 个页表项，因此需要 $2^{52}/2^{10}=2^{42}$ 个页表页，即外层页表可能有 $2^{42}$ 个页表项；即使按每个页表页 1M 个页表项来划分，页表页也将达到 4MB，而外层页表仍有 $2^{52}/2^{20}=$ 4G 个页表项，需要占用 16GB 的连续主存空间。可见，无论怎样划分，其结果都是不能接受的。因此，必须采用三级以上的多级页表，将 16GB 的外层页表再进行分页，并将各个

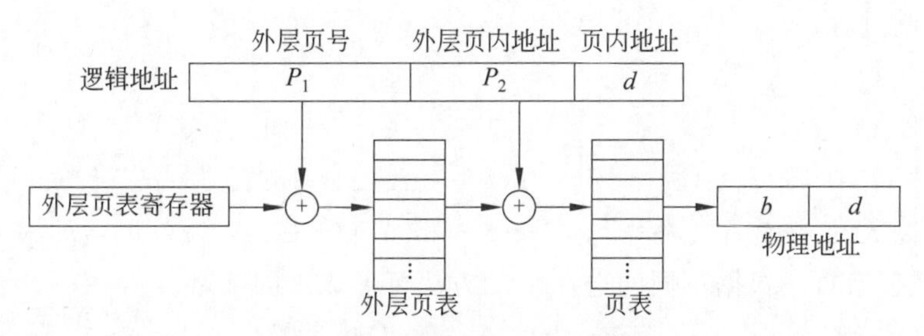


图 5.32　两级页表的地址变换

分页离散地分配到不相邻的物理块中，然后再利用第二级的外层页表来映射它们之间的关系。

注意，多级页表技术，不但突破了页表必须连续存放的限制，同时当有大片虚地址空间未使用时，对应的页表项为空，如果这些空页表项有一页之多，可以不分配对应页表空间，因此可节省主存。另外，多级页表增加了访存次数，因此外层页表的页表项应该尽可能保持在快表中，以减少访存开销，在实际应用中以二级页表为最常见。

### 5.3.4　页替换策略

采用虚存技术能较好地解决空间不足的矛盾并提高系统的效率。解决空间不足的效果一般较明显，而提高系统效率的实现是有条件的。因为采用虚存技术后，常会出现页故障，解决页故障需要与辅存打交道，耗时较多。如果系统不能有效地将页故障控制在一定范围内，则会使系统陷于页故障的频繁处理，很少做有用工作。影响页故障数的首要因素是页替换策略。

下面首先介绍用于解释各种替换策略的访问串(Reference String)的概念。访问串是指进程访问虚拟空间的地址踪迹。例如，某个进程依次访问了如下地址：0100，0432，0101，0612，0102，0103，0104，0101，0610，0102，0103，0104，0101，0609，0102，0105。但是，将这样一串地址作为访问串会很庞大，不便于使用。由于页式虚存管理以页为基本单位进行存储管理，因此可只记下虚地址所属页的页号。若页大小为 100，则上述访问串简化为 1，4，1，6，1，1，1，1，6，1，1，1，1，6，1，1。另外，若访问了第 $i$ 页，则紧随该页第一次访问后再对第 $i$ 页的访问一般不会造成页故障，可进一步简化将访问串中连续的同一页号合并，访问串又可简化为 1，4，1，6，1，6，1，6，1。

替换策略可分成两类：一类是基于进程驻留集大小固定不变的策略；另一类是基于进程驻留集大小可变策略。下面分别介绍这两类主要策略。

#### 1. 驻留集固定的替换策略

这类策略的共同点是进程驻留集大小固定不变，也即进程所用页帧固定，由进程页分时占用。设 $m$ 为驻留集大小，$s(t+1)$为时刻 $t$ 的驻留集，$r(t)$为时刻 $t$ 访问的页号($t$ 是以访问串的每项为单位的时间)，如访问串为 1，4，5，即时刻 1 访问第 1 页，时刻 2 访问第 4 页，时刻 3 访问第 5 页，则记为 $r(1)=1$，$r(2)=4$，$r(3)=5$。驻留集大小固定的替换策略有如下控制过程。

$s(0)=$空集

$$s(t+1)=\begin{cases}s(t) & r(t+1)\in s(t+1)\\ s(t)+\{r(t+1)\} & r(t+1)\notin s(t+1),\ |s(t)|<m\\ s(t)+\{r(t+1)\}-\{y\} & r(t+1)\notin s(t+1),\ |s(t)|=m,y\in s(t+1)\end{cases}$$

式中，$y$ 为被替换页。根据不同的选择 $y$ 的方法可形成不同策略。

1) FIFO

这是一种最简单的替换策略。例如，驻留集大小为三个页帧，在 FIFO(First In First Out)策略控制下，对于访问串 7,0,1,2,0,3,0,4,2,3,0,3,2,1,2,0,1，驻留集的变化过程如图 5.33 所示，出现 12 次页故障(X 表示产生一次页故障)。

| 7 | 7 | 7 | 2 | 2 | 2 | 2 | 4 | 4 | 4 | 0 | 0 | 0 | 0 | 0 | 0 | 0 |
|---|---|---|---|---|---|---|---|---|---|---|---|---|---|---|---|---|
| 7 | 7 | 7 | 2 | 2 | 2 | 2 | 4 | 4 | 4 | 0 | 0 | 0 | 0 | 0 | 0 | 0 |
|  | 0 | 0 | 0 | 0 | 3 | 3 | 3 | 2 | 2 | 2 | 2 | 2 | 1 | 1 | 1 | 1 |
|  |  | 1 | 1 | 1 | 1 | 0 | 0 | 0 | 3 | 3 | 3 | 3 | 3 | 2 | 2 | 2 |
| X | X | X | X |  | X | X | X | X | X | X |  |  | X | X |  |  |

图 5.33 FIFO 策略驻留集的变化过程 1

实现 FIFO 策略无须硬件提供新的帮助。但是 FIFO 策略的实际效果不好，并且伴有一种称为 Belady 奇异的现象。Belady 奇异是指替换策略不符合随着驻留集大小的增大，页故障数一定减少的规律。例如，取访问串为 1,2,3,4,1,2,5,1,2,3,4,5。当驻留集大小为三个页帧时，驻留集的变化过程如图 5.34 所示，共出现 9 次页故障；当驻留集大小为 4 个页帧时，驻留集的变化过程如图 5.35 所示，共出现 10 次故障。因此 FIFO 是具有 Belady 奇异的策略。

| 1 | 2 | 3 | 4 | 1 | 2 | 5 | 1 | 2 | 3 | 4 | 5 |
|---|---|---|---|---|---|---|---|---|---|---|---|
| 1 | 1 | 1 | 4 | 4 | 4 | 5 | 5 | 5 | 5 | 5 | 5 |
|  | 2 | 2 | 2 | 1 | 1 | 1 | 1 | 1 | 3 | 3 | 3 |
|  |  | 3 | 3 | 3 | 2 | 2 | 2 | 2 | 2 | 4 | 4 |
| X | X | X | X | X | X | X |  |  | X | X |  |

图 5.34 FIFO 策略驻留集的变化过程 2

| 1 | 2 | 3 | 4 | 1 | 2 | 5 | 1 | 2 | 3 | 4 | 5 |
|---|---|---|---|---|---|---|---|---|---|---|---|
| 1 | 1 | 1 | 1 | 1 | 1 | 5 | 5 | 5 | 5 | 4 | 4 |
|  | 2 | 2 | 2 | 2 | 2 | 2 | 1 | 1 | 1 | 1 | 5 |
|  |  | 3 | 3 | 3 | 3 | 3 | 3 | 2 | 2 | 2 | 2 |
|  |  |  | 4 | 4 | 4 | 4 | 4 | 4 | 3 | 3 | 3 |
| X | X | X | X |  |  |  | X | X | X | X | X |

图 5.35 FIFO 策略驻留集的变化过程 3

没有 Belady 奇异的策略随着驻留集大小的增大，其页故障数一定减少，如图 5.36 所示。而对具有 Belady 奇异的策略而言，有时驻留集大小的增大，其页故障数也会增大，如图 5.37 所示。

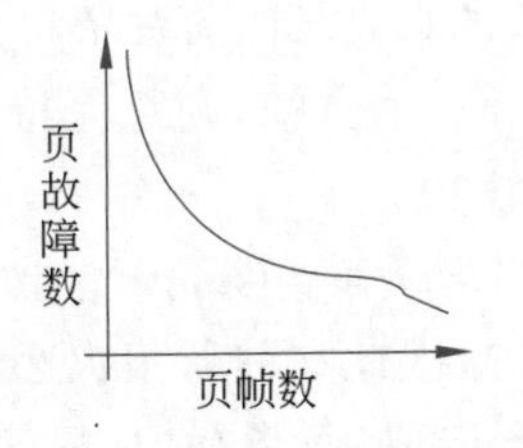


图 5.36　无 Belady 奇异的策略

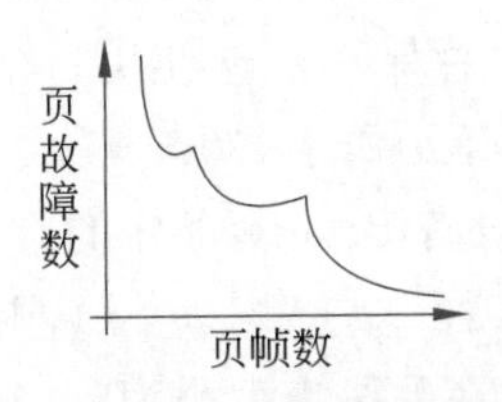


图 5.37　有 Belady 奇异的策略

2）OPT

OPT(OPTimal replacement)策略是驻留集大小固定这类策略中的最优策略。它淘汰下次访问距当前最远的那些页中序号最小的一页。例如，驻留集大小为三个页帧，访问串为 7,0,1,2,0,3,0,4,2,3,0,3,2,1,2,0,1。在 OPT 策略控制下，驻留集的变化过程如图 5.38 所示，共出现 8 次页故障。称 OPT 为驻留集固定类策略中的最优策略的理由是，OPT 策略对任意一个访问串的控制均有最小的时空积(进程所占空间与时间的乘积)。例如，进程共占主存时间为 10s，前 3s 占用 40 个页帧，中间 5s 占用 15 个页帧，最后 2s 占用 7 个页帧，则时空积为 3×40＋5×15＋2×7＝209(页帧×秒)。就驻留集固定这类策略而言，由于所占空间为一个常数，因此评判策略的性能时只需要比较处理同一个访问串各自所花费的时间量，即页故障的次数。可以证明，OPT 策略是驻留集固定策略中的最优策略。

| 7 | 0 | 1 | 2 | 0 | 3 | 0 | 4 | 2 | 3 | 0 | 3 | 2 | 1 | 2 | 0 | 1 |
|---|---|---|---|---|---|---|---|---|---|---|---|---|---|---|---|---|
| 7 | 7 | 7 | 2 | 2 | 2 | 2 | 2 | 2 | 2 | 2 | 2 | 2 | 2 | 2 | 2 | 2 |
|  | 0 | 0 | 0 | 0 | 0 | 0 | 4 | 4 | 4 | 0 | 0 | 0 | 0 | 0 | 0 | 0 |
|  |  | 1 | 1 | 1 | 3 | 3 | 3 | 3 | 3 | 3 | 3 | 3 | 1 | 1 | 1 | 1 |
| X | X | X | X |  | X |  | X |  |  | X |  |  | X |  |  |  |

图 5.38　OPT 策略驻留集的变化过程

OPT 虽被誉为驻留集固定策略中的最优策略，但由于其用于控制页替换时需预先得知整个访问串，故难以付诸实用，仅能将其作为一种标准，用于测量其他可行策略的性能。

3）LRU

LRU(Least Recently Used)策略淘汰上次使用距当前最远的页。例如，驻留集大小为三个页帧，访问串为 7,0,1,2,0,3,0,4,2,3,0,3,2,1,2,0,1。在 LRU 控制下，驻留集的变化过程如图 5.39 所示，共出现 11 次页故障。

| 7 | 0 | 1 | 2 | 0 | 3 | 0 | 4 | 2 | 3 | 0 | 3 | 2 | 1 | 2 | 0 | 1 |
|---|---|---|---|---|---|---|---|---|---|---|---|---|---|---|---|---|
| 7 | 7 | 7 | 2 | 2 | 2 | 2 | 4 | 4 | 4 | 0 | 0 | 0 | 1 | 1 | 1 | 1 |
|  | 0 | 0 | 0 | 0 | 0 | 0 | 0 | 0 | 3 | 3 | 3 | 3 | 3 | 3 | 0 | 0 |
|  |  | 1 | 1 | 1 | 3 | 3 | 3 | 2 | 2 | 2 | 2 | 2 | 2 | 2 | 2 | 2 |
| X | X | X | X |  | X |  | X | X | X | X |  |  | X |  | X |  |

图 5.39　LRU 策略驻留集的变化过程

对于相同的访问串，满足任意时刻$S(m, t)$都属于或等于$S(m+1, t)$的替换策略称为栈算法(其中，$m$为页帧数；$S(m, t)$为时刻$t$大小为$m$的驻留集)。LRU属于栈算法，因为LRU淘汰的是最后一次使用以来距时刻$t$最远的页，因此，若驻留集大小为$m$个页帧，则驻留集中总保持最近使用过的$m$页；若为$m+1$个页帧，则总保持最近使用过的$m+1$页。$S(m, t)$属于$S(m+1, t)$，即LRU为栈算法。

栈算法是没有Belady奇异的。设$n>m$，对栈算法，有$S(n, t)$包含或等于$S(m, t)$。任取$r(t)$，若$r(t)\notin S(n, t)$，则$r(t)\notin S(m, t)$，因此在驻留集大小为$n$个页帧时出现的页故障，在驻留集大小为$m$个页帧时也一定会出现，而必有$P(m)\geqslant P(n)$(其中，$P(i)$表示驻留集大小为$i$个页帧时所出现的故障数)。由此可知，栈算法没有Belady奇异。由于LRU是栈算法，故LRU没有Belady奇异。

LRU的实现耗费较高。由于LRU淘汰的是上次使用距时刻$t$最远的页，故须记录这个距离。记录方法可使用计数器，给每个页帧增设一个计数器。每访问一页，就把对应页帧的计数器清0，其余页帧的计数器加1，因此计数器值为最大的页，即上次访问距今最远的页。例如，驻留集大小为三个页帧，访问串为7,0,1,2,0,3,0,4,2,3,0,3,2,1,2,0,1,LRU策略用计数器方法记录，则驻留集及计数器的变化过程如图5.40所示。

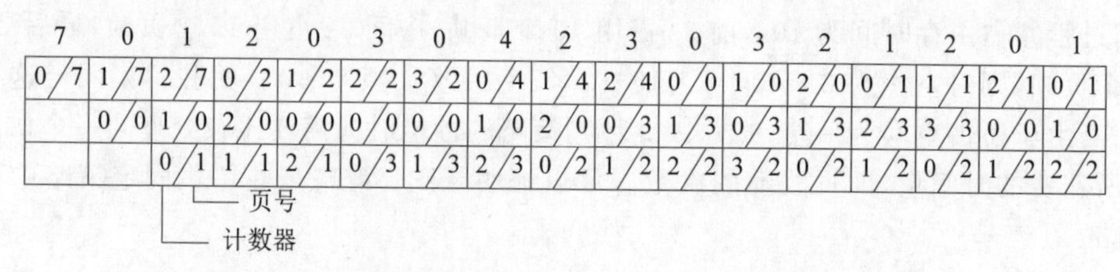


图5.40 用计数器方法实现LRU算法的驻留集及计数器变化过程

另外一种可能的方法是，将保存驻留页的页帧"链"起来作为一个队列来实现LRU算法。若驻留集大小为$m$个页帧，则队列链长也为$m$。每次访问一页中的某个单元时，若该页在队列中，则移出并将其再链入队列尾部，如果该页在队列中，说明该页在主存中，意味着从地址变换到访问都可以由硬件自动完成，那怎么做到"移出并将其再链入队列尾部"呢？如果由硬件实现，逻辑会很复杂，故可以让硬件做到访问某页单元时发生"异常"进入操作系统内核，让内核"异常"处理来做"移出并将其再链入队列尾部"这个工作。若该页不在队列中，说明缺页，则操作系统将队列首的页淘汰，从辅存取来要访问的页放入因淘汰而释放的页帧中，然后链入队列尾部。这样，刚访问过的页排入尾部，在首部的页就是最近未被访问的页。当然，这样设计的开销导致每次访存都要发送异常，由操作系统来重排页队列。其开销之大，在实际系统中是不可接受的。

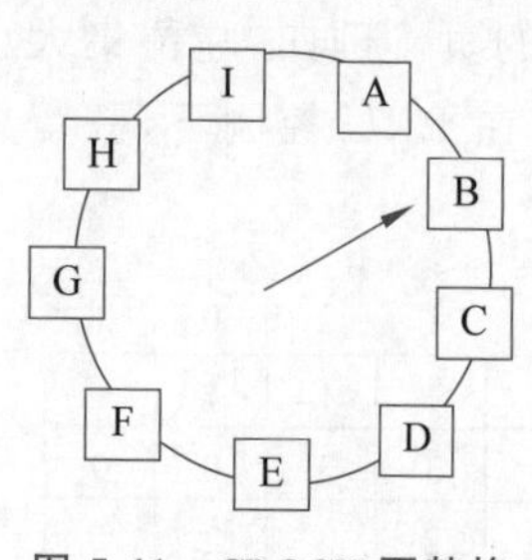


图5.41 CLOCK页替换算法示意图

4) CLOCK

CLOCK策略是一种基于LRU思想的实用的简化算法。页表项需要增加一个访问位，在硬件访问页时设置访问位，进程所有驻留页形成一个类似钟面的环形链表，如图5.41所示，有一个指针指向当前欲淘汰的页。当需要淘汰页时，指针指向的页，如果其访问位是0，则将其淘汰，指针顺时针方向转一格；如果其访问位是1，则将访问位清0，指针顺时针方向转一格；……；直到找到访问位是0的页，将其淘汰。该算法既考虑了最近被访问的因素，清除访问位代价也较小，是一种比LRU更实用的算法。这种算法实际上是一种轮流淘汰页的思想，但是如果有页被访问过，则推迟一轮淘汰(体现了LRU)。该算法与LRU相比，在每次访存时只要对访存页设置访问位，无须对其他页操作，因此而节省了开销。

**2. 驻留集可变的替换策略**

若采用进程驻留集大小固定的策略，则管理起来比较容易，但驻留集大小的确定绝非易事。同时页帧被固定分配给进程，不利于页帧的共享，可能造成浪费。例如，某个进程长时间没有机会占用处理器运行，但是却一直占用页帧，并且这些页帧不能给正需要页帧的进程使用。

人们称访问串所具有的性质为程序行态(Program Behavior)，并对访问串做过许多统计研究后发现，程序具有**局部性(Locality)**行态。局部性行态是指可将程序执行的时间分成很多段，在每段时间里程序只引用整个页集合的一个特定小子集，也就是说，程序在执行过程中形成了一个个局部集。以后人们又发现，在大多数程序的执行过程中，从一个局部集到另一个局部集的过渡是突然的，这就是**阶段转换行态**，局部集一般不超过程序总页数的20%等。根据这些行态，驻留集应该和局部集相匹配。太小会使页故障频繁出现而引起**系统抖动**(Thrashing)，即系统陷于不断进行页故障处理状态；太大又会造成空间浪费，达不到充分合理地利用空间的目的。由于局部集有大有小，时大时小，因此让驻留集大小恒定就不能合理使用空间，更合理的策略应该是随着局部集的变化来动态调整进程驻留集的大小。下面介绍几种驻留集大小可变的页替换策略。

1) WS

这是一种为顺应程序的局部性行态而制定的策略，在驻留集中只放置当前活跃的局部集(我们把活跃的局部集称为工作集Working Set)中的页。WS需要一个控制参数，记为Δ。若某页在驻留集中有Δ个访存间隔未被引用，则将其淘汰。例如，取Δ=5，访问串为7,0,1,2,0,3,0,4,2,3,0,3,2,1,2,0,1。驻留集的变化见表5.4，其中共产生了7次页故障。驻留集的平均大小为3.5个页帧。

表5.4　在WS策略控制下的驻留集的变化

| 访问串 | 7 | 0 | 1 | 2 | 0 | 3 | 0 | 4 | 2 | 3 | 0 | 3 | 2 | 1 | 2 | 0 | 1 |
|---|---|---|---|---|---|---|---|---|---|---|---|---|---|---|---|---|---|
| 驻留集 | 7 | 7 | 7 | 7 | 7 | 3 | 3 | 3 | 3 | 3 | 3 | 3 | 3 | 3 | 3 | 3 | 0 |
| |  | 0 | 0 | 0 | 0 | 0 | 0 | 0 | 0 | 0 | 0 | 0 | 0 | 0 | 0 | 0 | 2 |
| |  |  | 1 | 1 | 1 | 1 | 1 | 4 | 4 | 4 | 4 | 4 | 2 | 2 | 2 | 2 | 1 |
| |  |  |  | 2 | 2 | 2 | 2 | 2 | 2 | 2 | 2 | 2 |  | 1 | 1 | 1 |  |
| 驻留集大小 | 1 | 2 | 3 | 4 | 4 | 4 | 4 | 4 | 4 | 4 | 4 | 4 | 3 | 4 | 4 | 4 | 3 |
| 缺页说明 | X | X | X | X |  | X |  | X |  |  |  |  |  | X |  |  |  |

WS策略的效果与参数$\Delta$的选取密切相关。人们通过大量实验发现，随着$\Delta$的变化，驻留集的平均大小($m$)和两次页故障之间的平均距离($g$)之间总是出现如图5.42所示的关系。从点$a$开始，驻留集平均大小的增加并未使$g$明显增长。故将$m$与$g$之间的关系控制在$a$点最为理想。点$a$说明：$\Delta$足够大以至于各局部集活动期间局部页不至于被淘汰，$\Delta$又足够小以至于访问串进入一个新的局部集后，上一局部集留下的页很快会被淘汰。

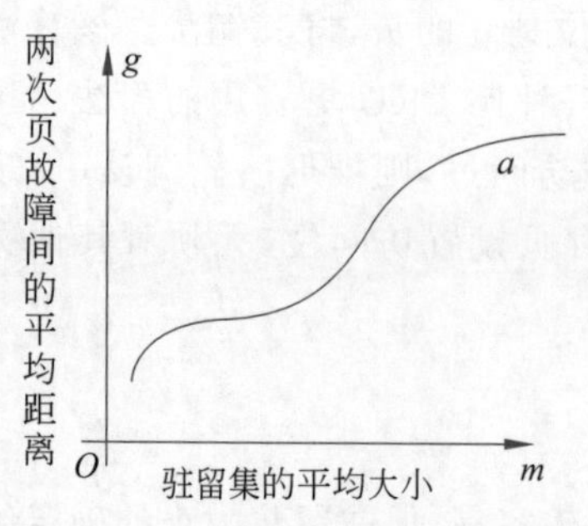


图5.42　选择各种$\Delta$，$g$与$m$的关系

实现WS策略时，可用计数器记录对各页的访问，经自动检查后淘汰计数器值为$\Delta$的页。由于实现WS策略耗费太大，故实际系统中很少采用。

2) SWS

在实际系统中，常用的是SWS(Sampled Working Set)策略，它近似WS。$\Delta$被定义为一个时间间隔，每访问一页，同时将当时时钟值记录在页表项中，以每$\tau$时间单位为周期检查驻留集，将当前时钟值与记录在页表项中的值相减，淘汰差值大于或等于$\Delta$的页。注意，这个算法中$\tau$值太大系统开销小，但淘汰不及时，太小则系统开销太大，故应该与$\Delta$相当。

**3. 替换策略的选择**

从上述对几种主要替换策略的讨论可以看出，效果好的策略往往需要在访存指令执行硬件逻辑中加入设置访问位的逻辑，耗费大；而耗费小的策略效果不佳。那么在具体实现一个虚存系统时应该选择什么策略呢？一般原则是，高性能处理器配置的虚存系统可选择耗费高些的策略，否则虚存系统考虑选用低耗费策略。

低耗费策略的效果不能令人满意，如果采用某些改进的措施，则可弥补低耗费策略的大部分缺陷。如操作系统Windows NT选用了改进的全局FIFO策略。

Window NT主要改进措施是，设置了被淘汰但其中数据还可用的页链表(自由链表和修改链表)，并在自由链表中维持一定数量的页帧。淘汰页不要等到需要页帧且没有自由页帧时进行，而是定时地进行页淘汰，或者当自由链表太短时进行页淘汰。当淘汰一页时，并不立即将被淘汰的页内容从页帧中抹去，而是根据该页是否被修改过而链入自由链表(若没被修改过)或修改链表(若被修改过)的尾部，表示作为预备空闲页。在分配可用页帧时，从自由链表的表头取页帧。若修改链表超过了限定的长度(或自由链太短)，则将修改链表中的页保存到辅存，并将保存后的页链入自由链表。当某页被选中淘汰，该页并未被立即从主存抹掉，而是链于自由或修改链表的尾部。因此若该页又被访问，则不必到辅存，而是直接从自由链表或修改链表取回即可，这种页故障的处理所花费的时间很少。

若选中淘汰的页最近一段时间不会被使用，那么过一段时间该页就从自由链表尾进到链表头，最后被分配给某个进程的调入页，这时该页帧原来的数据才真正被更改了。

在选中淘汰一页时，页表项中应该注明这一页已是无效页，但在自由或修改链表中，当这一页所在的页帧最后被分给别的进程时，这一页不在主存只在辅存了。如果不计处理自由、修改链表的页故障所花费的时间（这种耗费与从辅存调入页进行 I/O 操作的时间耗费相比，可忽略不计），这种方法的开销接近 FIFO，效果接近 LRU。

## 5.4 核心知识点

存储管理主要研究三方面的内容：取、放、替换。其中，“放”是基础，根据程序在主存的不同存放方法，可以把存储管理分为连续存放与非连续存放两类。

重定位是程序数据在加载到内存时重新确定地址或程序执行时重新确定地址，而链接强调模块间程序或数据引用地址确定。

多道连续可变分区法需要硬件提供上、下界地址寄存器和越界检查机制，或基地址寄存器、长度寄存器和动态地址转换机制。分配可用块的方法以首次满足法开销最小。可用块不能小于基本存储分配单位。可用块可以用数组或链表来管理。

连续存放的多道连续可变分区法做到了按需分配，解决了内部碎片问题，但是还是有不连续空间利用率不高问题。紧致虽然能解决问题但开销太大。

非连续存放的存储管理方法有页式、段式和段页式方法。重点是页式管理方法。

页式管理将逻辑、物理空间按同样的长度划分，用户作业在逻辑空间连续但在物理空间不一定连续。程序运行时需要进行动态地址转换，地址转换依赖的数据结构是页表。页表是唯一把页与页帧相互对应的映射机构。为了加快地址转换速度，要求页面大小为 $2^k$。另外，必须增设快速存储器（如快表），存放部分页表以减少地址转换过程中对主存的访问次数。在页式系统中可实现共享，用越界保护和操作访问保护实现存储保护。

段式管理将逻辑空间按用户程序的自然段划分为若干段，主要目的是为了程序段共享。每段在主存连续存放，段与段间可不连续。指令运行时通过动态地址转换（数据结构是段表）将逻辑地址变为物理地址。

段页式管理是段式与页式的结合。对用户而言，空间特征与段式系统一致。在空间的利用与管理上具有页式系统的优点；而在存储保护与共享方面则汲取了段式系统的优点。

在页式存储管理的基础上，将程序的部分页放于主存中，进程运行时当所访问的页不在主存时会产生页故障，通过操作系统处理页故障来实现虚拟存储技术。为了保证虚存系统性能优越，还须注意尽量减少缺页量、回写到辅存的次数等问题，由此而引进修改位、零页等概念。为保证数据页保存时执行文件内容不被修改，还必须设置用于保护内存页数据的页文件或交互区。

虚存系统的性能优劣主要取决于替换策略。替换策略可分为驻留集恒定和驻留集可变两类。OPT 是驻留集恒定策略中的最优策略，但难以付诸实用，只能作为评价其他替换策略的标准；LRU 策略效果虽好但耗费高；FIFO 策略的耗费最低但效果不佳。CLOCK 是一种优质低耗的实用策略。驻留集恒定在于驻留集大小不变，故管理时一些系统表格的安排比较简单，但难于确定其大小。为防止系统抖动，一般倾向于选大一些，但资源利用率低。对于动态驻留集（工作集）策略，WS 策略能很好地顺应程序行态，效果虽好但耗费高。在实际系统中,通常采用 SWS 或可变驻留集的改进 FIFO 定时淘汰方法。

## 5.5 问题与思考

**1. 段错误(segmentation fault)是什么原因引起的?**

思路:段错误是访存指令执行时,硬件把地址变换成页号查页表发现①没有页表项,意味着该地址空间没有被分配过,即不是程序区、数据区、栈区、动态链接库区等区的空间,而是访问了那些区与区的 gap;②访问方式不符合页表项的保护方式说明,如对只读的页进行写操作;③在用户态下访问内核地址空间,一般内核空间占进程虚拟空间地址高部区。

**2. 把执行文件加载到内存(exec 系统调用的工作之一)时应该做哪些事情?**

思路:所谓加载(load)执行程序,在实存背景下,就是把执行文件的程序段、数据段等加载到要存放的物理主存中且重定位所有地址。在虚存的背景下,就是要把如 ELF 格式描述的程序段、有初值数据段、无初值数据段、动态链接库段等加载(映射)到虚空间中的不同地址区间,一般不同段地址区之间会留一些 gap,以利于在用户编程地址错误落到 gap 情况下,执行到该地址访存指令时,硬件逻辑能够报出异常。所谓映射就是要建这些区间的页表项,用执行文件的对应段所在的磁盘块号填入页表项中的物理块号域。

编译链接在生成执行文件时会根据与 CPU 和操作系统相关的描述信息来设置程序段、有初值数据段、无初值数据段所占逻辑(或虚拟)地址区间。

**3. 在页式虚存管理系统中,设页面大小为 $2^{12}$,页表内容如表 5.5 所示,设该进程驻留集大小固定为 3,采用 LRU 页面置换算法,①依次读虚地址 0x30FF、0x1363、0x2066、0x3012,计算 0x1363、0x2066 物理地址,读 0x2066 得到的值是什么?②假设主存的访问时间是 100ns,快表的访问时间是 10ns,换入页面的平均时间为 100 000 000ns(该时间已经包含页表修改及将页表项加入快表),快表初始为空,变址先访问快表,问访问 0x30FF、0x1363、0x2066、0x3012 地址变量要花多少时间?**

表 5.5 页表

| 页号 | 页帧号 | 合法位 | 页类型 | 磁盘地址(块号) |
|---|---|---|---|---|
| 0 | 0x12 | 1 | | 0x40 |
| 1 | 0x40 | 1 | | 0x11 |
| 2 | | 0 | 零页 | |
| 3 | 0x11 | 1 | | 0x10 |

思路:进程只用 0x12、0x40 和 0x11 三个物理页帧,零页只存放了无初值的变量。快表开始为空,第一次访问页表项后硬件逻辑会自动加载页表项入快表,因为快表项没有说多少项,在本题中不考虑快表的淘汰问题。那么:

(1) 0x1363 不缺页,物理页帧号与页内偏移拼成物理地址 0x40363;0x2066 访问时缺页,0 号页最近没用所以被淘汰,其页帧 0x12 被 2 号页使用,故 0x2066 物理地址是 0x12066;0x2066 所在页是零页,表示是无初始数据的页,存放的都是无初值的变量,在该页第一次缺页处理时,操作系统淘汰某页后给其页帧清 0。

(2) 前面访问 0x30FF、0x1363 都需要先花 10ns 访问快表,因快表中没有页表项再花 100ns 访问内存页表,最后花 100ns 访问地址对应的变量单元。在访问 0x2066 时缺页,但是该页不需要从辅存换入,只要淘汰一个页获得页帧并清零页帧,因此所花时间大于 220ns(含先访问快表,再访问页表,缺页处理,再重执行访存指令访问快表,最后访问变量时间),小于要从辅存换入页面时间。在访问 0x3012 时,则只要 10ns 访问快表,然后花 100ns 访问变量单元。

## 习　　题

5.1　假设在一个计算机系统中,硬件仅提供一对界地址寄存器和越界检查。试设计一种存储管理方法,使主存中能同时存储三道作业运行。要求保证作业之间、作业与系统程序之间运行时互不破坏。你的方法能支持 $n$ 道作业在主存运行吗?

5.2　可以进行交换的条件是什么?为什么要这样限制?如果要让作业可以在主存中移动,对编址有什么要求?

5.3　实现多道连续存储管理时,请设计一种硬件支持,它如何进行地址变换?如何实现存储保护?

5.4　为什么要引进页式存储管理方法?在这种管理方法中硬件应提供哪些支持?

5.5　在页式系统中:

(1) 如果一次存储访问需 1.2$\mu$s,那么访问一次页中变量需要多少时间?

(2) 如果增加 8 个单元快表,且查询快表的命中率为 75%,那么等效存储访问时间为多少(假定在快表中查找一个页表项所需时间可以忽略)?

5.6　考虑一个页式系统,其页面大小为 100,对下列程序给出访问串。

```
0 load from 263;
1 store into 264;
2 store into 265;
3 read from I/O 设备;
4 Branch into location 4,if I/O Device busy;
5 store into 901;
6 load from 902;
7 halt;
```

5.7　如果允许页表中的两个页表项同时指向同一个页帧,将产生什么后果?这种方法能用来减少从存储器的一个地方复制若干页到存储器的另一个地方所需的时间吗?

5.8　在页式存储管理系统中,怎样使多进程共享一个程序段?在段式存储管理系统中如何使多进程共享一个程序段?比较它们的差别。

5.9　试述段式存储管理系统的动态地址转换过程。

5.10 在段式系统中采用快表以保存最活跃的段表项，且整个段表保存在主存。如果存储器的存取时间为 1μs，快表的命中率为 85%（假设不计访问快表时间），问等效访问时间是多少？如果快表的命中率仅是 50%，等效访问时间又是多少？

5.11 为什么要引入段页式存储管理？说明在段页式系统中的动态地址翻译过程。

5.12 在段页式存储管理系统中，设访问主存的时间为 50μs，访问快表的时间为 0.5μs，如果要求等效访问时间不能超出访问主存时间的 25%，问快表的命中率至少应该达到多少？

5.13 在页式虚存系统中，系统为用户提供了 $2^{24}$B 的虚存空间。系统有 $2^{20}$B 的主存空间。每页的大小为 512B。设用户要访问 11123456（八进制数）的虚存地址单元。试说明系统怎样得到相应的物理地址。列出各种可能，并指出哪些工作由硬件完成，哪些工作由软件完成。

5.14 某程序大小为 460 个字。考虑如下访问序列：10，11，104，170，73，309，189，245，246，434，458，364，页帧大小为 100 个字，驻留集大小为 2 个页帧。

(1) 给出访问串。

(2) 分别求出采用 FIFO，LRU 和 OPT 替换算法控制上述访问串的故障数和页故障率。

5.15 在页式虚存系统中，根据程序的局部性行态，试指出：①栈结构；②Hash 技术；③顺序搜索；④较多 GOTO 语句。哪种的技术和数据结构较好？哪个低劣（假设上述数据结构或程序使用了多个页）？

5.16 试证明 OPT 最优算法没有 Belady 奇异。

5.17 对访问串 1，2，3，4，2，1，5，6，2，1，2，3，7，6，3，2，1，2，3，6，驻留集大小分别为 1，2，3，4，5，6，7 时，试指出在替换算法 FIFO，LRU，OPT，CLOCK 控制下的页故障数。

5.18 在页式虚存系统，测得各资源的利用率：CPU 利用率为 20%；Cache 利用率为 99.7%；其他 I/O 设备利用率为 5%。若：①用一个更快的 CPU；②用一个更大的 Cache；③增加多道程序数量；④减少多道程序数量；⑤采用更快的 I/O 设备。哪种方法可提高 CPU 的利用率？为什么？

5.19 设某进程的程序部分占一页，A 是该进程的一个 100×100 字的数组，在虚空间中按行主顺序存放（即按如下顺序存放：A(1，1)，A(1，2)，…，A(1，100)，A(2，1)，…，A(2，100)，…，A(100，1)，…，A(100，100)）。页帧大小为 100 个字，驻留集大小为 2 个页帧。若采用 LRU 替换算法，则下列两种对 A 进行初始化的程序段引起的页故障数各是多少？

```
① for j=1 to 100 do
     for i=1 to 100 do
     A(i, j)=0
```

```
② for i=1 to 100 do
     for j=1 to 100 do
     A(i, j)=0
```

5.20 在虚存系统中淘汰页时为什么要回写？通常采用什么方法来减少回写次数和回写量？回写到哪里去？

5.21 在虚存系统中，为何要引进页文件（或交换分区）？

5.22 在页式虚存系统中，有些系统在内核空间的系统缓冲区中与外设进行 I/O，有些系统直接在用户缓冲区中与外设 I/O，问这两种方法的优缺点是什么？

5.23 试述 WS 替换策略的主要思想。如何实现？

5.24 设有如下访问串：6，9，2，1，0，3，5，4，3，2，1，0，2，1。取 $\Delta=4$，给出用 WS 算法控制该访问串驻留集的变化情况。

5.25 如果主存中的某页正在与外部设备交换信息，那么在页故障处理时可以选择将这一页淘汰吗？如何确保对该页数据的 I/O 正确？

5.26 在页式虚存管理系统中，设页面大小为 $2^6$，页表内容见表 5.6，现访问虚地址 $(233)_8$ 和 $(345)_8$。问是否会发生缺页（页故障）异常？若会则简述缺页异常处理过程。否则将虚地址变换成物理地址。

表 5.6 页表内容（表中均为八进制数）

| 页号 | 有效位 | 页类型 | 页帧号 | 辅存块号 |
|---|---|---|---|---|
| 0 | 0 | | | 40 |
| 1 | 1 | | 5 | 177 |
| 2 | 1 | | 20 | 6 |
| 3 | 0 | 零页 | | |

5.27 在页式虚存系统中，通常规定页表全部存放在主存。但是若虚存空间很大，页面大小又较小时，页表的空间非常大。若页表全部放入主存，空间消耗太大。在这种情况下，通常把虚存空间分成系统虚空间和用户虚空间。映射系统虚空间的页表全部放入主存，而映射用户虚空间的页表页放在系统虚空间。因此用户页表页可能不在主存。

试给出这种情况下地址转换的过程。指出哪些地方可能产生页故障。产生页故障后应该如何处理？哪些工作由硬件完成？哪些工作由软件完成？

第6章

# 设备管理

管理和控制外部设备(又称 I/O 设备),是操作系统的主要功能之一。操作系统中完成这部分功能的代码称为设备管理子系统。在一个计算机系统中涉及的外部设备种类繁多,为了支持大量外部设备的连接,可扩充性特别重要,外部设备连接方式也特别复杂和多样化。而且,外部设备本身及外部设备与主机的连接还在不断的发展中。所以在操作系统的设计及实现中,设备管理子系统是相当庞大复杂而且经常重构的功能模块。

本章首先介绍外部设备的分类及设备使用方法、接口,然后介绍 I/O 子系统的层次结构及设备驱动控制、缓冲技术,最后介绍辅存及磁盘 I/O 请求调度技术。

## 6.1 设备管理概念

本节主要介绍常见外部设备的分类、特点和设备管理使用方法,设备相关的系统调用。

### 6.1.1 外部设备分类

在计算机系统中,用于 I/O 的设备有许多,而且工作方式各不相同,通常可以分成下述三类。

(1) 人机交互类外部设备。

人机交互类外部设备往往是慢速 I/O 设备。这类设备主要与用户打交道,数据交换速度相对较慢,通常是以 B(字节)为单位进行数据交换,这类设备主要有字符显示器及键盘一体的字符终端、打印机、扫描仪、传感器、控制杆、键盘、鼠标等。图形显示器(包含显卡)是一个很特殊的设备,只用于输出,输出数据只要往显卡存储器中写入就能够从显示器上显示出来,图形显示器虽然也是与人打交道的设备,但逼真的图形图像处理要求使图形显示器的输出速度越来越高,因此其数据交换方式有别于一般的慢速 I/O 设备。

(2) 存储类外部设备。

这类设备主要用于存储程序和数据,数据交换速度较快,通常以 $2^n$ 字节组成的块为单位进行数据交换,主要有磁盘设备、磁带设备、光盘、Flash 存储设备等。

(3) 网络通信设备。

这类设备主要有各种网络接口、调制解调器等。网络通信设备在使用和管理上与上述两类设备有很大的不同。

之所以将设备区分成上述三种类型,主要是因为不同类型设备对它们的管理控制方法区别较大,主要体现在下述三方面。

(1) 设备的使用目的不同。

设备的使用目的直接影响操作系统的实现策略。例如,将磁盘用于存储文件,除需要设备管理的功能外,还需要文件管理子系统的支持。

(2) 控制的复杂性不同。

键盘的控制相对简单,磁盘的控制比较复杂。设备管理子系统屏蔽了对各类设备的控制细节,提供一个简单易用的接口,并且该接口对所有设备尽可能地一致,这就是设备无关性。

(3) 数据传输单位不同。

在某些外部设备上,数据以字节流方式传输,如字符终端的I/O操作。在某些外部设备上,数据以块为单位传输,如磁盘数据的I/O操作。

本章将主要涉及前两类设备的管理。总而言之,因为慢速外部设备以字节为单位进行数据交换,传输速度慢,但控制方式简单,设备驱动程序编写相对方便。存储类设备一次交换数据多,速度快,但控制复杂,设备驱动程序的编写也较复杂,而且用户一般不直接使用存储类型设备,而是通过访问文件,由文件系统管理程序调用存储类设备的驱动程序。

### 6.1.2 设备共享使用方法

一个用户态程序如果直接使用设备,对设备的使用过程一般都经历"申请设备→读/写设备→释放设备"的过程。操作系统提供有关的"申请/释放""读/写"系统调用供用户程序调用,以实现上述的设备使用过程。

#### 1. 独占式使用设备

独占式使用设备是指在申请设备时,如果设备空闲,就将其独占,不再允许其他进程申请使用,一直等到该设备被释放,才允许被其他进程申请使用。

为什么一个设备要被独占使用呢?这是因为设备一次I/O中数据是不完整的。如果一个逻辑上完整的数据不能够通过一次I/O操作系统调用实现其输入输出,那么就必须分成多次I/O操作才能完成这个逻辑上完整的数据的输入输出,而这里的多次I/O操作必须是针对外部设备资源的互斥操作。为了保证这些操作不被其他进程的针对同一外部设备的操作打扰,必须在申请该外部设备资源时以独占方式申请使用,这就相当于为外部设备资源加锁一样。等到多次的I/O操作将一个逻辑上完整的数据全部输入/输出完成,则释放外部设备资源。

例如,对打印机外部设备的使用,假设一个针对打印机的写操作只能向打印机输出一行字符。如果要将一个$n$行文本文件打印出来,则必须调用$n$次写操作,在进行写打印机操作之前,必须以独占方式申请占用打印机,否则如果有其他并发进程使用同一打印机,打印纸上会交替出现不同打印文件的字符行,从而影响输出效果。

**2. 分时式共享使用设备**

在以独占方式使用设备时,设备利用率很低。因为进程独占设备后可能并没有时时使用它,而其他想用该设备的进程却申请不到该设备。

假设一次 I/O 操作是原子操作,如果一个逻辑上完整的数据可以通过对设备的一次 I/O 操作完成,那么就没必要独占该设备。反过来说,如果一次 I/O 操作的数据逻辑上完整,则不必要对该设备进行独占方式的申请使用。在申请该设备时,不必检查是否已被占用,只要简单累加设备使用者计数即可,并返回申请设备成功。

在 UNIX/Linux 中对终端设备采用分时式共享使用方式,在申请终端设备时,并不查看它是否已被其他进程申请过,而是将终端的申请次数累加。这样当一个进程在多次写终端的操作过程中,就有可能插入其他进程对终端的写操作。也就是说,终端上可能将交替地显示不同进程的输出数据。不独占使用不但可以充分利用资源,还可以防止死锁。至于交替显示引起的不便,用户可以接受。

对磁盘设备进行 I/O 操作时,也采用了分时式共享使用,也就是说,把每次对磁盘设备的 I/O 操作的数据都看成在逻辑上是完整的,从而无须对设备进行独占式申请,保证设备的高效使用。

分时式共享就是一种细粒度的分时使用设备,不同进程的 I/O 操作请求以排队方式分时地占用设备进行 I/O,应特别注意它和独占式的不同点,分时式共享设备总能申请成功,只是通过 I/O 请求队列将多进程对同一设备的并发 I/O 请求顺序化了。从宏观层面看,I/O 是并发的,但是操作系统处理时将 I/O 请求排入了队列,设备驱动程序会依次按队列中的请求启动设备进行 I/O 操作,如图 6.1 所示,所以设备是被分时使用的。

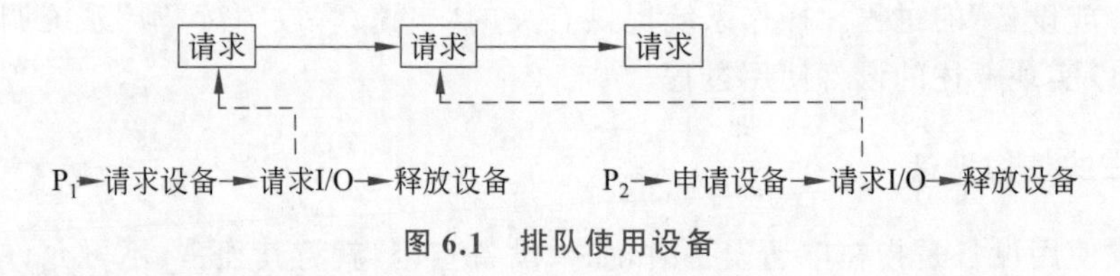


图 6.1 排队使用设备

**3. SPOOLing 技术虚拟化外部设备**

SPOOLing 技术是在批处理操作系统时代引入的,即假脱机 I/O 技术。把这种技术用于对独占式外部设备的使用,实质上就是让各进程原来对慢速外设的 I/O 操作变为对虚拟慢速外设的磁盘文件的 I/O 操作,这样因为磁盘文件 I/O 速度快,而且在进程申请设备时为进程的 I/O 建立一个新的磁盘文件,故对设备独占申请都能成功,该磁盘文件就相当于一个虚拟的逻辑设备。

如系统虽然只有一台独占式使用的打印机,但是进程申请打印机即生成一个磁盘文件,进程每执行一次打印行输出实际上是输出到磁盘文件中,系统安排专用的服务进程对已经释放的磁盘文件中的数据成批输出到慢速打印机上，这样也能够确保输出数据的一致性。

为打印机建立一个打印服务(Daemon)进程和一个打印队列(该队列的每个表项对应一个输出文件副本)。打印服务进程循环地获取打印队列中的表项，顺序地从每个文件副本中读取出数据，再成批地调用写打印机的系统调用将该文件的数据打印在纸上。这样保证了同一个文件的数据在打印纸上连续显示，因为读取文件副本是批处理方式，这要比临时生成输出数据快得多，所以打印机也不会因等待数据生成而闲置，如图6.2所示。

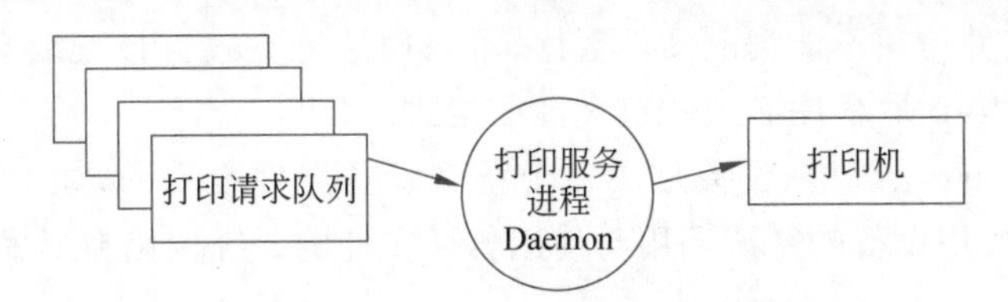


图6.2　以SPOOLing方式使用外部设备示例

### 6.1.3　I/O系统调用

操作系统为用户态程序提供了一个通用的设备使用界面，所以用户无须知道设备管理和驱动的实现细节。为实现程序对设备的使用，操作系统提供的主要系统调用如下所述。

(1) open申请设备。该系统调用中有参数说明了要申请的设备名称。操作系统在处理该系统调用时，会按照设备特性(是独占还是分时共享式使用)及设备的占用情况来分配设备，返回申请是否成功标识。有些操作系统提供设备类型名参数来申请设备，这时由操作系统内核分配一个同类型的可用设备返回给申请者。在UNIX/Linux操作系统中，提供指定设备申请系统调用open( )。其中有参数说明了所要申请的具体设备名。如果该设备申请成功，系统调用返回一个代表该设备的FD(File Descriptor)，以后对该设备进行读/写时就用FD来定位设备，而不再需要设备名。

(2) write将数据写入设备。该系统调用的目的是，将用户提供的输出数据写入指定的设备。

(3) read从设备读取数据。该系统调用从设备中读取输入数据，放入用户指定的存储区中。

(4) close释放设备。这是申请设备的逆操作。在设备不再被使用时，用户通过该系统调用将设备还给操作系统。

上述的系统调用主要用于对人机交互类慢速外部设备。对于存储类外部设备，用户程序一般不直接对它们进行I/O，而是对存储设备上面存放的文件进行I/O。用户程序利用对文件的系统调用访问文件，由操作系统的文件系统模块通过块设备驱动接口函数来访问存储类设备上的数据。

但是有些操作系统也提供对存储类外部设备的系统调用。如在UNIX/Linux中，用户可以用如下的系统调用将数据写入U盘中。

```
fd=open("/dev/sda", O_RDWR)      //申请 U 盘设备,/dev/sda 代表 U 盘
lseek(fd, 1024, 0)               //将 U 盘当前 I/O 位置定位到 1024B 位置
write(fd, buffer, 36)            //将用户缓冲区 buffer 中的 36B 写入 U 盘 1024～1059B
…
close(fd)                        //释放 U 盘
```

显然,这样的使用方式绕过了文件管理模块,而直接读/写 U 盘空间。当然用户必须清楚 U 盘的什么位置存放了什么信息,才能做到正确地读/写。如果盘中文件系统遭到破坏,通过正常文件访问不能读取文件数据,可以用这种方式直接读取盘中的数据,恢复盘中的信息。当然,读取程序必须知道文件的格式。

在 UNIX/Linux 系统中,设备是用一个特殊设备文件表示的,如上面/dev/sda 代表 U 盘设备。因此使用设备的系统调用与使用普通文件的系统调用在形式上是一样的。

## 6.2 设备 I/O 子系统

下面首先了解设备 I/O 子系统的层次结构,并仔细讨论关键层次的一些实现技术。

### 6.2.1 I/O 层次结构

I/O 实现普遍采用层次结构。层次结构的基本思想是,将系统的 I/O 功能组织成一系列的层次。上层功能实现依赖其下一层的功能服务,通过接口函数调用下层服务,屏蔽这些服务的实现细节。在理想情况下,层次的定义应能达到这样的目标,对某个层次代码的修改不会引起其下层或上层代码的修改。

| 用户层I/O |
|---|
| 系统调用接口，设备无关的操作系统软件 |
| 设备驱动及中断处理 |
| 硬件 |

图 6.3 I/O 系统层次结构

整个 I/O 系统可以看成具有三个层次的系统结构,如图 6.3 所示。其中,用户层 I/O 是提供给用户程序使用 I/O 设备进行 I/O 的接口,它运行在用户态。系统调用处理,设备无关的操作系统软件、设备驱动及中断处理则在核心态运行,属于操作系统内核程序。当然,特定的操作系统在实现时并非严格遵守这种结构,但这种层次的划分是合理的。

#### 1. 用户层 I/O

用户程序一般直接调用 I/O 库函数进行 I/O,如 C 库函数 fopen(),fread(),fwrite(),fclose(),printf()等,这些库函数在用户态运行,它们往往没有做太多的事情,而只转调操作系统的 I/O 相关的系统调用。操作系统的系统调用以函数形式供 C 库程序调用,如 UNIX/Linux 的 open(),read(),write(),close()等系统调用被 C 库函数 fopen(),fread(),fwrite(),fclose(),printf()调用。

这个层次与设备的控制细节无关。它将所有设备都看成逻辑资源,它为用户进程提供各类 I/O 函数,允许用户进程以设备标识符,以及一些简单的函数接口使用设备。所

以,这个层次的函数的主要任务是为相应的系统调用处理函数提供参数。

**2. 与设备无关的 I/O**

这一层往下一般在操作系统内核中实现。它对上层提供系统调用的接口,对下层通过设备驱动程序接口调用设备驱动程序。

该层软件与具体设备驱动细节无关。与设备无关的 I/O 层和设备驱动程序之间的精确界限在各个系统都不尽相同。对于一些以设备无关方式完成的功能,在实际中由于考虑到其他因素,也可以考虑由驱动程序完成。

这个层次的基本功能是执行适用于所有设备的通用 I/O 功能,并向其上层提供一个统一的接口,即 I/O 相关的系统调用接口。该层除提供了设备相关的系统调用处理外,还承担如下任务。

(1) 设备名与设备驱动程序的映射。该工作在"申请设备"系统调用处理中进行。用户通过设备名指定申请使用的设备,使用设备要通过设备驱动程序,将设备名映射到相应的驱动程序是该层的主要任务之一。如在 UNIX/Linux 中,设备名对应一个特殊的设备文件,如终端设备/dev/tty00,它唯一地确定了一个 i-node 结点数据结构,其中包含主设备号(Major Device Number),通过主设备号就可以找到相应的设备驱动程序。i-node 结点也包含次设备号(Minor Device Number),它作为传给驱动程序的参数指定具体的物理设备。

(2) 设备保护。对用户是否许可使用设备的权限进行验证,在"申请设备"系统调用处理时进行。操作系统如何保护设备的未授权访问呢?在 UNIX/Linux 中使用一种灵活的方法,由于对应于 I/O 设备的设备文件的保护采用与普通文件一样的保护方式,所以系统管理员可以为每台设备设置与文件类似的访问权限。

(3) 缓冲 I/O。块设备和字符设备都需要缓冲技术。对于块设备,硬件每次读/写均以块为单位,而用户程序则可以读/写任意大小的单元。如果用户进程写半个块,操作系统将在内部缓冲区保留这些数据,直到其余数据到齐后才一次性地将这些数据写到磁盘上。可在这一层次中提供独立于设备的缓冲块。对于不同磁盘,其扇区大小可能不同,与设备无关的 I/O 屏蔽了这一事实并向高层软件提供统一的数据块大小,如将若干扇区作为一个逻辑块。这样高层软件就只与逻辑块大小都相同的抽象设备交互,而不管物理扇区的大小。

(4) 文件系统管理模块也是与设备无关的 I/O 层程序,文件系统管理文件,文件可以看成是一个逻辑外设。文件系统的主要工作是,定位文件在物理辅存上的位置。当文件系统管理模块要与存储类型的设备进行 I/O 时,不需要通过系统调用的外部接口而直接调用相应的与设备相关的驱动程序接口函数。本书将会在第 7 章介绍文件系统的实现。

**3. 设备驱动与中断处理**

操作系统会规定一个统一的设备驱动程序接口由设备无关层的程序调用。这个接口就是一些函数。这些函数的地址被放入一个系统表格中,设备无关层程序通过设备名找到这些驱动程序函数,并调用它们。在设备 I/O 结束时,通过中断机制,CPU 会运行设备的中断处理程序。

1）设备驱动程序实现设备驱动

设备驱动程序包括所有与设备相关的代码。一般每个设备驱动程序只处理一种设备。如一个字符终端和一个智能化图形终端差别太大，所以使用不同的驱动程序。

在本章后面将介绍设备控制器的功能，知道每个设备控制器都有一个或多个控制器内的寄存器来接收命令。设备驱动程序发出这些命令并对设备状态进行检查，因此操作系统中只有设备驱动程序才知道设备控制器有多少个寄存器，以及它们的用途。例如，磁盘驱动程序知道使磁盘正确操作所需要的全部参数，包括扇区、磁道、柱面、磁头、磁头臂的移动、交叉系数、步进电机、磁头定位时间等。

笼统地说，设备驱动程序的功能，是从与设备无关的软件中接收抽象的 I/O 请求并执行。一条典型的请求是“读第 $n$ 块磁盘数据”。如果请求到来时设备空闲，则它立即执行该请求；但如果设备正在处理另一条请求，则将该请求挂在一个等待队列中。

执行一条 I/O 请求的第一步是，将它转换为更具体的形式。例如，对磁盘驱动程序，它计算出所请求块的物理地址，检查驱动器电机是否在运转，检测磁头臂是否定位在正确的柱面等。简言之，它必须确定需要哪些控制器命令及命令的执行次序。

一旦决定应向设备控制器发送什么命令，驱动程序将向设备控制器的寄存器中写入这些命令。某些控制器一次只能处理一条命令，另一些则可以接收一串命令并自动处理。

这些控制命令发出后，有两种可能。在多数情况下，由于驱动程序需等待设备控制器完成一些操作，所以驱动程序阻塞，直到中断信号到达才解除阻塞。在少数情况下，由于操作没有任何延迟，所以驱动程序无须阻塞。后一种情况的例子如：在有些终端上滚动屏幕只需往设备控制器寄存器中写入几字节，无须任何机械操作，所以整个操作可在几微秒内完成。

在前一种情况下，被阻塞的驱动程序须由中断唤醒，而在后一种情况下，它根本无须睡眠。无论在哪种情况下，都要进行错误检查。如果一切正常，则驱动程序将数据传送给其上层。最后，它将向它的调用者返回一些关于错误报告的状态信息。

2）中断处理

当进程进行 I/O 时，进程在发出 I/O 请求后阻塞在内核直到 I/O 操作结束并发生中断时内核要进行中断处理。当中断发生时，由中断处理程序执行相应的处理并解除相应进程的阻塞状态，使其能够继续执行。同时，中断处理程序（具体系统实现时，也可以是中断处理后续程序）应该从设备请求队列中获得下一个设备驱动请求并驱动设备。

例如，当用户程序试图从设备中读一个数据块时，需通过操作系统的系统调用来执行读操作。与设备无关的 I/O 首先在数据块缓冲区中查找此块数据，若未找到，则它调用设备驱动程序向硬件发出相应的读请求。用户进程随即阻塞直到数据块被读出。当磁盘操作结束时，硬件发出一个中断，它将激活中断处理程序。中断处理程序则从设备获取返回状态值，并唤醒睡眠的进程来结束此次 I/O 请求，使用户进程继续执行。

### 6.2.2 设备驱动程序

一个设备驱动程序一般管理相同类的所有设备，它由许多函数组成，这些函数与设备特性相关,通常由设备无关层设备类系统调用处理程序调用。存储类设备驱动函数还会由文件系统层程序调用。

**1. 设备驱动程序接口函数**

设备驱动程序一般包含如下函数。

(1) 驱动程序初始化函数。该函数是为了使驱动程序的其他函数能被上层正常调用,而做一些针对驱动程序本身的初始化工作。例如,向操作系统登记该驱动程序的接口函数,以便上层程序在处理设备系统调用时能查到登记的驱动程序的接口函数,并转调驱动程序的对应函数。该初始化函数在系统启动时或驱动程序动态装入内核时执行。

(2) 驱动程序卸载函数。这是驱动程序初始化函数的逆过程,在支持驱动程序可动态加载卸载的系统中使用,在卸载时执行。驱动程序可动态加载是指在系统启动时或者系统正常运行时将驱动程序加入操作系统内核中,而不可动态加载的操作系统必须在操作系统编译链接时就将驱动程序加入内核。在内核中静态包含的驱动程序无需这个函数。

(3) 申请设备函数。该函数申请一个驱动程序所管理的设备,按照设备特性进行独占式或分时共享式占用。如果独占式申请成功则还应该对设备做初始化工作。

(4) 释放设备函数。这是申请设备函数的逆过程,对于分时共享设备,将设备表中的占用用户数减1。对于独占型共享设备,即将占用标志位清0。

(5) I/O操作函数。这个函数实现对设备的I/O操作(也可以分为输入、输出两个函数)。对独占型设备,包含启动I/O的指令。对分时共享型设备,该函数通常将I/O请求形成一个请求包,将其排到设备请求队列中,如果请求队列空,则直接启动设备。

(6) 中断处理函数。这个函数在设备I/O完成时向CPU发中断后被调用。该函数进行I/O完成后的善后处理,一般是找到等待完成I/O请求的阻塞进程,将其就绪,使其能进一步完成后续工作。如果I/O请求队列还有后续请求,则可启动下一个I/O请求。

虽然设备驱动程序通常是在核心态下运行的,但设备驱动程序常由设备制造厂家提供,作为购买设备的附件提供给用户。设备驱动程序在功能上属于内核。每个设备驱动程序是单独的一个或多个文件(但在不支持动态加载操作系统中,设备驱动程序需要经重编译链接后才能进入内核),编写设备驱动程序的厂家通常都不太了解操作系统的核心源代码,但是必须知道如何调用操作系统内核提供的一些如内核存储分配等功能函数,操作系统提供驱动程序函数接口标准及函数入口注册登记机制,可使操作系统内核上层程序通过设备名对应的驱动编号正确地调用设备驱动程序。

现代操作系统通常都规定了设备驱动程序与核心间的接口标准,为某个操作系统编写某个设备驱动程序的厂家必须遵从该操作系统的驱动程序接口标准,而且只要遵从了这个标准,设备厂家就不需要了解核心的其他源代码了。制造设备的厂家若要让某型号设备在若干不同的操作系统环境中都能工作,就必须为该型设备编写针对不同操作系统的不同驱动程序版本。

UNIX自SVR4起规定了对所有UNIX变种都统一实行的设备驱动程序接口标准——DDI/DKI(Derive-Driver Interface/Driver-Kernel Interface,设备驱动接口/驱动核

心接口)规范(Specification)。该接口标准共分为 5 节和三个部分。

第 1 节：描述一个驱动程序需要包括的数据定义。

第 2 节：描述驱动程序入口函数,包括设备开关表中定义的函数、中断处理子例程、初始化子例程。

第 3 节：描述驱动程序可以调用的核心函数。

第 4 节：描述驱动程序可以使用的核心数据结构。

第 5 节：包括驱动程序可能需要的核心 # define 语句。

DDI/DKI 规范的三个部分如下。

(1) 驱动程序(核心)。这是该接口标准中最大的一部分,包括驱动程序入口和核心支持函数。

(2) 驱动程序(硬件)。该部分描述用于支持在驱动程序与设备间交互的那些函数。

(3) 驱动程序(Boot)。该部分描述一个驱动程序如何加入核心,这不包括在 DDI/DKI 规范中,但在各种厂商有关的设备驱动程序编程指南中有描述。

**2. 显示器驱动程序功能**

显示器又分为字符显示器和图形显示器,图形显示器分为矢量显示器和位映像显示器,现在最常见的是位映像显示器。位映像显示器驱动程序的功能除驱动层的常规工作外,还要负责以下工作。

(1) 将用户程序送来的输出数据转换、写入视频缓存,这种数据转换主要是从存储编码(如 ASCII 码或汉字国标内码 GB 码)到输出编码(字库中的字形数组)的转换,国际化和本地化(如汉化)都属于驱动程序的工作。

(2) 对用户程序送来的输出数据进行 ESC 码的识别和执行等。

**3. 键盘驱动程序功能**

键盘驱动程序的功能除完成驱动层的常规工作外,还要负责以下工作。

(1) 对输入数据进行加工处理。在加工方式下,驱动程序将向上层提交有效字符串。例如,如果从键盘依次输入“a”“b”“c”,然后按 BackSpace 键,此时的有效字符串是“ab”。当然要看用户程序是否要求这样做。如果是,则称键盘工作在加工方式下;如果否,则称为原始方式。在原始方式下,提交给上层的就是“a”“b”“c”及 BackSpace 的键值。

(2) 将输入数据送至显示器进行回显。

**4. 打印机驱动程序功能**

打印机的类型很多,从简单的用于正文输出的点阵打印机或行打机,到复杂的能够在纸、透明胶片或其他介质上产生任意图像的喷墨打印机、激光打印机等。汉字打印机通常自带汉字库(硬字库),英文打印机没有字库,但也可以打印汉字,不过需要使用软字库,即操作系统或应用软件(如排版软件)带的字库。打印机驱动程序的功能除驱动层的常规工作外,需要负责的工作还有：如果打印机没有字库,或者虽然打印机有字库,但用户不希望使用硬字库而希望使用软字库,则打印机驱动程序需要进行从存储编码到输出编码(字库)的转换。

### 5. 与设备管理有关的数据结构

操作系统为了实施对物理设备的管理,应建立一组I/O数据结构,用于描述I/O请求格式,描述各设备的特性和使用状态,描述硬件级I/O子系统的连接关系及其他与I/O相关的信息。从形式上看,I/O数据结构通常由一系列的表格、队列组成。I/O数据结构是操作系统中较为繁杂的一部分内容,它们直接与物理设备相关,各设备之间也无统一的格式。操作系统中需建立的I/O数据模型一般由以下几部分组成。

(1) 描述设备、控制器等部件的表格。系统中常常为每个部件、每台设备分别设置一张表格,这种表格常称为设备表或部件控制块。这类表格具体描述设备的类型、标识符、状态及当前使用者的进程标识符等。

(2) 建立同类资源的队列。系统为了方便对I/O设备的分配管理,通常在设备表的基础上通过指针将相同物理属性的设备链成队列(称为设备队列)。

(3) 建立面向进程I/O请求的动态数据结构。每当进程发出I/O请求时,系统通常建立一张表格(称为I/O请求包)。将此次I/O请求的参数填入表中,同时也将与该I/O有关的系统缓冲区地址等信息填入表中。I/O请求包随着I/O操作的完成而删除。

(4) 建立I/O队列。在一般I/O的过程中,对于独占型设备应先提出申请,待系统分配相应设备后再使用。如果在进程申请时系统暂无可分配的设备,则进程应等待,直到设备被其他进程释放。为了实现这种动态等待,通常为独占型设备建立一条"分配等待队列"。队列中保持着当前等待占有该设备的所有进程,队列头放在设备表中。当进程使用分时共享型设备时,如果多个I/O请求在相近的时间段同时发出,则也必须建立一条队列,称为"使用等待队列"。系统将多个同时发出的I/O请求保存在队列中并按顺序完成请求。

上述数据结构的关系如图6.4所示。

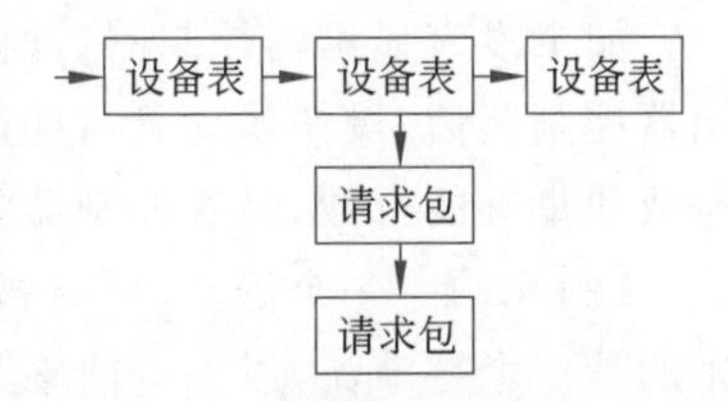


图6.4　与设备管理有关的数据结构关系图

### 6.2.3　设备控制器(I/O部件)

外部设备通常包含一个机械部件和一个电子部件。为了达到设计的模块性和通用性,一般将其分开。电子部分称为I/O部件或设备控制器。在个人计算机中,它常常是一块可以插入主板扩展槽的印制电路板,机械部分则是设备本身。

随着计算机外部设备的发展,现在的设备控制器可以做得很复杂,可以控制多台设备与主存交换数据,如SCSI设备控制器可以控制SCSI总线上的不同设备并行地与主存交换数据。这时,也要求设备本身拥有更高的智能,以配合SCSI设备控制器完成并行I/O的功能,所以设备本身又发展成了拥有机械部分和部分控制电路的智能设备。

之所以区分控制器和设备本身,是因为操作系统大多与控制器打交道,而非设备本身。大多数小型、微型计算机的CPU(处理器)/主存和外部设备之间的通路采用如图6.5所示的多总线模型。大型主机则采用非总线的方式连接外部设备,以加大I/O带宽。大型主机通常采用专用I/O通道,即专门用于I/O的计算机。I/O通道可以用交叉开关或其他连接形式连接多台外部设备,并控制多台外部设备并行地与 CPU 或主存交换数据,它能够减轻 CPU 的工作负担。

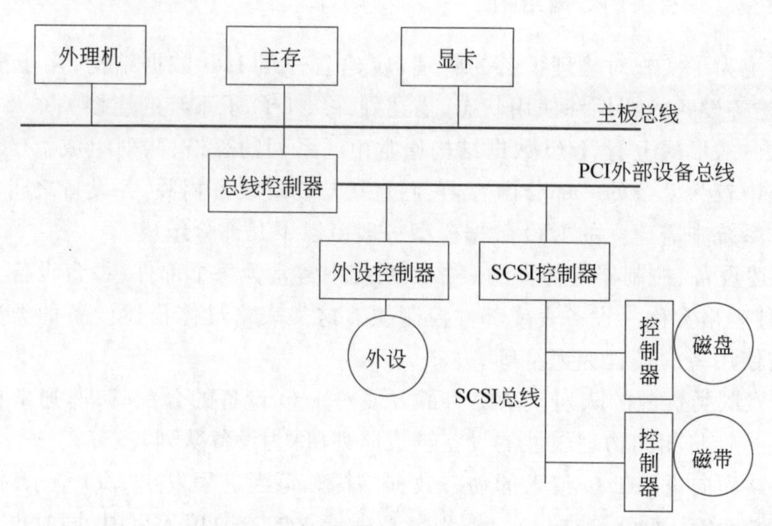


图 6.5 连接 CPU(处理器)/主存和外部设备的多总线模型

**【例 6.1】** 显示器字符终端控制器是一个字节类型的串行设备,它从主存中读取欲显示字符的字节流,然后产生用来调制显示器射线的信号,最后将结果显示在屏幕上。控制器还产生水平方向扫描结束后的折返信号,以及整个屏幕被扫描后的垂直方向的折返信号。如果没有显示器控制器,操作系统程序员只能自己编写程序来解决此问题。有了显示器控制器后,操作系统只需通过几个参数对控制器进行初始化,输入参数,如每行的字符数和每屏的行数,之后控制器将自行控制扫描波束。

**【例 6.2】** 一个磁盘,可能被格式化为每道 16 个 512B 的扇区。实际从硬盘中读出来的是一个字节流,以一个前缀开始,随后是一个扇区的 512B,最后是一个检查和纠错码(ECC)。其中的前缀是磁盘格式化时写进磁盘的,里面包含柱面数、扇区数、扇区大小及同步信息。低层磁盘控制器的任务是,将这个串行的字节流转换成字节块,并在需要时进行纠错。通常,该字节块是在控制器中的一个缓冲区中由逐个字节汇集而成。在对数据进行检查和校验之后,该块数据随后被复制到主存中。

每个设备控制器中都有一些寄存器(与 CPU 寄存器不一样)。我们需要对这些寄存器赋予地址,以便进行读/写。在某些计算机上,这些寄存器编址占用主存物理地址的一部分,这种方案称为主存映射 I/O。例如,多数 RISC 就采用该方案。有些计算机则使用 I/O 专用地址,每个控制器中的寄存器编址对应 I/O 地址空间的一部分。除设备控制器中的寄存器外,许多控制器还使用中断来通知 CPU,它们已做好准备,其寄存器可以被读/写了。如图 6.6 所示描述了各控制器寄存器利用物理主存 $k\sim n$ 地址映射的情形,$0\sim k-1$ 表示实际的物理主存地址,但如果程序访问 $k\sim n$ 段物理地址,实际就是访问对应的设备控制器寄存器。

操作系统通过向控制器的不同寄存器写命令字或读状态字来执行 I/O 功能。例如,IBM PC 的软盘控制器可以接收 15 条命令,包括读、写、格式化、重新校准等。其中,许多

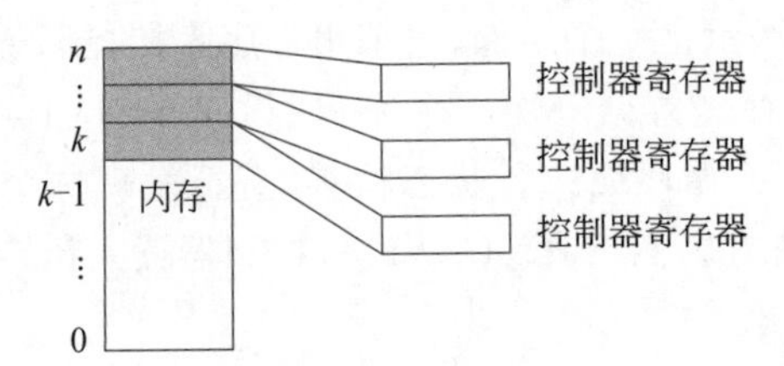


图 6.6　各控制器寄存器利用物理主存 $k \sim n$ 地址映射的情形

命令带有参数,这些参数也要装入控制器的寄存器中。某设备控制器接收到一条命令后,完成具体的 I/O 操作。在此期间,CPU 可以不停地反复读取控制器状态,测试控制器是否完成操作。CPU 也可以转向其他工作,当控制器完成相应操作后向 CPU 发中断信号。例如,在慢速人机交互外部设备情况下,若设备控制器所完成的 I/O 操作是从设备读取数据,则在 CPU 收到从控制器来的中断后,CPU 运行中断处理程序可以从控制器数据寄存器中读取数据到 CPU 的寄存器中。

支持多设备并行的控制器的控制逻辑会很复杂,它与 CPU 的接口也是控制器中的各种寄存器。例如,SCSI 控制器可以控制 SCSI 总线上的多台不同设备与主存交换数据,它提供了一系列命令及状态寄存器,CPU 可以向 SCSI 控制器寄存器中置入 SCSI 命令,由控制器执行 SCSI 命令,执行过程中会依照 SCSI 协议控制具体设备的下层控制器工作。

图 6.5 中的 PCI 总线控制器不能算是设备控制器,它在初始化后,只是作为 CPU/主存与外部设备之间数据交换的通路,控制总线的使用,没有直接控制设备 I/O 的逻辑。

### 6.2.4　I/O 控制方式

I/O 控制方式也经历了一个发展的过程。I/O 控制方式大致有如下三种。它们之间的主要不同在于 I/O 过程中 CPU 的干预程度。

#### 1. 程序直接控制方式(轮询方式)

CPU 在执行指令的过程中,取到了一条与 I/O 相关的指令,CPU 执行此指令的过程是向相应的设备控制器发命令。在程序直接控制 I/O 时,设备控制器执行相应的操作,将 I/O 状态寄存器的相应位(Bit)置上。设备控制部件并不进一步地通知 CPU,也就是说,它并不向 CPU 发中断。

因此,CPU 必须循环检查设备控制器的状态寄存器,直到发现 I/O 操作完成为止。在该方式中,CPU 还负责从主存中取到需输出的数据,送到设备控制器寄存器;或从设备控制器寄存器取出输入数据,将输入的数据存入主存。

总之,在程序直接控制 I/O 时,CPU 直接控制 I/O 过程,包括测试设备状态,发送读/写命令与数据。因此,CPU 指令集中应包括下述类别的 I/O 指令。

(1) 控制类。激活外部设备,并告之做何种操作。如对磁带机的控制类命令可以有反绕至开始处(Rewind),或向前移一个记录等。

(2) 测试类。测试设备控制部件的各种状态。

(3) 读/写。在 CPU 寄存器及外部设备的控制器寄存器之间传输数据。

【例 6.3】 如图 6.7 所示是一个示例，它采用程序直接控制 I/O 方式，从外部设备（如磁带）读一个数据块到主存。数据一次一个字（假设 Word=16 位）地从外部设备读入。对于要读入的每个字，CPU 循环地执行状态检查，直至发现这个字的数据在设备控制部件的数据寄存器中已准备好。然后，CPU 从设备控制器读入该字到 CPU 的寄存器中，并最终存入主存。

**2. 中断驱动方式**

程序直接控制 I/O 方式的问题是，CPU 必须花费大量时间等待相应的设备控制器准备好接收或发送数据。CPU 在此等待期间，必须反复地测试设备控制器的状态。结果是，整个系统的性能下降了。

解决办法是，把设备控制器逻辑做强大，CPU 向设备控制器发出命令后，转做其他有用的工作。当设备控制器准备好与 CPU 交换数据时，设备控制器中断 CPU，要求服务。CPU 被中断后，执行 CPU 寄存器与设备控制器寄存器之间的数据传输，传输完成后恢复被中断的工作。

下面分别从设备控制器和 CPU 两个方面细化上述过程。

（1）从设备控制器的角度来看，在输入时，设备控制器将收到 CPU 的读命令。然后，设备控制器从外部设备读数据，一旦数据进入设备控制器的数据寄存器，设备控制器通过中断信号线向 CPU 发一个中断信号，表示设备控制器已准备好数据。然后，设备控制器等待，直至 CPU 来向它请求数据。设备控制器在收到从 CPU 发来的取数据请求后，将数据放到数据总线上，传到 CPU 的寄存器中。至此，本次 I/O 完成，设备控制器又可以开始下一次 I/O。

（2）从 CPU 的角度来看，输入过程是，CPU 发出读命令，然后，CPU 保存当前运行程序的现场（包括程序计数器（PC）及 CPU 其他寄存器），转去执行其他程序。在每个指令周期的末尾，CPU 检查中断。当有来自设备控制器的中断时，CPU 保存当前运行程序的现场，转去执行中断处理程序处理该中断。这时，CPU 从设备控制器中读一个字的数据传送给 CPU 寄存器，并存入主存。接着，CPU 恢复发出 I/O 命令的程序（或其他程序）的现场，继续运行。

【例 6.4】 如图 6.8 所示是一个示例，它采用中断驱动方式读入一个数据块。与图 6.7 相比可看出，中断驱动 I/O 方式比程序直接控制 I/O 方式效率更高，因为 CPU 不必进行耗时的同步等待。

然而中断驱动 I/O 方式仍然消耗了大量的 CPU 时间，因为每次将一个字的数据从设备控制器传送到主存或从主存传送到设备控制器，都必须经过 CPU。

通常情况下，一个计算机系统中有多个设备控制器。这时，系统中要有相应的机制，以便让 CPU 发现哪个部件引发了中断，从而决定（当多个中断同时发生时）先处理哪个中断。在某些系统中，有多条中断信号线，每个设备控制器从不同的中断信号线向 CPU 发中断信号，并且每条中断信号线有不同的中断优先级。当然，也可以只有一条中断线，但需用附加的信号线来传送产生中断的设备号，或者 CPU 可以通过扫描访问各个设备控制器的状态寄存器判断出哪个设备控制器产生了中断。

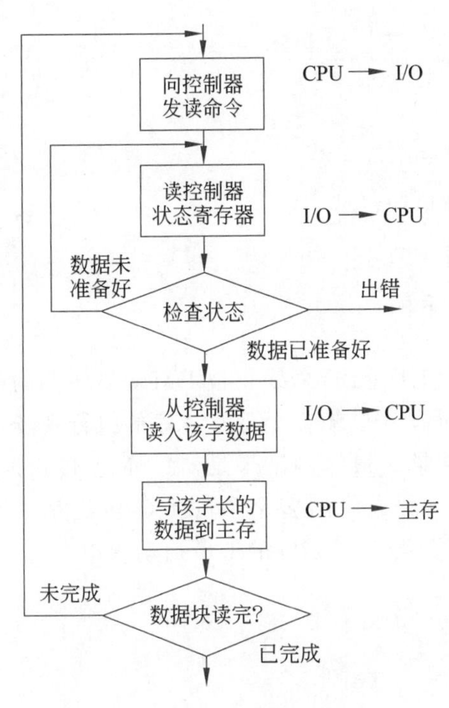


图 6.7　程序直接控制 I/O 方式示例

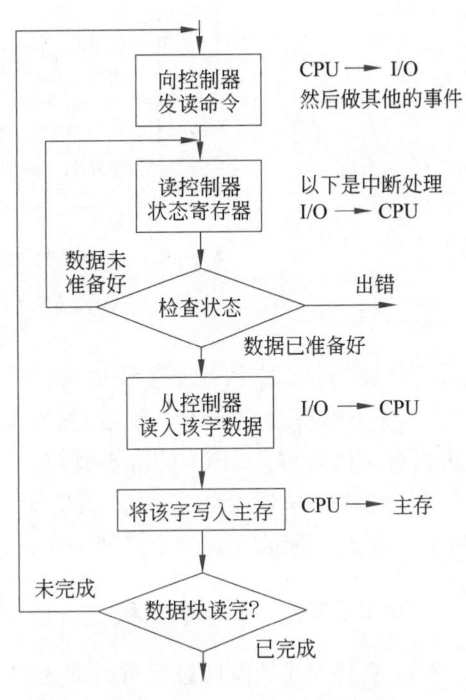


图 6.8　中断驱动 I/O 方式示例

**3. DMA 方式**

虽然中断驱动 I/O 方式比程序直接控制 I/O 方式更有效,但它在主存与设备控制器之间传送数据时,仍然需要 CPU 的干涉,任何数据传输必经过 CPU 中的寄存器。对于以字节为单位传送的外部设备,这种处理方式可以满足需求,但对于存储类型的外部设备,一次有大量的数据传送,这种处理方式就会让人感到 CPU 干涉太多。

当大量的数据在外部设备与主存之间移动时,一种有效的技术就是 DMA(Direct Memory Access)。DMA 功能可由一个独立的 DMA 部件在系统总线上完成,也可整合到设备控制器中,由此设备控制器完成。无论是哪种情况,DMA 传送方式都是相同的:当 CPU 需要读/写一个数据块时,它给控制器发命令,命令中一般包含下述信息。

(1) 操作类别为读或写。

(2) 所涉及的外部设备的存储地址。

(3) 读取或写入数据在主存中的首地址。

(4) 读取或写入数据的字数。

发出命令后,CPU 继续进行其他的工作。它把这次 I/O 任务委托给了 DMA 部件,由它负责完成这次 I/O 操作。DMA 部件每次一个字地将整个数据块直接读取或写入主存,而不需要经过 CPU 的寄存器。当传送过程完成后,DMA 部件向 CPU 发中断信号。因此,仅在数据块传送的开始及结束处涉及 CPU,如图 6.9 所示。

在将数据读出、写入主存的过程中,DMA 部件需要控制总线。由于 DMA 部件对总

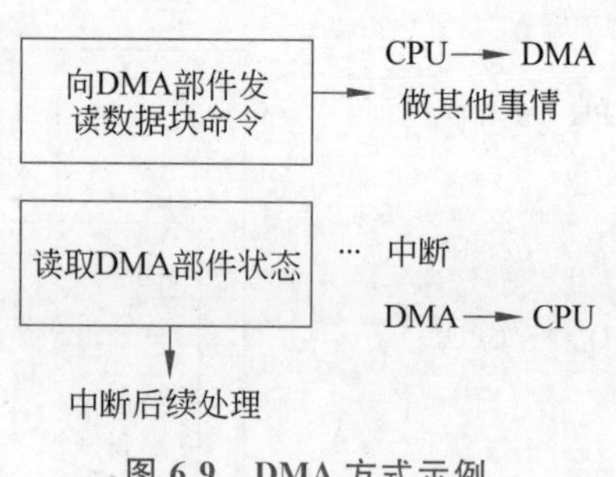


图 6.9 DMA 方式示例

线的竞争使用，有时会出现这种情况：CPU 需要使用总线，总线正被 DMA 部件控制，CPU 不得不等待总线空闲。注意，这不是一次中断，CPU 不需要保存程序的执行现场，转去执行其他内容。CPU 只需要暂停一个总线周期。最终的结果是，在 DMA 传送期间，CPU 的执行速度会慢下来。无论如何，对于一次成块的多字节的 I/O 传送来说，DMA 方式比中断驱动 I/O 方式要减少许多中断，减少许多 CPU 的 I/O 启动操作。

**4. I/O 控制方式的发展过程**

I/O 控制方式的发展过程可归纳为如下过程。

(1) CPU 直接控制外部设备。

(2) 加入设备控制器或 I/O 部件。CPU 采用程序直接控制 I/O 方式而非中断驱动 I/O 方式。这样，使 CPU 在某种程度上，从与外部设备接口的细节中脱离出来。

(3) 同第(2)有相同的结构，但引入了中断。CPU 不需要将时间花费在等待 I/O 操作完成，提高了效率。

(4) 设备控制器增加了 DMA 功能，能直接访问主存。这样，在外部设备与主存之间移动一个数据块时，除在传送的开始及结束处，不需要再用 CPU。

(5) 设备控制器的功能进一步增强，成为一个独立的不包含程序存储空间的处理器，且其指令集只包含 I/O 指令。CPU 命令 I/O 处理器执行在主存中存放的 I/O 程序。I/O 处理器从主存取指令并执行，不需要 CPU 的干预。CPU 可以要求 I/O 处理器完成一系列的 I/O 操作，并且仅在所有的 I/O 操作完成后被中断。

(6) 设备控制器有其自己的本地存储器，I/O 程序放在本地由设备控制器执行。这样，设备控制器就能控制许多 I/O 设备，而 CPU 只需做极少的工作。

在第(5)，(6)中，一个重要的发展是，设备控制器能够执行程序。(5)和(6)的差别在于，控制器执行的程序是在主存还是在设备控制器的本地存储器中。在某些书中，将第(5)中的设备控制器称为 I/O 通道，将第(6)中的设备控制器称为 I/O 处理机。有时将第(5)，(6)中的设备控制器不加区别地称为 I/O 通道或 I/O 处理机。

### 6.2.5 缓冲技术

缓冲技术实际上是在计算机各个层次使用的一种通用技术，缓冲区设在比目标存储访问速度要快的存储中，当然缓冲区只能存放目标存储的部分数据，设立缓冲区的目的是减少访问目标存储部件的次数，提高I/O速度。

在操作系统设计中，要想提高外部设备I/O的速度，应在系统主存空间开辟一片区域，将要从外部设备读的数据预先读到这片主存区，将要输出到外部设备的数据先写到这片主存区，以后再择机写到外部设备。这样，本来要直接与外部设备进行的I/O操作变成了与系统主存的读/写操作，主存速度远高于外部设备，因此提高了I/O的速度。

设想下述情况，一个用户进程希望从磁带上读入一个数据块，数据块长度100B。读入的数据放在用户进程的虚地址1000～1099处。完成这个任务最简单的方式是，向磁带机发一条I/O命令(如Read Block[1000, tape])，然后等待数据。这种等待可以是一种忙等待(循环地测试设备状态)方式，或是一种节省CPU资源的方式，进程阻塞等待磁带I/O结束中断的发生。

这个过程中存在一个问题，进程在等待较慢的I/O完成时，操作系统可能会将此进程换出主存，进程虚地址空间1000～1099却必须保留在主存中，否则可能会丢失数据。若采用页式存储管理，至少1000～1099所在的页必须留在主存中，虽然这时操作系统可能已选中该页将其淘汰出主存。同样的问题在输出时也可能发生，假设一个数据块正在从用户进程空间写到设备控制器中。在此传送过程中，进程被阻塞，但相应的进程空间却不能换出主存。

为解决这些问题，可采用预先读及延迟写技术，这两种技术都是缓冲技术，也就是说，在系统空间设立I/O数据缓存，让与设备打交道的主存空间不是用户空间而是系统空间。在讨论缓冲技术之前，有必要重提对外部设备的分类方法：将外部设备分为块设备及字符设备。块设备以定长的数据块存储数据，在读入及写出时，一次以一个数据块为单位进行，因此可用块号来引用数据。磁盘、磁带、Flash盘都属于块设备。字符设备以字节流读入及写出数据，没有块结构。字符终端、打印机、通信端口、鼠标等设备都是字符设备。

### 1. 单缓冲

操作系统所能提供的最简单的缓冲支持就是单缓冲。当用户进程发出一个I/O请求时，操作系统在主存的系统区域为该操作分配一个缓冲区，如图6.10(a)所示。

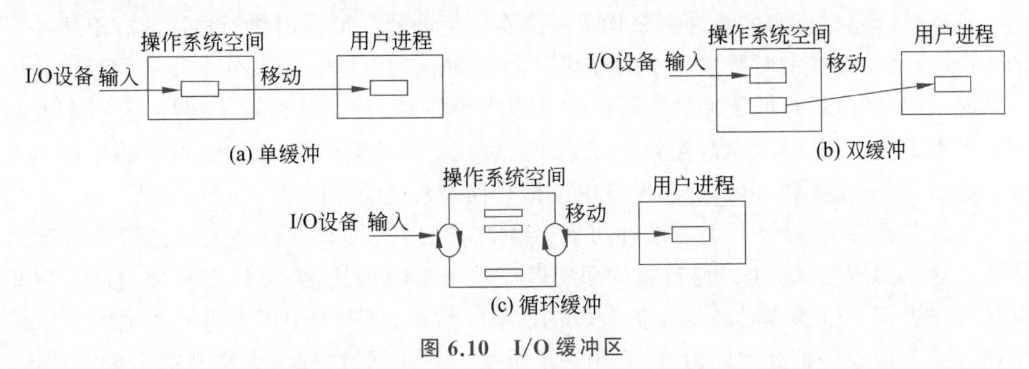


图6.10 I/O缓冲区

对块设备，采用单缓冲输入的过程是，将从设备控制器来的数据先送入系统缓冲区，该数据块送完后，用户进程将此数据块移到用户进程空间。并且，操作系统立即请求下一个数据块,这就是**预先读**。这个读请求是基于"下一数据块最终将被使用"这一假设。对许多计算问题来说,这种假设在大多数情况下是合理的。

这种方式与无系统缓冲区的情况相比,速度要快得多。在用户进程处理某个数据块的同时,下一数据块正在读入。操作系统也能将该用户进程换出主存,因为读入操作是针对系统缓冲区,而不是用户进程空间。单缓冲的引入,会增加操作系统的复杂度,因为操作系统增加了缓冲区管理的功能。

对块设备,采用单缓冲输出的过程是,当需要将数据写出时,首先将数据从用户进程空间复制到系统缓冲区,马上返回可继续执行用户进程。操作系统会安排(如定时)将系统缓冲区的内容输出到设备上,这称为**延迟写**。

对于字符设备,如字符终端设备,用户的输入是一次一行,以回车标志一行的结束,对终端的输出也是一次一行。缓冲区用来保存一行。在输入时,用户进程在 read 系统调用中阻塞至整行内容全部进入才被唤醒;在输出时,用户进程将要输出的一行信息送入缓冲区后便可继续运行,不必阻塞。但是,若缓冲区非空,同时用户进程又需要将新的一行送入缓冲区,此时,用户进程需要阻塞等待缓冲区为空。

**2. 双缓冲**

对 I/O 操作使用双系统缓冲区,如图 6.10(b)所示,可进一步改进系统性能。这样,在用户进程从一个系统缓冲区移走(填入)数据的同时,操作系统可往另一系统缓冲区填入(移走)数据。

**3. 循环缓冲**

双缓冲可以平滑 I/O 设备与进程之间的数据流。但是进程用户空间与缓冲区交换数据的速度还是远远快于 I/O 设备与缓冲区交换数据的速度。进程通常会产生一阵 I/O 请求(远远多于两个 I/O 请求),例如,要将多块数据写入磁盘,而在这一阵 I/O 操作时,两个缓冲区不能存放下用户欲写入磁盘的数据。在这种情况下,可以通过增加系统缓冲区的数目来达到目的,如图 6.10(c)所示。

可以开辟超过两个的缓冲区来构成一个系统缓冲池。可采用前面描述的有限缓冲区的生产者/消费者模型对缓冲池中的缓冲区实现循环使用。当读/写外部设备的系统调用处理时,首先针对系统的缓冲区进行操作。当写操作时,只要写到系统缓冲区,写系统调用就可以返回。当读操作时,先到系统缓冲区里找要读的数据。如果找到,读系统调用可马上返回,如果没找到,再到外部设备中读出并存入系统缓冲区。

在设备管理子系统中,引入缓冲可有效地改善 CPU 与 I/O 设备之间速度不匹配的矛盾。这主要体现在:可以通过预读和延迟写加快 I/O 的速度;可以在重复对同一空间存放数据进行 I/O 操作时减少设备 I/O 的次数。然而,当系统中用户进程的平均 I/O 请求超过了 I/O 设备的处理能力,并且用户不重复访问相同数据时,无论开辟多少缓冲区,都无法使 I/O 的速度跟上进程的运行。当所有的缓冲区渐渐地被填满后,缓冲区的作用随即减弱,进程将不得不在处理完一批数据后等待 I/O 完成。无论如何,在多道程序的环境中,当系统中有多个 I/O 设备和多个进程同时活跃时,缓冲区是提高系统性能、改善进程运行时间的有效工具之一。

**4. 缓冲技术举例**

**【例 6.5】** 在某 UNIX 的版本中,对磁盘的 I/O 操作使用了如下缓冲技术。操作系统在主存中预留了一片缓冲区,称为高速缓冲区。高速缓冲区与设备之间以物理块大小的整数倍进行 DMA 方式的传输。

为了循环使用有限的高速缓冲区,系统要维护下述两个队列。

(1) 空闲队列。高速缓冲区中可被重新分配的缓冲区连接在这个队列中。

(2) 设备队列。高速缓冲区中已存放了磁盘设备数据块数据的缓冲区连接在这个队列中。

高速缓冲区中的所有缓冲区或者只位于空闲队列中(当缓冲区还从未被使用时),或者只位于设备队列中(当正在进行 I/O 操作时,即正在与外部设备或与用户空间交换数据时),或者既位于空闲队列中同时也在设备队列中。当缓冲区内容被用过时:一个存放了设备数据块数据的缓冲区在被用过后放入空闲队列尾,但同时还保持在设备队列。如果该缓冲区数据在被别的数据块占用之前又被访问,则马上可以从设备队列中找到。

当要访问某个设备上的某个物理块号的数据块时,操作系统首先到高速缓冲区的设备队列中去查找,为减少检索时间,设备队列按 Hash 表方式组织。Hash 表的长度固定,每个表项包含指向高速缓冲区的指针。对访问的设备号、块号的数据块将会映射到 Hash 表的某个表项。属于同一 Hash 表项的所有数据缓冲区组成一个 Hash 链,Hash 表项中的指针指向该链中的第一个缓冲区。每个缓冲区包含一个指针,用来指向链中的下一缓冲区。因此,设备号、块号所对应的数据块若在高速缓冲区中,就一定在设备号、块号所映射的 Hash 表项后的 Hash 链中。

对高速缓冲区,采用最近最少使用 LRU 替换算法。高速缓冲区一旦分配给某个磁盘块数据,就将一直维持这种关联,直到这个缓冲区被另一个磁盘块数据占用。最近最少使用的次序是在空闲队列中被维护,即一旦某缓冲区被用过一次则插入空闲队列尾。若再要被用则从空闲队列中抽出。这样空闲队列中的第一个缓冲区一定是最近最少使用的。

图 6.11 中,F,G,H 就是 Hash 值相同的缓冲区,其中缓冲区 F 还在空闲队列,表示缓冲区 F 中存放了有效数据,但是它也可以作为备用空闲缓冲区。

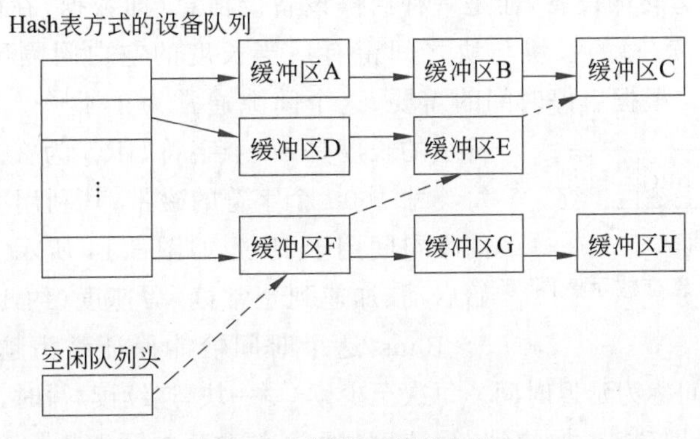


**图 6.11　缓冲区管理示例**

# 6.3 存储设备

存储设备与其他外部设备硬件相比实现相对复杂，对它的使用管理也相对特殊。本节介绍一些常见的存储外部设备，特别介绍针对磁盘存储设备的调度算法。

## 6.3.1 常见存储外部设备

计算机中使用的数据存储在计算机存储设备中。存储量不大而经常使用的数据，通常存储在主存储器中；存储量大的数据则以文件的方式存储在辅存储设备中。辅存储设备主要有磁带、磁盘和光盘，以及半导体固态存储。辅存储设备与主存储器相比，可断电存储、容量大、易扩充、成本低，但存取速度慢。

### 1. 磁带存储设备

磁带是涂有薄薄一层磁性材料的一条窄带。一条宽 1/2inch，长约 700m 的磁带，表面平行地涂有 7～9 条磁道，绕在一个卷盘上。磁道上每个点都可以做正、反方向磁化，表示二进制数 0 和 1，如图 6.12 所示。

将磁带装入磁带机，当需要从磁带上读/写数据时，启动磁带机，接收盘转动，带动磁带前进，通过读/写头就可以读出磁带上的信息或把信息写入磁带中，如图 6.13 所示。

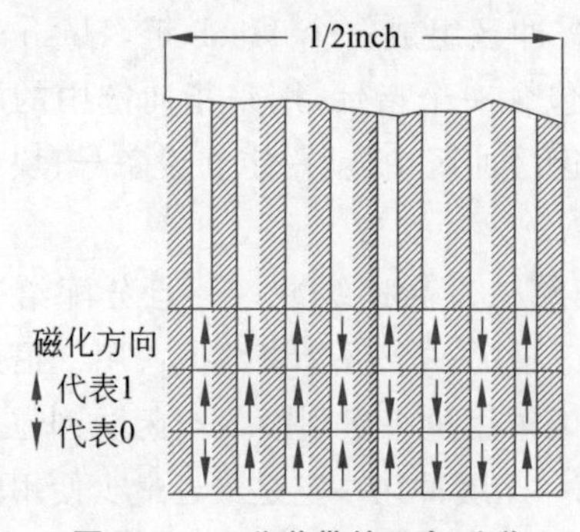


图 6.12 8 磁道带的 8 条磁道

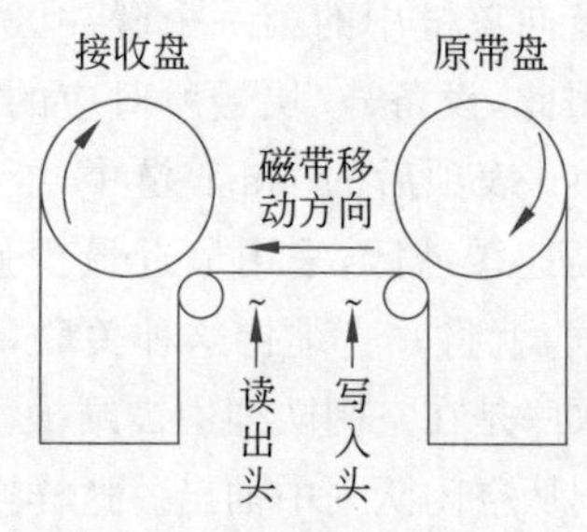


图 6.13 磁带读/写示意图

磁带不是连续运转的设备，而是一种启停设备。信息(即数据)在磁带上是分块存储并以块为单位进行读/写的。块与块之间留有适当长度的空白间隔区，称为间隙(Inter Record Gap，IRG)。根据启停时间的需要，这个间隙通常为 1/4～3/4inch。如果每个字符组的长度是 80 个字符，IRG 为 3/4inch，则对密度为每英寸 1600 个字符的磁带，其利用率仅为 1/16，15/16 的带空间用于 IRG，如图 6.14 所示。磁带机从静止开始启动、加速到正常读/写速度(约 150～200inch/s)需 5～10ms，这个时间恰能保证磁头越过块与块的间隙。磁头越过间隙的时间称为延迟时间。每次至少读/写一块，连续读/写时，延迟时间为 5ms。

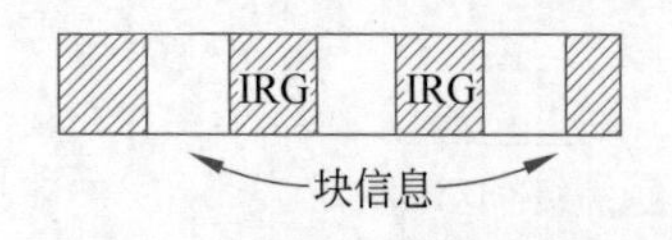


图 6.14 磁带上信息存放示意图

为了有效地利用磁带，加快读/写速度，通常在主存中开辟 I/O 缓冲区。正常情况下，一次读/写总是读满缓冲区，或把缓冲区内容全部写到磁带上。磁带的块存储长度取决于缓冲区的长度。由于IRG的存在，块越长，存储效率越高，读/写速度越快。但要求主存缓冲区也越大，从而耗费主存空间也多，而且，由于一次读/写太长，则出错的概率很大。

由于磁带是顺序存储设备，读/写信息之前先要进行顺序查找，并且当读/写头位于磁带尾端，而要读取的信息在磁带始端时，这时需要用反绕(Rewind)命令把磁带全部倒回，这种情况反映了顺序存取设备的主要缺点，它使检索与修改信息很不方便。因此，顺序存取设备主要用于处理变化少，只进行顺序存取的大量数据，如用于备份存储设备。磁带在磁盘问世之前的确是一种大容量存储数据的有力工具。

**2. 磁盘存储设备**

磁盘是一个扁平的圆盘，是一种方便直接存取的存储设备。与磁带相比，它是以存取时间变化不大为特征的。磁盘既可以直接存取，又可以顺序存取。它的特点是容量较大，存取速度快。

一片或一组磁盘装在磁盘设备上，如图6.15所示，磁盘设备执行读/写信息的功能。盘片装在一个主轴上，并绕主轴高速旋转，当磁道在读/写磁头下通过时，便可以进行信息的读/写。一个盘片的两面(盘组的最上、最下的两面除外)都可以存储数据。

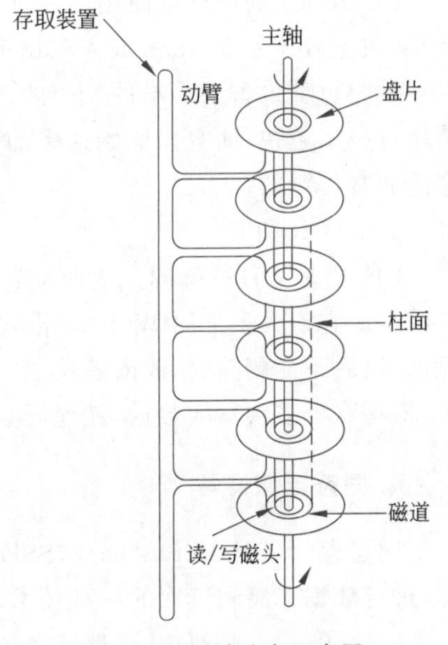

**图6.15　活动头盘示意图**

读/写磁头安装在存取臂上，靠近各个盘面，盘片在驱动器带动下高速旋转。磁盘转动一周，读/写磁头在一个固定位置上扫视磁盘的一个同心圆。一个同心圆称为一条磁道，一个盘面上可有成百上千条磁道。盘组中直径相同的磁道形成一个柱面。每条磁道又划分成几个扇区。扇区是可寻址的最小存储单位。柱面、盘面、扇区编号(或块号)构成磁盘的物理存储地址。

相邻磁道之间有空隙。这个空隙可防止或减轻磁头与磁道不对齐带来的错误，还可防止磁道间磁场的相互影响。为简化电子部件，每个磁道上可存储的数据量相同。这就意味着，盘面边缘的磁道上的数据密度(位/英寸)低于内圈磁道的数据密度。

数据从盘面上读出/写入的单位是块(Block)。相应地，数据块存放在扇区(Sector)中。一般一条磁道可容纳的扇区数为10～100。为避免可能引起的精度问题，相邻扇区之间有空隙。

为了定位磁道中的某个扇区，需要采用特定的方法来识别扇区的起始和结束位置。因此，在格式化磁盘时，将这些额外的控制数据记录到盘面上，这些数据仅被磁盘驱动器访问，用户是不可访问的。

温彻斯特(Winchester)磁盘的磁头放在密封的磁盘驱动部件中，因而不会被杂质污染。磁头是一个气动的金属薄片。当盘片静止时,磁头轻轻地搭在盘面上;当盘片急速地旋转时,所产生的空气压力使磁头上升,离开盘面。磁头的设计使在读/写操作时,距离盘面的间隙比传统的刚性磁头要小,因而盘面可有更大的数据密度。

### 3. 光盘存储设备

光盘是一种高密度的塑料圆盘,大小有 2.5inch、3.5inch 或 4.75inch 等。光盘的访问定位特性和磁盘非常类似,所以既支持顺序存取,又支持直接存取。光盘的特点是成本低、容量大,保存数据更可靠、更持久。磁带、软盘和硬盘都是基于磁介质的存储设备,而光盘应用了全然不同的原理,它利用坑和槽存放信息,使用一束激光扫描光盘表面而取出信息。存放在光盘表面的信息不会因为磁和粉尘污染而造成数据丢失。光盘自 1985 年首次问世以来,已成为计算机强有力的存储设备。目前使用的光盘驱动设备有 CD-ROM(只读光盘驱动器)、CD Recorder(CD 刻录机)、CD-RW(可擦写光驱)、DVD 等。

1) CD-ROM

CD-ROM 是计算机使用的一种内置或外置播放设备,通过 SCSI 或 IDE 接口同主机连接,数据载体是 3.5inch 或 4.75inch 光盘(CD)。它只能读取光盘上的数据,不可写入,是一种“只读”设备。最早的光驱的数据传输速率很低,只有 150KB/s。随着技术的革新,速率也越来越快,而且以原始速率的倍数增加。目前有 52 倍速光驱,相应地数据传输速率是非常可观的。

2) CD-R 和 CD-RW

CD-R 是一种特殊的光盘驱动器,除能读取光盘数据外,还能在母盘上一次或多次写入数据。它们大多采用 WORM 格式(一次写、多次读)。也就是说,将数据永久性地烧入盘面,以后不能删除、修改或者覆盖。但 CD-RW(可擦写光驱)更进一步实现了数据的真正“擦写”,可多次写入数据,就像硬盘一样,只是速度比较慢。

### 4. 固态存储设备

固态存储(Solid State Disk,SSD)是摒弃传统磁介质,采用电子存储介质(如 Flash 存储)进行数据存储和读取的一种技术。由于它突破了传统机械硬盘的性能瓶颈,拥有极高的存储性能,在一些便携、高性能系统有突出的应用表现,并在逐步取代传统磁盘。虽然在固态硬盘中已经没有可以旋转的盘状机构,但是依照人们的命名习惯,这类存储器仍然被称为“硬盘”。作为常规硬盘的替代品,固态硬盘被制作成与常规硬盘相同的外形,如常见的 1.8inch、2.5inch 或 3.5inch 规格,并采用了相互兼容的接口。固态硬盘按实现技术一般可以分为以下两种。

1) 易失性存储器

由易失性存储器(RAM)制成的固态硬盘主要用于临时性存储。因为这类存储器需要靠外界电力维持其记忆,所以由此制成的固态硬盘还需要配合电池才能使用。易失性存储器,如 DRAM,具有访问速度快的特点。利用这一特点,可以将需要运行的程序首先从常规硬盘复制到固态硬盘中,然后再交由计算机执行,这样可以避免由于硬盘的启停延迟、寻道延迟对程序性能造成的影响。

2）非易失性存储器

非易失性存储器(NVRAM)的数据访问速率介于易失性存储器和常规硬盘之间。和易失性存储器相比,非易失性存储器一经写入数据,就不需要外界电力来维持其记忆,因此更适于作为常规硬盘的替代品。

Flash存储器是最常见的非易失性存储器。小容量的Flash存储器可被制作成带有USB接口的移动存储设备,即人们常说的“闪存盘”“优盘”或“U盘”。随着生产成本的下降,将多个大容量闪存模块集成在一起,制成以Flash为存储介质的固态硬盘已经普及。

和常规硬盘相比,固态硬盘具有低功耗、无噪声、抗震动、低热量的特点。这些特点不仅使数据能更加安全地得到保存,而且也延长了靠电池供电的设备的连续运转时间。

固态硬盘的最大问题仍然是成本和写入次数。无论是永久性存储器还是非永久性存储器,其每百万字节成本都远远高于常规硬盘。因此只有小容量的固态硬盘的价格能够被大多数人所承受。而Flash RAM的写入次数是有上限的,当到达上限后,数据会读不出来。其次,固态硬盘数据损坏后是难以修复的。当负责存储数据的闪存颗粒有损毁,现时的数据修复技术不可能在损坏的芯片中救回数据。相反地,传统机械硬盘或许还能挽回一些数据。

### 6.3.2 磁盘I/O调度

前面介绍了磁盘的物理特性,下面介绍磁盘驱动程序中使用的磁盘I/O请求重排技术,用于减少物理运动时间,提高总体I/O性能。

就一个磁盘片组而言,各盘面上的同心圆磁道数是相同的。常将这些同心圆从外向内依次编号为0, 1, 2, …, $m-1$作为标识,其中,$m$表示盘面上的磁道数。同样,也将磁盘片组的全部盘面从上至下地编成盘面号0, 1, 2,…, $k-1$,其中,$k$为磁盘片组的所有盘面数(每个盘片有正反两个盘面)。一个磁盘片组所有盘面的第$i$($i=0, 1, 2, \cdots, m-1$)条磁道均在同一个圆柱面上,故每个片组有$m$个圆柱面(磁盘系统通常以柱面为单位供用户记录文件信息),可同样依次编号为柱面0,柱面1,柱面2,……,柱面$m-1$。因此,磁盘地址一般按“台号·柱面号·盘面号·扇区号”的形式表示。如果系统仅配置一台磁盘机,则台号可以省略。在程序请求对磁盘进行读/写操作时,应提供I/O操作码(读或写)、磁盘地址、主存地址、传输长度等参数。

读/写一次磁盘信息所需的时间可以分解为寻找(寻道)时间、延迟时间与传输时间。

(1) 寻找时间(Seek Time)。活动头磁盘的读/写磁头在读/写信息之前,必须首先将磁头移到相应的柱面(磁道)。磁头这种定位柱面所花费的时间称为寻找时间。

(2) 延迟时间(Latency Time)。读/写磁头定位于某个磁道的块号(扇区)所需时间为延迟(或等待)时间。

(3) 传输时间(Transfer Time)。数据写入磁盘或从磁盘读出的时间。

一次磁盘I/O请求服务的总时间是上述三者之和。为提高磁盘传输效率,磁盘设备驱动程序应着重考虑减少寻找时间和延迟时间,使磁盘平均服务时间最短。

#### 1. 减少寻找时间的方法

寻找时间是机械运动时间,通常在毫秒时间量级。因此设法减小寻找时间是提高磁盘传输效率的关键。磁盘空间是以“柱面”划分和使用的,若将信息连续地存储在一个“柱面”上,则针对一次 I/O 请求只需移动一次磁头定位相应的柱面,然后根据不同盘面上的读/写磁头进行连续读/写。在多道程序设计系统中,大部分进程对磁盘的使用彼此独立。操作系统磁盘驱动程序可通过合理调度它们对磁盘的使用顺序,达到减少磁盘平均服务时间的目的。例如,假设在某个时间,系统中的若干进程同时请求下列磁盘地址上的读/写操作。

$t_0$:柱面 1,盘面 2,扇区 1。

$t_1$:柱面 40,盘面 3,扇区 3;

$t_2$:柱面 4,盘面 4,扇区 5。

$t_3$:柱面 38,盘面 5,扇区 7。

若按照自然的时间顺序访问磁盘,则磁头将在盘面的水平方向为定位在各柱面来回运动,寻找时间会较长。若操作系统对各服务请求顺序进行重新调整,按下列地址顺序访问磁盘:(柱面 1,面 2,扇区 1)→(柱面 4,面 4,扇区 5)→(柱面 38,面 5,扇区 7)→(柱面 40,面 3,扇区 3)。磁头只需朝一个方向移动,节省了反向运动的时间,因而平均服务时间较短。下面介绍几种请求调度算法。

1) FCFS(First Come First Served)调度算法

这是一种最简单的磁盘调度算法。根据进程请求访问磁盘的时间顺序,先来先服务。这种方法简单,但调度效果不好。

假设磁盘请求队列中所涉及的柱面号(或磁道号)为 Queue=98,183,37,122,14,124,65,67,磁头的初始位置为 53,则磁头的运动过程如图 6.16 所示。磁头共移动了 640 个磁道。显然,对访问顺序稍做变更,如将柱面号 122 与 14 对调,便能减少磁头运动。

2) SSTF(Shortest Seek Time First)调度算法

这是根据磁头的当前位置,首先选择请求队列中距磁头最短的请求,再为之服务。仍假设有请求 98,183,37,122,14,124,65,67,磁头的初始位置是 53,若采用 SSTF 调度算法,则磁头共移动了 236 个磁道,运动过程如图 6.17 所示,即响应顺序为 65,67,37,14,98,122,124,183。由于寻找时间总与两次服务之间的磁道数目成正比,所以 SSTF 调度能有效地减少寻找时间。该算法可能导致队列中某些请求长时间得不到服务而被饿死。在实际系统中,请求队列中随时可能增加新的请求。假设队列中存在访问柱面 14 和柱面 183 的请求,如果磁头正在柱面 14,而且在柱面 14 附近频繁地增加新的请求,那么 SSTF 调度算法使磁头长时间在柱面 14 附近工作,而柱面 183 的访问被迫长时间等待。从理论上讲,如果柱面 14 附近新的请求连续地到达,将使柱面 183 的访问无限期地延迟,即被饿死。

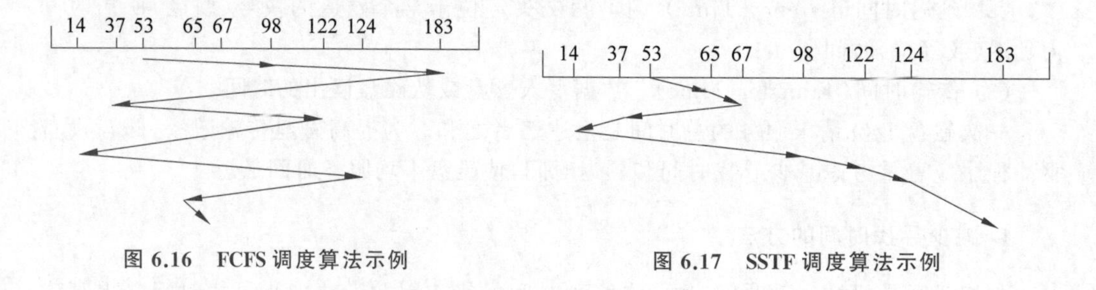


图 6.16　FCFS 调度算法示例　　　　图 6.17　SSTF 调度算法示例

SSTF 算法的平均寻找时间虽小于 FCFS 算法，但仍不是最优算法。上例中，如果磁头从 53 先移至 37（尽管它不是最近的），然后再移至 14，最后才返回去为 65，67，98，122，124 和 183 提供服务，则磁头移动只有 208 个磁道，效果要好于 SSTF 算法。

3）SCAN 调度（电梯调度）算法

虑及磁盘队列的动态特性，为避免队列的某些请求被饿死，人们提出了 SCAN（扫描）调度算法。即让磁头固定地从外向内然后从内向外逐柱面运动，如此往复。磁头固定在水平的两个端点来回扫描。

仍假设有请求 98，183，37，122，14，124，65，67，磁头的初始位置为 53，若采用 SCAN 调度算法，则磁头的运动过程如图 6.18 所示。

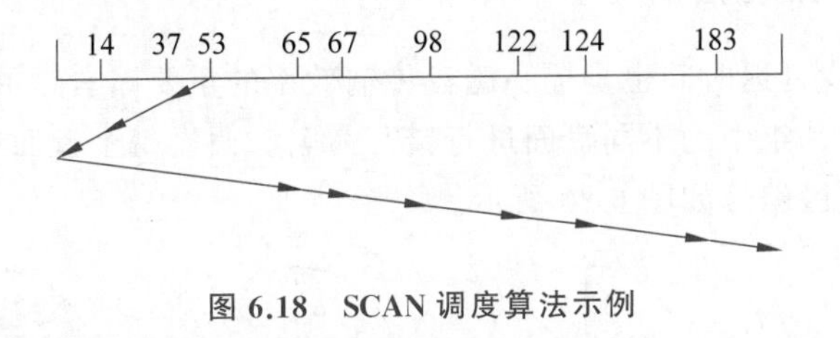


图 6.18　SCAN 调度算法示例

SCAN 调度算法也称为“电梯”调度算法（类似一幢高楼里上下运动、逐层服务的电梯）。

4）C-SCAN（Circular SCAN）调度算法

这种调度算法使磁头从盘面上的一端（逐柱面地）向另一端移动来服务请求，返回时直接快速移至起始端而不服务任何请求。如此往复，单向扫描，并平均地为各种请求服务。

仍假设有请求 98，183，37，122，14，124，65，67，磁头的初始位置为 53，若采用 C-SCAN 调度算法，则磁头的运动过程如图 6.19 所示。

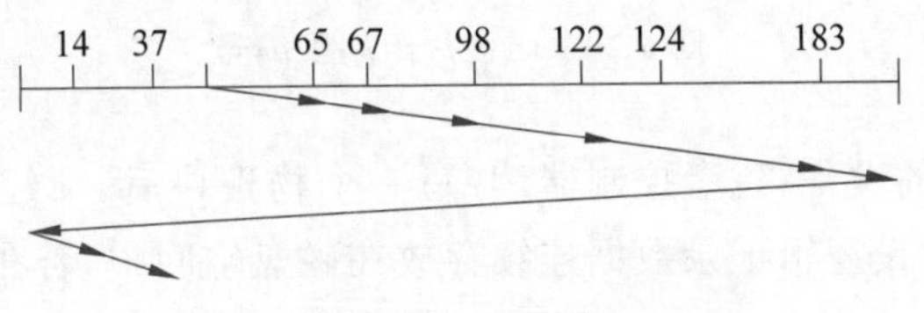


图 6.19　C-SCAN 调度算法示例

采用 SCAN 和 C-SCAN 调度算法时，磁头移动总是严格地遵循从盘面的一端到另一端。不言而喻，还可改进，即磁头移动只需达到并服务于最后一个请求便可返回，无须到达磁盘端点。如此改进后称为 Look 和 C-Look 调度算法。

对于上述几种磁盘调度算法，SSTF 调度算法较为自然，SCAN 和 C-SCAN 调度算法虽不是最优，但于 1972 年经 Teorey 和 Pinkerton 用模拟方法比较各种算法后推荐：可根据负载大小选择 SCAN 调度算法或 C-SCAN 调度算法，认为这两种算法适用于磁盘负载较大的系统。另外，任何调度算法的性能都与队列中请求服务的数目有关。若队列中通常只有一个服务请求，则所有调度算法的效率几乎等价，故实际系统会想方设法发出大量的 I/O 服务请求进入队列，以利调度算法起到优化效果。另外，磁盘服务请求在很大程度上受制于文件存储结构。文件在磁盘空间连续地存储有利于提高传输效率。

注意：随着磁盘设备及其控制器的发展，现在的磁盘设备的物理磁道、扇区等不需要直接由操作系统磁盘驱动来管理了，磁盘控制器给操作系统看到的是一个线性编号的磁盘块地址集合，线性地址编号按照先同一柱面再相邻柱面方式，这样线性块号相近意味着磁道号也相近。磁盘驱动程序也不需要去管理磁头位置及移动方向了，故那些与当前磁头位置与移动方向的调度算法已经过时。在现代实际系统中，磁盘驱动程序为每个磁盘维持一个I/O请求队列，在请求入队列时进行请求插入优化，确保队列中相邻请求其磁道相距也是最近的，这样也会减少磁头移动。

**2. 减少延迟时间的方法**

如何有效地减少延迟时间也是提高磁盘传输效率的重要因素。一般常对盘面扇区进行交替编号，对磁盘片组中的不同盘面进行错开命名。假设每个盘面有8个扇区，磁盘片组共8个盘面，则扇区编号如图6.20所示。

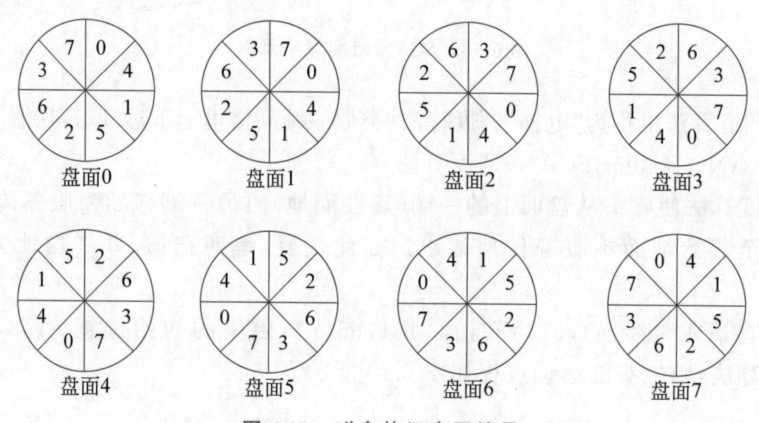


图6.20 磁盘片组扇区编号

磁盘是连续自转的设备，磁盘控制器读/写一个物理块后，须经短暂的处理时间才能开始读/写下一块。假设逻辑记录数据连续存放在磁盘空间中，若在盘面上按扇区交替编号连续存放，则连续读/写多个记录时能减少磁头的延迟时间。同柱面不同盘面的扇区若能错开命名，在连续读/写相邻两个盘面的逻辑记录时，也能减少磁头延迟时间。这种优化方法是通过磁盘块硬件编址实现的，与操作系统驱动程序无关。

当设备控制器中缓存足够大，能存下每个盘面一个扇区的数据时，可以在磁头定位到扇区位置时，把所有盘面同位移扇区读入缓冲区，这样也就无须这种因为处理不及时而错过后续扇区而引入的交替编号了。

### 6.3.3 磁盘阵列

磁盘设备变得越来越小，越来越便宜。因此在计算机系统上连接大量的磁盘在经济上是可行的。当系统内有大量的磁盘时，如果这些磁盘并行操作，则可提高数据的读/写速度。而且，这种装置可以提高数据存储可靠性，因为冗余的信息可以存储在多个磁盘上。这样,一个磁盘的失效不会导致数据丢失。这种磁盘组织技术,统称为冗余廉价磁盘阵列(Redundant Arrays of Inexpensive Disks,RAID),通常用于解决性能和可靠性问题。

过去,相对于大型昂贵的磁盘,由廉价磁盘组成的RAID是一个划算的选择。现今,RAID主要因为它们较高的可靠性和数据传输速率而被使用,而不是因为经济原因。因此,RAID中的I代表Independent,而不是Inexpensive。

### 1. 通过冗余提高可靠性

可靠性问题的解决是引入冗余。除原始信息以外还存储额外数据,虽然它们不被经常使用,但可以用来在磁盘失效时重建丢失的信息。这样,即使磁盘失效,数据也可以恢复。

最简单(但最贵)的冗余方法是复制所有的磁盘,这种技术称为镜像。一个逻辑磁盘由两个物理磁盘组成,每次写操作在两个磁盘上都进行。如果一个磁盘失效,则可以从另一个磁盘中读出数据。只有在第一个失效磁盘被替换之前,第二个磁盘也失效,数据才会丢失。

镜像磁盘的平均失效时间由两个因素决定(这里的失效是指数据丢失):单个磁盘的平均失效时间及它们的平均修复时间。平均修复时间是指替换失效磁盘并且把数据存储在上面(平均)所花的时间。假设两个磁盘的失效是独立的,即一个磁盘的失效与另一个磁盘的失效没有关系。如果单个磁盘的平均失效时间是10 000h,平均修复时间是10h,那么镜像磁盘系统的平均数据丢失时间是$100\ 000^2/(2\times10)=500\times10^6$h,即57 000年。

实际上,磁盘失效独立性的假设是不正确的。电源失效及自然灾害(如地震、火灾和洪水)都可能导致所有磁盘同时被损害。随着磁盘使用时间增长,失效的可能性逐渐增大,增加了第二个磁盘在第一个磁盘修复之前失效的概率。尽管有这些顾虑,但是镜像磁盘系统提供了大大高于单磁盘系统的可靠性。

要特别考虑电源失效,因为它们比自然灾害出现得更加频繁。不管如何,即使是镜像系统,如果正在对两个磁盘的相同块进行写操作,而在所有块被完全写之前,电源突然失效,这两个块将会处于不一致的状态。解决这个问题的方法是先写一份副本,再写另一份,这样两份副本中的某个通常是一致的。在电源失效后,重启需要一些额外的操作,以便从不完全写中恢复。

### 2. 通过并行性提高性能

下面讨论对多磁盘并行访问的好处。通过磁盘镜像,处理读请求的速度加倍,因为读请求能够被送到任何一个磁盘(只要一对磁盘中的每个都是可独立操作的)。每次读的传输速率与单磁盘系统相同,但是每个单元处理读请求的数量加倍了。

还可以通过在多磁盘上条带化(Striping)数据来提高数据传输速率。在最简单的形式中,数据条带化是指把字节(Byte)分成很多位(bit)分布到多个磁盘上,这样的条带化称为位级条带化。例如,在一个具有8个磁盘的阵列中,把每1字节的位$i$写到磁盘$i$中。可把8个普通磁盘的阵列当作单个磁盘对待,此单个磁盘空间是普通磁盘空间的8倍。更重要的是,拥有8倍的访问速率。在这样的结构中,磁盘阵中每个磁盘都参与每次的访问(读或写),因此每秒可以执行的访问次数与单个磁盘相同,但是每次访问在同样的时间内所能读的数据是单个磁盘所能读的数据的 8 倍。

位级条带化要求一定数目的磁盘,这个数目是 8 的倍数或是可以被 8 整除的数。例如,如果采用 4 个磁盘的阵列,每 1 字节的第 $i$ 位和第 $4+i$ 位写到磁盘 $i$。而且,条带化不必一定在字节位这样的级别。例如,在块级条带化中,可以用多个物理磁盘组成一个逻辑磁盘;对于 $n$ 个物理磁盘,逻辑磁盘的第 $i$ 块,写在第$(i \bmod n)+1$个物理磁盘上。

**3. RAID 级别**

镜像提供了高可靠性,但是它很昂贵。条带化提供了高数据传输速率,但它不能提高可靠性。通过运用结合了“奇偶校验”位(下面将进行介绍)的磁盘条带化的思想,人们提出了大量低开销的冗余方案。这些方案有不同的性能价格比,并且划分为 RAID 的各个不同级别。图 6.21 形象地表示了它们(图中,P 表示校验位,C 表示数据的第二份副本)。在图中描述的所有情况中,存储了 4 个磁盘容量的数据,额外的磁盘用来为失效恢复存储冗余信息。

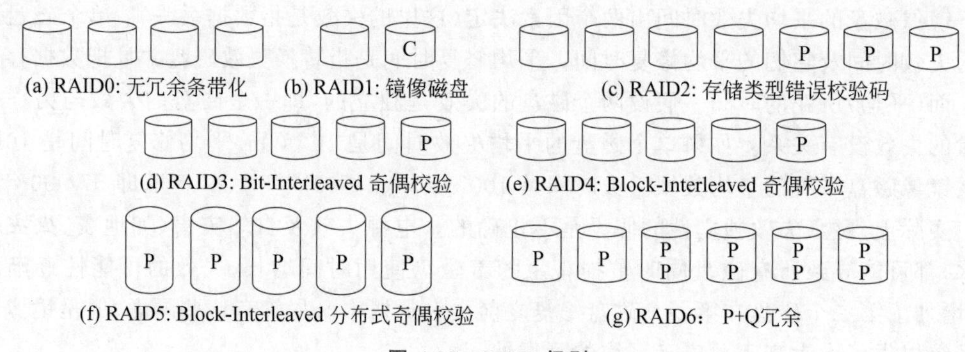


**图 6.21 RAID 级别**

(1) RAID0:指用了块级条带化的磁盘阵列,但是没有用到任何的冗余(如镜像和奇偶校验位)。一个大小为 4 的阵列如图 6.21(a)所示。

(2) RAID1:指磁盘镜像。如图 6.21(b)所示是存储一个磁盘容量数据的镜像结构。

(3) RAID2:也称存储类型校验码(ECC)结构。存储系统具有运用已久的奇偶校验的错误检测。在存储系统中,每 1 字节都有一个奇偶校验位与之相连,用来记录字节中被置 1 的位的数目是偶数(奇偶校验位=0)还是奇数(奇偶校验位=1)。如果字节中的各位中某位被破坏了(或者 1 变成 0,或者 0 变成 1),这一字节的奇偶校验位发生变化,不再与存储的奇偶校验位相匹配。同时,如果存储的奇偶校验位被破坏了,它就不再匹配计算出的奇偶性。这样,单个位的错误被存储器系统检测出来。错误校验方案存储两个或更多额外的位,并且可以在单个位被破坏时重建数据。ECC 可直接在已将字节条带化分布于各磁盘的磁盘阵列中使用。例如,第 1 字节的第 1 位存储在第 1 个磁盘上,第 2 字节存储在第 2 个磁盘上……直到第 8 字节存储到磁盘上,校验位存储在额外的磁盘上。这个模式如图 6.21(c)所示,标为 P 的磁盘存储校验位。如果某个磁盘失效,可以从其他磁盘中读出这一字节余下的位及相关联的校验位,可用来重建损坏的数据。如图 6.21(c)所示为

1个大小为4的阵列。对于4个磁盘量的数据，RAID2只需要3个磁盘的开销。

(4) RAID3：也称Bit-Interleaved奇偶校验结构，是在级别2上进行了改善，磁盘控制器可以检测扇区是否被正确读，因此一个单独的奇偶校验位可用来进行错误校验，也可以用于检测。实现原理如下：如果某个扇区损坏，可确切知道是哪一个扇区，对于出错扇区中的每位，通过计算从其他磁盘扇区读出的相关位的奇偶校验值来判断该位是1还是0。如果其余位的奇偶校验值与存储的奇偶校验值相等，丢失的位是0，否则是1。RAID3具有与RAID2一样的优点，但在额外磁盘数量上没有那么大的开销(它只有一个磁盘的开销)，因此级别2并没有在实际中使用。图6.21(d)形象地表示了这个模式。

与级别1比较，对于几个磁盘只需要一个奇偶校验磁盘，不像在RAID1中，每个磁盘需要一个镜像磁盘，这样减少了存储开销。另一方面，RAID3(所有基于奇偶校验的RAID级别)带来的一个性能问题是计算及写奇偶校验值的开销。与非奇偶校验的RAID阵列相比，这项开销导致了明显的写速度降低。为缓和这项性能损失，许多RAID存储阵列都具有带有专用奇偶校验硬件的硬件控制器。这使奇偶校验的任务从CPU转到了阵列。这样的阵列也具有非易失随机存储器(NVRAM)高速缓存，用来在计算出奇偶校验值后存储各个数据块。这种结合可以使奇偶校验RAID差不多与非奇偶校验RAID一样快。事实上，进行奇偶校验的高速缓存RAID的性能优于非高速缓存非奇偶校验的RAID的性能。

(5) RAID4：也称Block-Interleaved奇偶校验结构，运用块级条带化，像在RAID0中一样。此外，对于$n$个磁盘上的对应块，在另外单独的磁盘上保存奇偶校验块。图6.21(e)形象化地表示了这种模式。如果$n$个磁盘中的某个失效了，奇偶校验块可与其他磁盘上保存的对应块一起恢复存储失效磁盘的块。

读一个块的操作只访问一个磁盘，但允许同时通过其他磁盘处理其他请求。这样，每次访问的数据传输速率虽略有降低，但是可以并行执行多个读访问，使总的I/O速度提高。因为可以并行地读所有的磁盘，所以处理大量读请求的传输速率很高。因为可以并行地写数据和奇偶校验值，处理大量写请求也拥有很高的传输速率。

另一方面，它不能并行执行小型独立的写操作。对一个块的写操作，不得不去访问存储这个块的磁盘及奇偶校验磁盘，因为要修改奇偶校验磁盘。而且，为了计算新的奇偶校验值，要读出奇偶校验块的旧值和所写块的旧值，可以描述为“读—修改—写”。这样，一个单独的写操作需要4次磁盘访问，两次用来读两个旧块，另外两次用来写两个新块。

(6) RAID5：也称Block-Interleaved分布式奇偶校验，与RAID4不同的是，它把数据和奇偶校验分布到所有的$n+1$个磁盘上，而不是把数据存储在$n$个磁盘上，把奇偶校验值存储在另一个磁盘上。各磁盘阵列生产厂商有自己的奇偶块分布规则。例如，对于5个磁盘的阵列，第1个4块有效数据组的奇偶校验值存储在第5个磁盘上，其余4个磁盘的第1块存储实际数据。第2个4块有效数据组的奇偶校验值存储在第4个磁盘上，其余4个磁盘的第2块存储实际数据，以此类推。图6.21(f)形象地表示了这种装置，图中的P被分布于所有的磁盘上。通过把奇偶校验位分布于装置中所有的磁盘上，RAID5避免了在RAID4中可能出现的过度使用单独一个奇偶校验磁盘的情况。

(7) RAID6：也叫P+Q冗余模式，很像RAID5，但存储了额外的冗余信息来防止多个磁盘失效。这里不用奇偶校验,而用错误校验码,如 Reed-Solomon 码。这种模式如图 6.21(g)所示,对于每 4 位数据,存储两位的冗余数据,不像 RAID5 中的一个奇偶校验位,因此系统可以忍受两个磁盘失效。

(8) RAID0+1:是指 RAID0 和 RAID1 的结合。RAID0 提供性能,RAID1 提供可靠性。一般来说,它提供比 RAID5 更好的性能。它通常用于性能和可靠性都很重要的环境中。不幸的是,存储中需要的磁盘数目变成了二倍,所以它变得更加昂贵。在 RAID0+1 中,一组磁盘被条带化,然后条带被镜像到另一个相等的条带。另一种商业上可行的 RAID 选择是 RAID1+0,其中磁盘被镜像成对,最后所得到的镜像对被条带化。它与 RAID0+1 相比有理论上的优势。例如,如果 RAID0+1 中单独一个磁盘失效,其他磁盘上的对应条带都不可访问。对于 RAID1+0 中一个磁盘失效,这个单独的磁盘不可用,但它的镜像磁盘仍然可用,如图 6.22 所示。

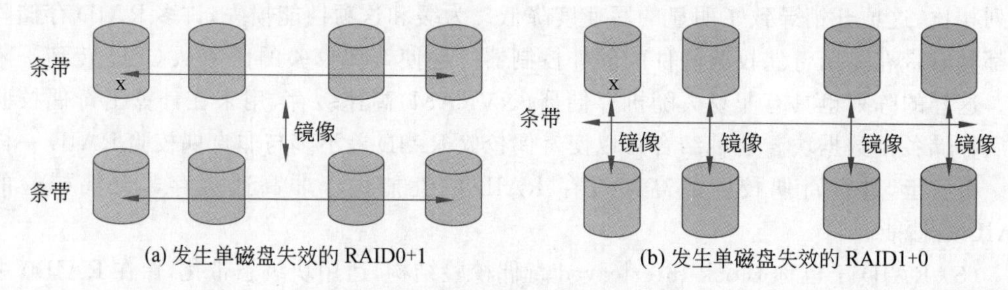

(a) 发生单磁盘失效的 RAID0+1　(b) 发生单磁盘失效的 RAID1+0

图 6.22　RAID0+1 和 RAID1+0

这里描述的是一些基本的 RAID,实际上还有许多不同的变种,这有可能导致在确切划分不同 RAID 级别时存在混乱。

**4. 选择 RAID 级别**

如果磁盘失效,重建数据所用的时间是一个很重要的因素,它随着使用的 RAID 级别的不同而不同。对 RAID1,重建最容易,因为数据可以从另一个磁盘中复制,对于其他的级别,需要访问阵列中所有其他的磁盘来重建失效磁盘中的数据。如果需要连续提供数据,如在高性能或交互式数据库系统中,RAID 系统的重建时间应非常短。

RAID0 用于高性能应用。RAID1 适用于要求具有迅速恢复能力的高可靠性应用。RAID0+1 和 RAID1+0 用于性能和可靠性都很重要的地方,如小型数据库。由于 RAID1 的高空间开销,RAID5 通常适用于存储大量的数据。虽然许多 RAID 实现不支持 RAID6,但它可提供比 RAID5 更好的可靠性。

RAID 系统设计者还必须做出其他几个决定。例如,阵列中应该有多少磁盘?每位奇偶校验位应该保护多少位?阵列中的磁盘越多,数据传输速率越高,系统越贵。如果一个奇偶校验位保护的位数越多,奇偶校验位带来的空间开销就越低,第二个磁盘在第一个磁盘修复前失效的概率就越大,从而导致数据丢失。

大多数 RAID 级别提供一个或多个热备份磁盘。热备份不是用于数据,而是在任何其他磁盘失效时用于替代。例如,热备份可以用于重建镜像对,当其中一个磁盘失效时,

RAID1 可以自动重建，不需等到失效磁盘被替代。设置多次热备份允许在不需要人工干涉的情况下修复多次失效。

## 6.4　核心知识点

从设备功能上，通常将设备分成人机交互设备、存储设备、网络通信设备。不同类设备的使用方法、驱动程序结构都不同。

设备使用方法有独占式使用、分时共享式使用、SPOOLing 方式使用，即为设备建立虚拟逻辑设备后独占式使用。

操作系统与设备相关的系统调用有申请设备、将数据写入设备、从设备获得数据、释放设备。

现代操作系统大多采用层次结构，通过将 I/O 系统组织成用户层 I/O、与设备无关的 I/O、设备驱动及中断处理三个层次，从而实现设备管理的目的。用户层 I/O 的主要任务是，提供 I/O 库函数接口，将其转换为相应的系统调用。设备无关的 I/O 所承担的主要任务是 I/O 系统调用处理，此外还有如下工作：①设备名与设备驱动程序的映射；②设备保护；③缓冲；④文件系统等。

设备驱动与中断处理层完成设备的驱动，以及数据传输完成后的善后工作。设备驱动程序接口函数有：驱动程序初始化函数、驱动程序卸载函数、申请设备函数、释放设备函数、I/O 操作函数、中断处理函数。

与设备管理有关的数据结构有描述设备、控制器等部件的表格，描述进程 I/O 请求的动态数据结构，以及将相关请求连接起来的请求队列。

设备控制器(又称 I/O 部件)是控制 I/O 设备的电子部件。复杂的设备控制器可以控制多台设备并行 I/O。每个可编程设备控制器都有一些用来与 CPU 通信的寄存器，设备控制器中常常包含三类寄存器，它们分别用于：①存放控制命令；②存放状态信息；③存放数据。软件通过读/写这三类寄存器完成相应的 I/O 操作。

设备驱动程序可对设备控制器采用如下三种基本控制方式：①程序直接控制 I/O 方式；②中断方式；③DMA 方式。

使用缓冲技术可有效地实现阵发性 I/O 情况下主机与外部设备速度的匹配，利用“预读”和“滞后写”提高系统的 I/O 性能。

常见存储外部设备有磁盘、光盘、Flash 存储器。为节省磁盘寻找时间，提高磁盘设备的 I/O 效率，设备驱动程序中可以采用磁盘调度算法对进入请求队列的请求进行重排序。磁盘阵列可提高磁盘的可靠性和 I/O 并行度。常见的磁盘阵列使用方法有 RAID0，RAID1，RAID0+1，RAID5。

## 6.5　问题与思考

**1. printf(%d,i)是如何在显示器输出 i 的值的？**

思路：i 变量值在机器中是二进制表示，在显示器上要变成一个看上去是十进制的数，一般的做法是在I/O库程序中将二进制码变成表现十进制的数字ASCII码字符串，再通过write系统调用接口进内核，通过内核显示器驱动程序将数字ASCII码字符串送到显示器控制器寄存器中，才能在屏幕上显示出这个看上去是十进制的数字字符串。

**2. 删除了的文件为什么还可能恢复？**

思路：通过"文件删除"命令删除的文件，是通过文件系统提供的"删除文件"系统调用接口，将文件所占的辅存空间释放，FCB空间释放。但是对应辅存空间中的信息不一定被覆盖，我们不可能通过文件系统相关的"打开文件"来打开删除的文件了，但是可以通过对辅存设备的系统调用接口来读辅存设备的对应空间，将原来删除了的文件信息读出来，这时需要编程者熟悉文件系统的格式，能够找到文件FCB，并从FCB中找到文件所在存储块，将存储块内容读出来。

**3. 从用户编程方面、操作系统方面及硬件方面有哪些改进I/O性能的方法？**

思路：要打开多个设备或文件进行并行I/O，一般编程使用的I/O系统调用都是同步的，就是说I/O没有完成就不会从内核态返回，也可以尝试用异步I/O(也叫非阻塞I/O)系统调用，调了系统调用后启动了I/O不等I/O完成即返回用户态，让程序去做其他与本次I/O无关的事情，如打开其他设备或文件，待要处理I/O数据时再用系统调用检查某个设备或文件I/O是否完成(可参考Linux的select、poll等系统调用)。不过这样编程太复杂，用户也可以用多线程并行地对不同的设备或文件同步I/O。

内核设立文件或辅存数据缓冲区，磁盘驱动程序重排I/O请求队列，支持多物理辅存并行的逻辑卷驱动(如Linux LVM)等都是操作系统对改进I/O性能的考虑。

DMA、RAID0等是硬件改进I/O性能的方法。

## 习　题

6.1　操作系统提供的设备相关系统调用有哪些？举例说明哪些应用程序会用这些系统调用。

6.2　申请设备系统调用处理独占型设备和分时共享型设备的区别是什么？哪种设备需要设立设备请求队列？

6.3　请设计虚拟打印机设备系统，说明申请设备系统调用应该做哪些工作，怎么样将输出到虚拟设备中的信息在物理设备中输出？

6.4　以下工作各在三个I/O软件层的哪一层完成？

(1) 为一个磁盘读操作计算磁道、扇区、磁头。

(2) 维护一个最近使用的磁盘信息的缓冲区。

(3) 向设备寄存器写入命令。

(4) 检查用户是否有权使用设备。

(5) 将二进制整数转换成ASCII码以便显示器输出。

6.5　设备控制器与CPU如何交换信息？

6.6　简述各种不同的I/O控制方式的优缺点。

6.7　如何使用缓冲区实现"预先读"及"延迟写"？这对于持续性I/O有效吗？这种

读/写方式带来的问题是什么？

6.8　设备驱动程序有可能调用操作系统其他模块程序吗？为什么？

6.9　在支持汉字输入的系统中，要将ASCII码串转换成GB汉字内码，在什么程序里做这个工作比较合适？

6.10　假设对磁盘的请求串为95，180，35，120，10，122，64，68，磁头初始位置为30，试分别画出FCFS，SSTF，SCAN，C-SCAN调度算法的磁头移动轨迹及磁头移动的磁道数(设磁道号为0～199)。

6.11　假设磁道编号为0～199的可移动头磁盘已完成了对编号125磁道的访问，正在服务于143磁道的请求。假设请求队列为86，147，91，177，94，150，102，175，130，若分别采用FCFS，SSTF，SCAN，C-SCAN，Look调度算法，试分别计算满足所有请求的总磁道移动数。

6.12　在磁盘请求队列平均长度较小的情况下，所有的磁盘调度算法都将退化成FCFS算法，解释其原因，请给出可能的避免方法。

6.13　除FCFS磁盘调度算法外，其他调度算法对所有进程并不完全公平(可能出现"饿死"情况)，这是为什么？试提出一种公平的调度算法。

6.14　对磁盘的请求并不总是服从均匀分布的，例如，存放文件目录的柱面总是比存放文件本身的柱面更经常被访问。假设已知50%的磁盘请求均是访问某固定柱面(编号较小的柱面)，①将使用何种磁盘调度算法？②能否设计一个满足这种情况的新调度算法？

6.15　在磁盘相关程序中，何时由什么程序进行磁盘调度？

6.16　什么是冗余廉价磁盘阵列(RAID)？它分为哪几级？每级的主要特征是什么？

6.17　RAID0+1有什么特点？可用于什么应用环境？

第7章

# 文件系统

计算机系统是一个可以存储并处理大量信息的信息加工系统。系统需要提供大量、可公用的实用程序及服务程序给用户使用,也需要支持用户自编程序和数据的运行和处理。由于存储处理的信息量太大,不可能全部保存在主存中,故早期人们就引入了辅助存储器(也称文件存储器)用于保存大量的永久性信息(如系统库程序、编译程序等实用程序及操作系统自身的部分程序和数据等)和临时性信息(如用户的程序、数据、系统临时数据等)。

早期的文件存储器仅保存一些系统程序。随着计算机系统的不断发展和大容量磁盘存储器的问世,文件存储器也向用户开放,允许用户将其信息保存在文件存储器中。在文件管理软件出现之前,不论是系统自身还是用户,均需熟悉文件存储器的物理特性。不但要按其物理地址存取信息,而且还要准确地记住其信息在文件存储器中的物理位置和整个辅存的信息分布情况。稍有疏忽,就可能破坏已存入的内容。例如,一条磁带上可能有几百甚至上千个信息组,其中某些信息组已记录了有效信息,某些组为空白组,另一些可能是不能记录信息的故障组。要求记住如此大量而复杂的信息分布情况,对用户显然是一种沉重负担,同时也给系统带来了不安全因素。特别在多道程序设计系统出现之后,不仅要为用户准备私用的文件存储器(如磁带等),而且要设立共享的文件存储器(如大容量磁盘)。这就使得辅存更不安全,更不利于保密。

用户所关心的是信息存取方法的灵活方便和安全可靠,并不是信息的具体存放位置。基于上述原因,必须在操作系统内部增加一组专门的管理软件,以管理文件存储器中的文件资源。

本章从文件的逻辑结构入手,分析文件的访问模式,给出文件存储的物理结构,以及描述文件的FCB(File Control Black,文件控制块)组成,然后从技术发展脉络给出了文件目录结构的演进,给出了文件系统分区的布局示例,分析了文件相关系统调用的处理流程,最后给出文件保护方法。

## 7.1 文件结构

辅助存储器用来存放各种程序和数据,这些存放在辅助存储器中的程序和数据称为文件,下面介绍文件中信息的逻辑格式,以及如何将文件存放于物理辅助存储器中。

### 7.1.1　文件概念

计算机通过物理介质(磁带、磁盘、光盘、Flash 存储器等)存储信息,不同的物理设备具有不同的物理特性和结构。为使用户方便使用计算机辅助存储器中的信息,操作系统为信息存储访问提供了标准的使用界面,操作系统抛开存储设备的物理特性,定义了逻辑存储实体,即文件,并负责将文件映射到物理设备上。这是操作系统文件管理所要完成的基本功能之一。

文件是由创建者定义的一组相关信息。通常将程序(源程序、目标代码)和数据组织成文件。数据文件可以是数字、字母、字母和数字组合或其他二进制码。文件内的基本访问单位可以是字节、行或记录,这取决于操作系统中文件系统的支持和文件创建者的选择。文件不仅具有符号名(创建者命名的文件名),还包含文件类型、文件创建的时间、创建者的名字、文件长度等其他属性。

### 7.1.2　文件的逻辑结构与访问方式

文件内的信息由创建者(应用程序)定义。如源程序、目标程序、数据、文本等许多不同类型的信息均存储在文件内。

文件根据其用途必须有确定的结构,一个文本文件是一组被组织成行或页的字符序列;一个源文件是一组分别由说明语句、执行语句组成的子程序和函数的序列;一个目标文件是一组字节或字的序列,这些字节或字被组织成可加载的记录块;数据文件是一组被组织成逻辑记录的字母、数字的序列。

文件是被对应的应用程序访问的,应用程序知道其逻辑格式。那么操作系统到底是不是应该知道这种逻辑格式?如果要知道,那得支持多少种文件格式?

让操作系统知道文件的具体逻辑格式会有很多不便,操作系统自身的代码量会大大增加。因为,如果操作系统定义多种不同的文件格式,则必须具有相应量的代码分别支持这些文件格式,支持多种不同文件格式也使系统自身不灵活。例如,假设操作系统仅支持两种文件格式:“文本文件”(用“回车”“换行”分隔的 ASCII 字符串)和可执行的“二进制文件”,若用户欲定义的一个密码文件,由于密码文件的信息经随机变换后不再是 ASCII 码的文本行,其格式不属于文本文件,也不属于可执行的二进制文件,故无法提供操作。由此可见,把文件格式强加于操作系统并要求它能对文件格式信息加以解释,不是理想的方法。

若将解释文件格式信息的工作赋予操作系统外层的应用软件(如文本编辑程序等),那么在操作系统这一级则将文件视为无结构(或只涉及简单的逻辑结构)、无解释的信息集合,如 UNIX/Linux 操作系统只简单地把所有文件看成一组按字节编号的空间,不对文件的信息项做任何解释。当然,这样处理使操作系统简单而灵活,但每个访问文件的应用程序都必须包括相应的代码以解释文件的格式及信息项含义。

**1. 操作系统感知的文件逻辑结构**

本章着重讨论基本文件系统，只涉及操作系统看到的文件的逻辑结构。操作系统看到的文件逻辑结构可分为如下两种形式。

(1) 字节流式文件。它是字节流集合，其基本读/写单位是字节，如图7.1所示。这种结构把文件定义成一个以字节为单位的逻辑空间，空间如何存放信息完全由应用程序负责。一次读/写可以是若干字节。

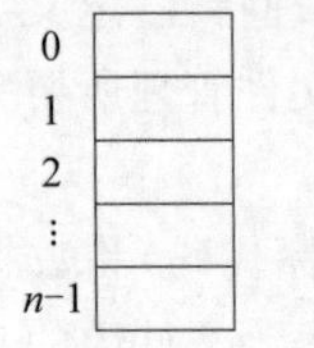


图 7.1 具有 $n$ 字节的流式文件

(2) 记录式文件。它是数据记录的集合，其基本读/写单位是逻辑记录(记录以序编号：记录1，记录2，……，记录n)，记录本身又有等长和变长之分。

**2. 文件的访问方式**

用户根据其对文件内数据的处理方法不同，有不同的访问数据的方法。用户对文件的访问有下列两种基本方法。

1) 顺序访问

指用户从文件初始数据开始依次访问文件中的信息。这在科学计算等应用背景下经常使用，用户可以依次处理一批原始数据。经常被顺序访问的文件的逻辑字节/记录应该连续地存储在文件存储器上。为了顺序读/写，需设置一个能自动前进的读/写指针，以动态指示当前读/写的位置，每次读文件数据时读出若干字节或若干逻辑记录并移动指针。类似地，每次写操作将在文件末尾增加若干字节或记录，同时指针前进至新的文件末尾。顺序文件指针可控制其前进或后退 $n$ 个字节/记录(某些系统规定 $n=1$)。这种起源于文件磁带模型的访问方式称为顺序访问。

2) 直接访问

指用户随机地访问文件中的某段信息。如果要支持用户以直接访问方式访问文件，文件必须存放于可以支持快速定位的随机访问存储设备中。文件中的记录或逻辑字节被顺序编号，文件被允许随机读/写任意的记录或逻辑字节，无任何限制。例如，可以先读记录14，再读记录53，最后再写记录7。当文件操作时，将记录或逻辑字节号作为读/写参数。文件逻辑结构中的记录或逻辑字节号是一个文件内的相对编号，就像程序中的逻辑地址一样。记录或逻辑字节的相对编号再由操作系统根据文件的物理结构具体映射为文件存储器中的物理块号。

### 7.1.3 文件的物理结构

逻辑文件在辅存的组织结构称为文件的物理结构。如何组织它们则主要取决于文件存储器(磁带、磁盘、光盘等)的物理特性，以及用户对其文件的访问方式。

**1. 文件存储器的物理特性**

早期的文件系统以磁带为存储介质，且每个文件单独存储在一条磁带上。这种方法管理简单，但辅助存储器的利用率极低，由于物理磁带非常长，且一般文件均比较小，只占磁带的一小部分，显然将多个文件存储在一条磁带上，才能提高文件存储器的利用率。问题还在于，对非常大的文件(如需要若干条磁带存储的大气物理原始数据)，操作系统又必须有支持“多卷宗”的磁带文件功能。因磁带设备是一种顺序性存取的设备，对磁带上的用户文件信息只能顺序访问，故磁带文件的物理结构也只能是将文件连续地存放在磁带上。

磁盘设备的特点是容量大、访问速度快，而且可以快速定位物理扇区直接访问，常作为计算机系统的主要文件存储介质。根据磁盘设备的物理特性，文件的物理结构可采用顺序结构、链接结构及索引结构等形式。现在用得很多的 Flash 盘也可以快速随机访问，故文件在此类盘中的物理结构也没有特别的限制。

光盘设备的特点是定位速度快、可直接访问，但其上的文件往往是一次性写入，不可以删除和部分重写文件。该类设备能很好地支持用户对文件的随机访问，但因为光盘一次性写入的特性，通常用于文件备份和恢复。在这种应用背景下，用户往往只对文件进行顺序访问，故光盘文件的物理结构是将文件连续地存放在光盘上。

### 2. 物理记录与逻辑记录的关系

在使用文件存储器前，要选择好物理块的划分长度，并对其进行物理块划分。文件存储器的信息存储、读/写均以块为单位，这种物理块也称为物理记录。

文件的逻辑记录应保存在物理记录中。因逻辑记录的长度随不同文件而异，而物理记录的长度又与辅存介质有关，故二者并非是一一对应的关系。有时一个物理记录内可有多个逻辑记录，有时一个逻辑记录的信息需多个物理记录才能放下。必须由软件(操作系统或者应用程序)来解决逻辑记录长度与物理记录长度不匹配的问题，即解决逻辑记录到物理记录的映射。为讨论简单，可暂且规定一个物理记录仅能存放一个逻辑记录。对于流式文件，可以按物理块长度等分文件，把等分后等长的信息块称为逻辑块，这样流式文件的逻辑块可以一一对应地存放于物理块中。

### 3. 文件在辅存的存放方法

根据文件存储设备的特性及用户应用程序对其文件的访问方式，可以在文件存储器中将文件组织成以下几种基本的物理结构。

1) 顺序结构

若逻辑文件的字节或记录在辅存连续存储，其物理结构称为顺序结构。如果是流式文件，则是将文件的逻辑字节按序存放在辅存的连续块中。如果是记录式文件，如图 7.2 和图 7.3 所示为等长记录文件和变长记录文件的连续存放结构。

文件的顺序结构适合对文件的顺序访问，是否适合直接访问要看文件所存放的存储介质物理特性，如果是磁盘等支持直接访问的介质，当然适合直接访问。对于顺序访问的设备(如磁带或纸带机等)，只能组织成这种顺序结构的文件。当然，磁盘设备上也能组织顺序结构。对于顺序结构，用户在创建文件时应提供文件的最大长度，以便系统在开始建立文件时就为它分配足够的辅存空间。对顺序结构文件，如欲执行增补或删除操作，一般只能在文件的末端进行，故顺序结构适用于一次写多次读的文件。

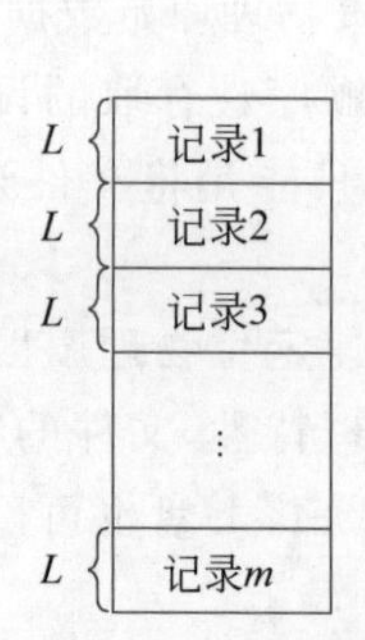


图 7.2 等长记录文件连续存放结构

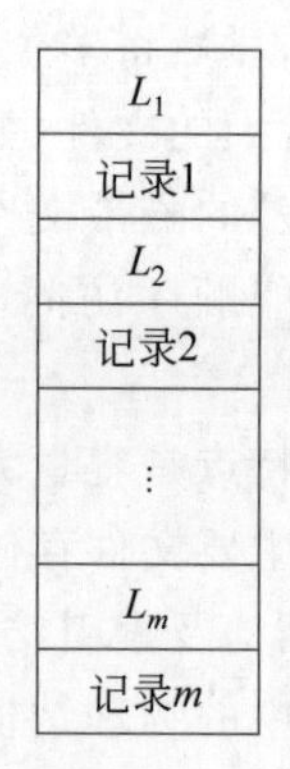


图 7.3 变长记录文件连续存放结构

2）链接结构

顺序结构不利于文件空间扩展且空间利用率低，若一个文件在辅存中是散布在辅存非连续的若干物理块中，且用向前指针把每个记录依次链接起来（如用每个记录的最后一个字作为指针，指向下一个记录的物理位置），这种组织形式称为链接结构，如图 7.4 所示。文件的链接结构比顺序结构空间利用率高，且文件操作（如增加、删除记录）灵活。

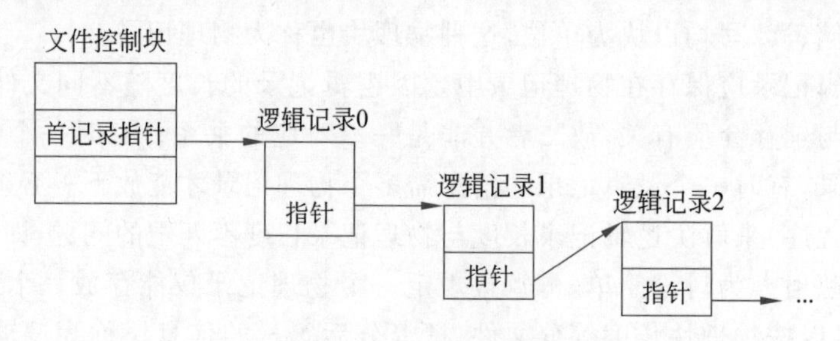


图 7.4 文件的链接结构

可直接访问的设备（如磁盘）可以组织成链接结构。对于需要直接访问的文件虽然可以采用链接结构组织文件的物理结构，但访问文件中间的某个记录时，得到该记录的存储块指针需要从第一个记录开始搜索，性能不好，因此实际系统很少用这种结构。

3）索引结构

链接结构不利于直接访问，为了克服这个缺点，可将文件的全部逻辑记录都散存在辅存的各物理块中，为文件建立一张索引表，登记相应逻辑记录的长度及其辅存的物理位置，表项按逻辑记录编号顺序排列，如图 7.5 所示。一个文件的记录个数有时可达数万个（如把大企业全部职工登记表作为一个文件，则每张登记表视为一个记录，该文件的记录个数可达数万之多）。这样索引表也会很大，一个物理存储块无法容纳索引表，这时可以考虑建立多级索引。如图 7.6 所示为二级索引结构示意图。

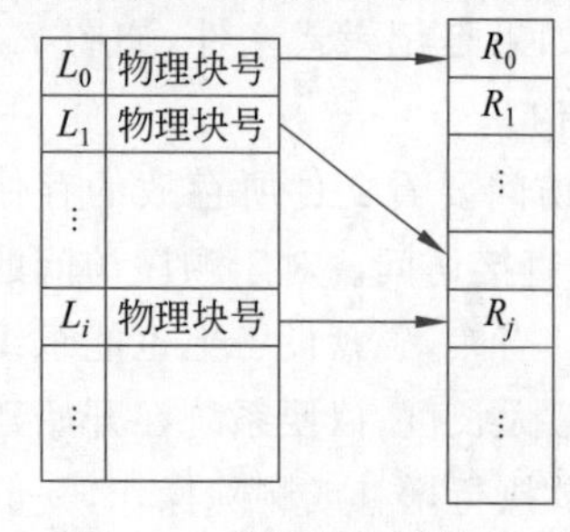


图 7.5 文件的索引结构

同理，只有可直接访问的设备才适合组织文件的索引结构。对于流式文件，可以建立由逻辑块到物理块的索引

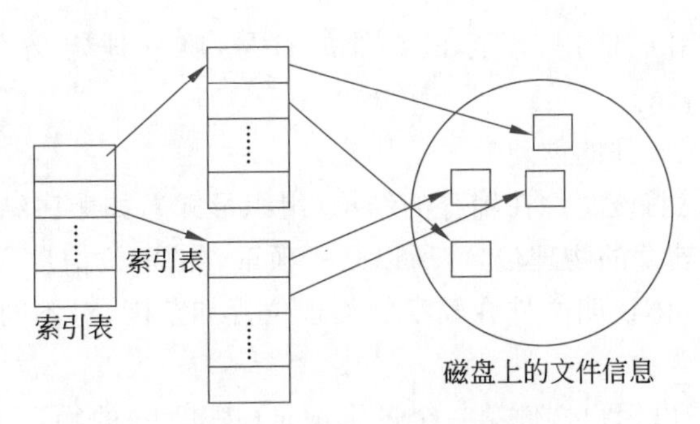


图 7.6　二级索引结构示意图

表。要访问第 $x$ 个逻辑块，即可以从索引表的第 $x$ 项中获得该逻辑块对应的物理块号。无论用户以顺序访问方式或直接访问方式访问文件，都可以将要读/写的字节在文件中的位置转换为逻辑块号与逻辑块内的字节偏移，再按逻辑块号从索引表中获得逻辑块所在的物理块号，得到文件数据。

4）索引链接

例如，在字节流式文件中将包含数据逻辑块所存放的物理块号信息的索引项按照文件逻辑块顺序链接起来，如图 7.7 所示。FAT 文件系统就是这种结构。在打开文件时，可以把索引项链都复制入内存，因为内存能够很好地随机访问，故直接访问文件时也能够比较快地定位文件信息所在物理块。

### 7.1.4　文件控制块

从操作系统管理的角度看，文件应包括文件控制块(File Control Block，FCB)和文件体。后者是文件的有效信息(或空间)部分；前者则是一张用于存放文件标识、定位、说明和控制等信息的表格。显然，操作系统为了管理和控制系统中的全部文件，必须对每个文件均设立一个控制块(也有称文件目录项或文件描述块)。最简单的文件控制块只有文件的标识和定位信息，这也是它的最基本内容。为了满足用户的各种需要，增加文件管理的功能，控制块中还应具有说明和控制方面的内容。当然，由于设计目标和管理方法的差异，各系统的文件控制块内容和格式也不尽相同。文件控制块中的常用内容如图 7.8 所示。

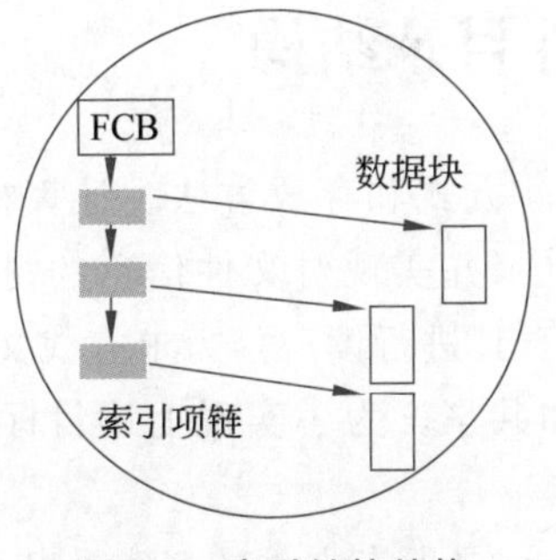


图 7.7　索引链接结构

| 文件名 |
| --- |
| 用户名 |
| 存放方式 |
| 物理位置 |
| 创建时间，保存期限 |
| 口令 |
| 操作限制 |
| 共享说明 |
| 其他 |

图 7.8　文件控制块中的常用内容

(1) 文件名：供用户使用，以标识文件的符号，唯一地定义文件(在一级目录情况下)。

(2) 用户名：标识文件的创建者——用户。

(3) 存放方式：说明该文件在辅存的结构(组织形式)，如顺序结构、索引结构。由于它关系到一个文件在辅存的物理位置，所以是一项重要的定位信息。

(4) 物理位置：具体说明文件在辅存的物理位置和范围，对不同的文件物理结构，应做不同的说明。

对顺序结构，应指出用户文件第一个逻辑记录(逻辑块)的物理地址(物理块号)及整个文件长度。

对链接结构，应指出用户文件首、末逻辑记录(逻辑块)的物理地址(物理块号)，末记录(块)的物理地址也可用记录(块)数代之。

对索引结构，则应包含索引表，指出每个逻辑记录(逻辑块)的物理地址(物理块号)、记录长度(定长块可以不要这个信息。记录如果是定长，这个域也可以不要)。在多级索引情况下，文件控制块中应包含最高级的索引表，其他索引表可以放在辅存其他块空间中。UNIX 的原始文件系统就是采用索引结构，因此 UNIX 中的 FCB 叫作索引节点(inode)，Linux 也沿袭了 inode 的叫法。

对索引链接结构，应该有指向索引链首的指针，这样通过索引链可以访问到任意文件块。

(5) 创建时间、保存期限：说明该文件记录的创建与保存时间。

(6) 口令。将用户规定的口令保存在控制块中便于系统核对，以增加文件的安全性。

(7) 操作限制：为了保护文件，应对其规定允许访问的操作类型，如规定只读文件、读/写文件、不加限制文件等。如对该文件执行违反规定的操作，则禁止执行。

(8) 共享说明：指出文件拥有者(即文件主)及其授权者的用户名，说明哪些用户可以共同使用该文件，有时还规定被授权用户共享该文件的使用权限(如只允许读或只允许读/写，而不允许其他操作)。这仅仅是文件共享的方法之一，现行系统尚有许多其他的方法。

(9) 其他：如增删说明，指出文件能否截断或删除和增补新内容等。

上述内容多由用户在建立文件时提供，或以后经相应操作补充某些说明。

## 7.2 文件目录结构

前面介绍了文件及文件控制块、文件的访问方式和存放方法。计算机系统存在大量的文件，操作系统要将它们存放于辅存储设备中，并实现对文件信息的“按名存取”，也就是说，要做到以用户命名的方式来定位文件并对其进行读/写，力求查找文件便利，减少查找文件时间，方便灵活地存取信息，利于保密和共享。为了实现上述目标，一般都用文件目录来管理所有文件。

文件目录可形象理解为文件的名址录——记录所有文件的名字及其存放的辅存空间地址信息。文件目录由目录项组成，每个目录项表示一个文件，目录项包含名字和文件控制块，或者把目录项设计成＜名字、文件控制块号＞组成。

如果把文件类比为图书馆的藏书，那么文件目录相当于藏书书目表。当图书馆藏书很少时，一本书目表足以罗列出所有藏书。当馆中藏书逐步增多时，一定要改变书目表结构，比如在书目表中对藏书分类，甚至为每类书籍设立一本书目表。同样地，计算机系统中的文件目录也存在多种表示方法，下面介绍几种不同的目录表示方法。

### 7.2.1　一级目录结构

一级目录结构就是为辅存的全部文件设立一张如图 7.9 所示的逻辑上线性排列的目录表。表中包括全部文件的控制块 FCB$i$（$i=1, 2, \cdots, n$）。一级目录结构又叫平面(Flat)文件结构。

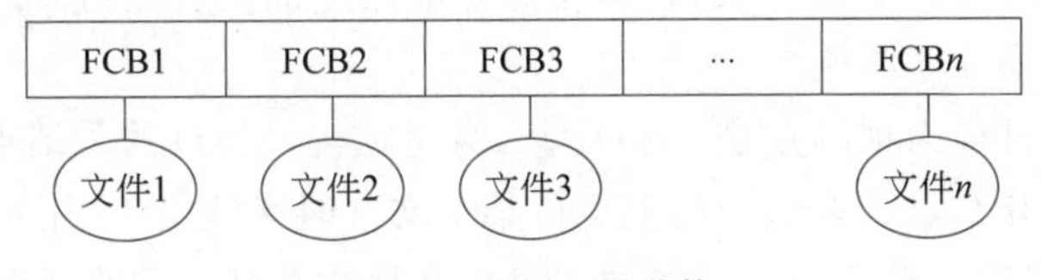


图 7.9　一级目录结构

每当建立一个新文件时，就在该目录中增设一项，把名字及文件控制块信息保存在该项中；每当删除一个文件时，就从该目录中抹去相应名字及文件控制块；每当访问一个文件时，先按文件名在该目录中查找到相应的文件控制块，经合法性检查后执行相应操作。

一级目录通常按卷（逻辑盘）构造，即把一卷中的全部文件目录项形成一级目录表，保存在该卷的固定区域。使用时先将目录表读出到主存，为了查找文件便利，目录表放入主存后一般采用 Hash 表结构，按照文件名的 Hash 值到 Hash 表中快速找到对应目录项。

当某卷的空间较大，文件数目很多时，目录结构中的目录项也随之增加。这不仅给文件的检索带来困难，更严重的是，还会因多个用户的文件同时保留在该卷带来“重名”问题。目录表是以文件名定位文件的，而所有用户文件均组织在一张目录表中，不同用户对不同文件容易取相同的文件名，如果让具有相同文件名的不同文件在目录表中同时出现，则给文件检索带来很大困难。许多系统均对文件名的字符长度做了限制，客观上使得“重名”问题极易发生。为解决一级目录结构中的“重名”问题，可引入二级目录结构。

### 7.2.2　二级目录结构

若将记录文件的目录分成主文件目录（主目录）和由其主管的若干子目录，且各子目录的物理位置由主目录中的目录项指出，这种结构即为二级目录结构。在多用户系统中常采用二级目录结构来解决一级目录表中的“重名”问题。二级目录结构设立一张主文件目录（Master File Directory，MFD），且为每个用户建立一个用户文件目录（User File Directory，UFD）。每个 UFD 在 MFD 中均有一个目录项，用于描述 UFD 的用户名及其物理位置。UFD 包含用户文件的所有＜文件名、文件控制块＞项，如图 7.10 所示。

当某用户对其文件进行访问时，系统可控制在该用户对应的子目录 UFD 上进行，这既能解决不同用户文件的“重名”问题，也在一定程度上保证了文件的安全。二级目录结

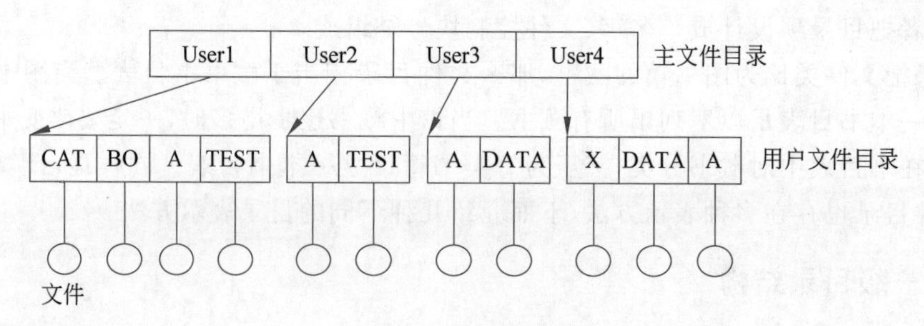


图 7.10　二级目录结构

构也可按卷构造，将主目录和子目录均保存在该卷的固定区域，使用时再调入主存。对MFD和UFD在辅存上的存放方式，也可参照如前已述的文件物理结构的几种形式来组织它们的物理结构。

二级目录结构可视为根结点是MFD的二级树结构，MFD的子结点是UFD，UFD的孩子结点则是树的叶结点。在这棵树上定位某个文件时必须给出"用户名＋文件名"。把两个名字拼在一起，称为路径名。系统中的每个文件均有唯一的路径名。

在上述二级目录结构中如何放置系统文件呢？系统通常将加载程序、汇编程序、编译程序、其他实用程序、库程序等软件分别组成文件。许多命令解释程序当接到某条命令时，通常是直接查找与命令功能相对应的系统文件，并将其装入、执行。但是在这种二级目录结构中，文件的查找均是在当前用户的UFD中查找，显然只有将所有的系统文件分别复制到各用户文件目录下，才可能找到用户所需的系统文件。这种组织系统文件的方法显然是对空间的极大浪费。在实际系统中，通常是将系统文件单独地建立一级子目录，把它看成一个特殊的用户目录（如User0），并且扩充文件查找算法。需要查找一个文件时，先在其用户文件目录中查找，若没有找到，继续在系统文件目录中查找。当然为了彻底解决文件被多用户共享的问题，还需引入后面的无环图目录结构。

二级目录解决了将不同用户文件分开存放并建目录进行索引的问题，但是如果用户文件太多，在一个子目录下存放用户所有文件同样也会存在"重名"问题，因此引入了树状目录结构。

### 7.2.3　树状目录结构

在二级目录的基础上，可将目录结构扩充成更一般的树状结构。树状目录结构也称为多级目录结构。在如图7.11所示的树状目录结构中，任何一级目录中的目录项既可描述次一级的子目录，又可描述一个具体的文件。

为了方便用户对文件分类，一个灵活的文件系统应该允许用户在其所处的目录级上建立所需的子目录。例如，某用户同时处理三个部门的事务，想把同一部门的文件均置于一个子目录中。为了满足用户的这种需要，可把二级目录推广成树状目录。许多实际系统均使用树状目录结构，如Linux。在树状目录结构中有根目录，树中的每个文件具有唯一的路径名。路径名为根结点与经子目录的各级结点直至文件的结点名的顺序组合。

这种树状目录结构便于文件分类管理，但耗费查找文件时间，一次访问可能要经过若

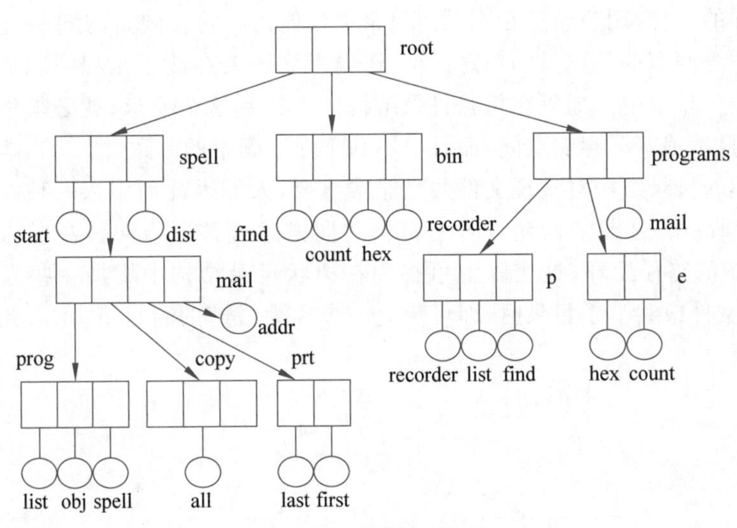


图 7.11 树状目录结构

干次间接查询才能找到最终的文件。例如，要查找图 7.11 中的文件 all，根据其路径名 root/spell/mail/copy/all（在 Linux 中根目录的表示不一样，“/”不但是分隔符，在最左边时还代表根目录），要从根目录逐级往下查找。如果目录树很大而不能都放入主存，则不仅耗费查找时间，对 I/O 通道也增加了压力。

为了加快对要访问文件 FCB 的定位，可引进“当前目录”来克服这一缺陷，即用户可指定（如 Linux 用 cd 命令）某级目录作为用户“当前目录”，当前目录的 FCB 事先已读入并保存在主存。该用户欲访问某个文件时就不用给出全部路径，只需给出从“当前目录”到欲查找文件之间的相对路径名。如指定图 7.11 中的 mail 为“当前目录”，则用户访问文件 all 时只需给出./copy/all 相对路径名，两步即可找到该文件。

一般情况下，每个用户都各自有一个“当前目录”，当用户注册时，操作系统在计账文件（Accounting File）中查找与该用户所对应的信息项。计账文件除保存用户计账所需信息外，同时保存一个指向用户初始“当前目录”的路径名。“当前目录”最初在用户登录时自动置为该用户的初始“当前目录”。操作系统提供一条专门的系统调用，供用户随时改变“当前目录”。例如，在 UNIX/Linux 系统中，/etc/passwd 文件中就包含用户登录时默认的“当前目录”，可用 cd 命令改变“当前目录”，该命令调用 chdir 系统调用改变“当前目录”。

目录和文件都存放在辅存当中，在文件系统对文件进行访问时必须获得文件的 FCB。文件的 FCB 是通过从根目录或“当前目录”逐级下查而获得的。对于根目录和“当前目录”当然需要很快地查找到。通常把这些目录的 FCB 复制放在主存中以利引用。

树状目录结构可以很方便地对文件进行分类，同时利用相对路径可以减少对文件控制块的磁盘目录的访问次数。

### 7.2.4 无环图目录结构

树状目录结构便于实现文件分类，但不便于实现文件由多目录共享。事实上，可能会出现一个同样的文件,用户希望在不同的目录中都能访问它。例如,对于一个身兼维修工程师和行政主管两职的某职员的信息文件,逻辑上它既要存放于工程师职员目录中也应存放于行政职员目录中。如果在树状目录结构中要达到这个要求,就必须生成两份文件副本,但这样显然浪费了存储空间,而且也不利于保证副本的一致性。

组织合理的目录结构对实现文件共享非常重要,人们因此而引入一种无环图目录结构,如图 7.12 所示。这种结构允许若干目录共同描述或共同指向被共享的子目录或文件。图 7.12 中的路径无环,这实际上可视为在树状目录结构中增加一些未形成环路的链,当需共享文件或共享子目录时,即可建立一个称为“链”的新目录项,由此链指向共享文件或子目录。

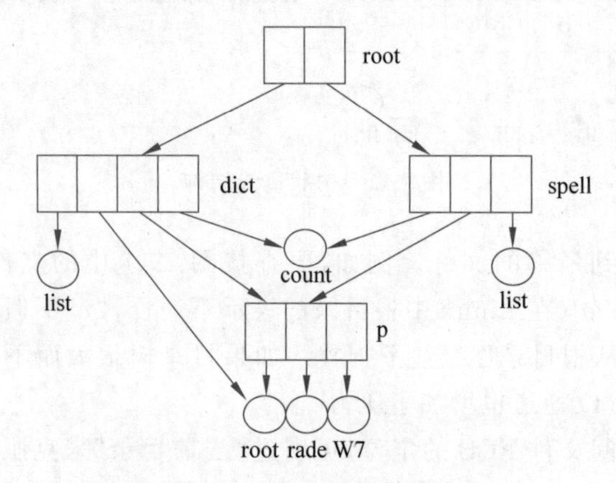


图 7.12 无环图目录结构

就文件共享而言,无环图目录结构比树状目录结构更灵活,但管理上更复杂。而且在无环图目录结构中,同一文件可能有多个完整路径名。若欲遍历整个文件系统(搜索其文件,统计所有文件,或转储所有文件)时,则可能重复遍历图中某些结点(共享结点)。

此外,当需要时怎样删除无环图目录结构中的共享结点呢?例如,对于被两个用户共享的文件,若一个用户简单地将其删除,那么另一用户的某级目录中原来的共享链便因指向了一个当前不存在的文件,即仍指向已删文件的物理地址而发生错误。另外,如果在不同目录中存放同一文件 FCB,则很难维护 FCB 一致性。因此需要改进其实现。

如果如图 7.12 所示将 FCB 仍然存放在目录中,会出现共享文件/目录拥有多 FCB 副本的问题,实现起来很难,因此人们提出了一种改进方案。目录中并不是直接存放该目录所含文件/子目录的 FCB,目录由占用空间更小的目录项组成,每个目录项包含所描述的文件/子目录名字以及对应的 FCB 所在磁盘空间的地址(FCB 号),通过目录项可以获得对应的 FCB,如图 7.13 所示。这样一来,同一个文件或目录可以有多个路径名,而且文件或目录只有唯一一个 FCB。

对于共享文件的删除问题,一种可行的解决方法是,在 FCB 中设置一个访问计数器(或称共享计数器)。每当图中增加一条对某个 FCB 的共享链时,访问计数器加 1;每当需要删除某个路径名时,其 FCB 访问计数器减 1。若访问计数器为 0,则删除该 FCB,否则只减少访问计数,保留 FCB。

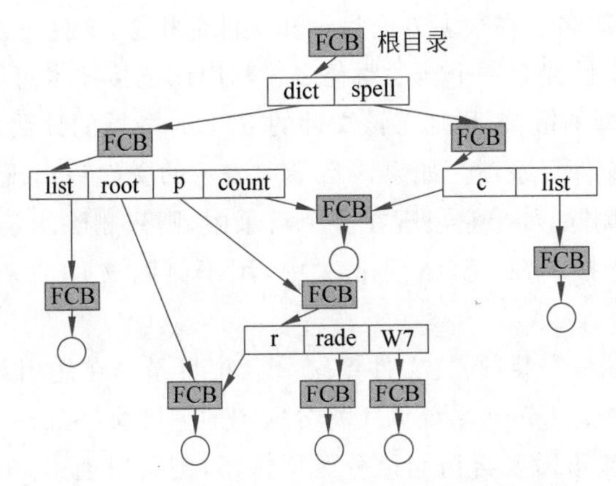


图 7.13　将 FCB 独立存放的无环图目录结构

## 7.2.5　目录系统调用

目录可以看成文件或子目录的一个容器，文件系统管理模块需要包含程序实现如下的主要目录操作。

(1) 创建目录项。在给定目录中新建一个代表文件或子目录的目录项，通常还会建立对应的 FCB。如创建文件及子目录时会创建对应目录项。

(2) 删除目录项。在给定目录中删除指定文件或子目录的目录项，通常还会释放 FCB，如果 FCB 还被其他目录项共享，则不用释放。如删除文件及子目录时会删除对应目录项。

(3) 文件名及属性修改。修改目录项的文件名或 FCB 中的属性。

(4) 查找目录项。给定一个文件名或目录文件名，找出表示该文件或目录文件的相应目录项。如在打开文件系统调用处理时就需要查找文件的目录项，从而获得 FCB；在创建文件系统调用处理时需要查找到文件所在目录文件的 FCB。另外，对目录项的创建、删除、修改操作都需要用到查找操作。

下面给出 UNIX/Linux 中有关目录的一些系统调用，这些系统调用可以由用户态程序调用，往往是一些与文件系统相关的实用程序调用。系统调用处理程序会调用前面所述的目录操作函数。

(1) mkdir 创建目录。

(2) rmdir 删除目录。只有空目录可删除。

(3) opendir 打开目录。例如，为列出目录中全部文件属性，程序必须先打开该目录，然后读其中的目录项。

(4) closedir 关闭目录。读目录结束后，应关闭目录以释放内部表空间。

(5) readdir 返回打开目录的下一个目录项。以前也采用 read 系统调用来读目录，但这一方法有一个缺点：程序员必须了解和处理目录的内部结构，相反，readdir 总是以标准格式返回一个目录项。

(6) rename 目录改名。在很多方面目录和文件都相似,文件可换名,目录也可以。

(7) link 为已有文件建立一个新的路径名。利用该链接技术可以在多个目录中共享同一个文件。这种类型的链接,增加了该文件的 FCB 计数器的计数,又称为硬连接。

(8) unlink 删除文件目录项。如果该目录项表示的文件只出现在一个目录中,则将该文件从文件系统中删除,如果它出现在多个目录中,则只删除指定路径名的链接,依然保留其他路径名的链接。在 UNIX/Linux 中,用于删除文件的系统调用实际上就是 unlink。

(9) mount/umount 安装/卸装文件系统分区根目录。在使用某个文件系统分区中的任意文件前,需要通过 mount 系统调用将分区中的超级块(Super Block)和文件系统的根目录读入内核。如果不需要再访问该分区文件了,则可以通过 umount 释放内核相关数据结构。

例如,ls 命令实现程序就会调用 opendir()、readdir()等系统调用来实现对当前工作目录中文件和子目录信息的读出及输出。

## 7.3 文件存储器空间布局与管理

系统可以连接多种辅存储设备,如磁盘、光盘等。现在,主要的辅存储设备是磁盘设备、Flash 存储器。下面先介绍如何划分文件存储器空间,再看看如何管理这些空间。

### 7.3.1 文件存储器空间的划分与初始化

文件存储空间可称为它文件卷(又叫文件系统分区)。文件卷可以是一个物理磁盘,或一个物理磁盘的一部分。一个支持超大型文件的文件卷可以由多个物理磁盘组成,如图 7.13 所示。

图 7.14 只是给出了一个示意图。图中存放文件数据信息的空间(文件区)和存放文件控制信息 FCB 的空间(目录区)是分离的。但要注意,现在涌现了许多文件表示和存放格式,不同的格式由操作系统不同的文件管理模块(又叫文件系统驱动)管理,有些操作系统有许多不同的文件管理模块,通过它们可以访问不同格式的逻辑卷中的文件。例如,Linux 操作系统就支持 EXT、NTFS、UFS 等不同格式的逻辑卷。对于不同格式的逻辑卷,目录区和文件区的布局会有所不同。

逻辑卷在能够提供文件存放之前,必须由专门的和文件系统格式相关的实用程序对其进行初始化,划分好目录区及文件区,建立空闲空间管理表格及存放逻辑卷信息的超级块,建立卷的根目录。

不同文件系统格式逻辑卷不但有不同的目录区和文件区布局,而且目录结构、FCB 结构、目录区和文件区的空间管理算法也不同。下面介绍如何进行辅存空间的管理。

### 7.3.2 文件存储器空间管理

存储器空间管理与文件的物理结构相关,当然文件的物理结构与文件存储器的物理

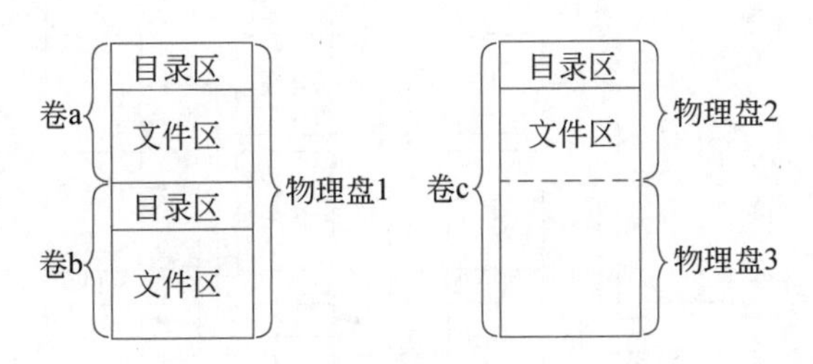


图 7.14 逻辑卷与物理磁盘的关系

特性有关。文件连续存放与非连续存放，导致表示空闲空间的数据结构不同。如磁带设备是一种顺序访问设备，其上的文件物理结构须采用顺序结构，对它的管理和分配类似主存空间连续分配的管理方法。

目前系统均采用磁盘作为主要的文件存储器，磁盘设备的直接访问特性可以更灵活地组织文件物理结构。因此，下面主要以磁盘为对象，讨论如何管理空间。根据前面所介绍的文件物理结构，目前对磁盘空间的分配通常使用索引式分配，也有可能使用连续分配。

在系统运行过程中，文件频繁地被创建和删除，文件系统对磁盘空间的分配保持一个称为"自由空间表"的数据结构。该表记录着当前磁盘上空闲的扇区(物理块)。

"自由空间表"是文件系统的重要数据结构，通常组织成"位向量"结构。磁盘是以柱面为单位的，如果把磁盘某个柱面中的扇区(物理块)，按约定方法顺序编号(如图 7.15 所示)，则每个柱面对应一个"位向量"，而所有柱面"位向量"组成的"位图"数组就记录了整个磁盘空间的使用情况。

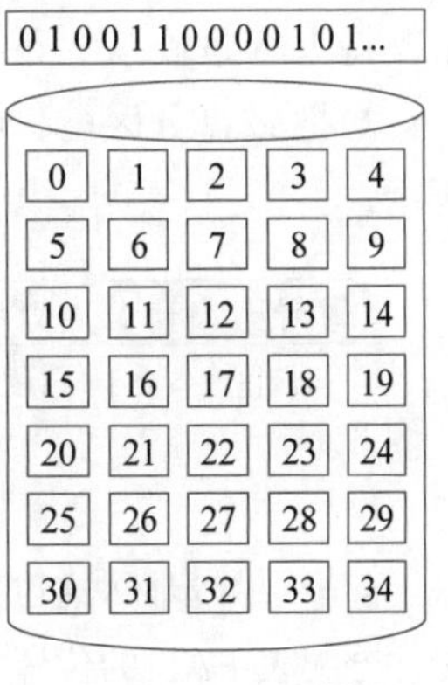


图 7.15 位向量

描述磁盘空间分配的另一种方法是，将所有空闲扇区组织成一条链，每个空闲扇区内均设一个指针，指向下一个空闲扇区，系统保持指向第一个空闲扇区的指针。将空闲扇区组织成链表的方法对于查询空闲块很不方便，且效率很低。为了在链表中搜索空闲块，每次都必须进行 I/O 操作，读出一个扇区的内容后，才能按其指针找到下一个空闲块的地址。

为了减少磁盘 I/O 次数，人们对空闲扇区链接加以改进，将空闲扇区成组地链接，如图 7.16 所示。把顺序的 $n$ 个空闲扇区地址保存在第一个空闲扇区内，其后一个空闲扇区内则保存另一顺序空闲扇区的地址，如此继续，直至所有空闲扇区均予以链接。系统只需保存一个指向第一个空闲扇区的指针。假设磁盘最初全为空闲扇区，则其成组链接如图 7.16 所示(图中编号为扇区号)，从而可迅速找到大批空闲块地址。早期 UNIX 操作系统中的 S5 文件系统就是这样组织磁盘可用空间的。

表示文件存储器空闲空间的"位向量"表或第一个成组链块，以及卷中的目录区、文件区划分信息也都需要存放于辅助存储器中，一般是存放在卷头，在 UNIX/Linux 的有关卷格式中把它称为"超级块"。在对卷中文件进行操作前，即在文件系统分区安装

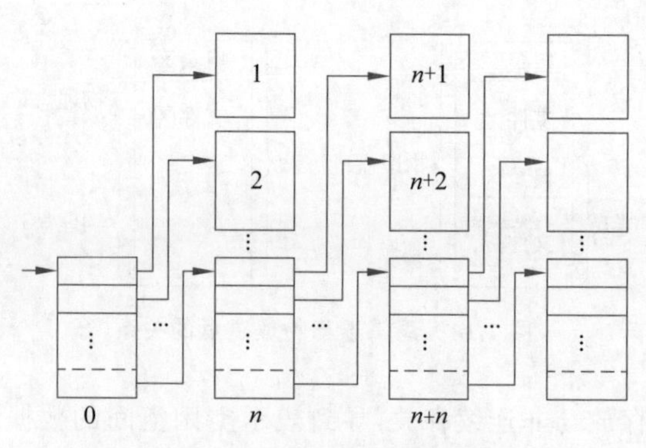


图 7.16　空闲扇区的成组链接

(mount)时，“超级块”一定要预先读入系统空间的主存，并且经常保持主存“超级块”与辅存卷中“超级块”的一致性。

### 7.3.3　FAT 文件系统磁盘布局

FAT 是由微软公司最初为 DOS 操作系统开发的，迄今仍是 Windows NT 及其他操作系统如 Linux，FreeBSD 支持的最简单的文件系统。FAT 共有三个版本，初期的 FAT 就是现在俗称的 FAT12，适用于小容量设备，如软盘的文件系统。FAT16 对 FAT12 做了简单的扩充，用在 Windows 早期版本中；而 FAT32 随着 Windows 95 OSR2 的发布，开始支持大容量硬盘。下面以 FAT16 为例详细描述 FAT16 文件系统的磁盘布局。

当把磁盘分区（又叫逻辑盘/文件卷）格式化为 FAT 文件系统时，磁盘分区如图 7.17 所示。

| 引导扇区 | FAT1 | FAT2(重复的) | 根文件夹 | 其他文件夹及文件存放区 | 剩余扇区 |
|---|---|---|---|---|---|
| 1扇区 | 大小与簇数相关 | 同FAT1 | 32个扇区 | 簇(从2开始编号) | 不足一簇 |

图 7.17　FAT16 的磁盘分区

(1) 引导扇区，这也是所谓的“超级块”。主要包含描述分区的各种信息，包括簇的大小、文件分配表 FAT 的位置等。此外，用于加载操作系统内核的引导程序也存储在引导块中。

(2) FAT1。FAT 是 File Allocation Table 的简称。每个簇都有一个 FAT 表记录项与其对应，记录了簇的分配情况，如簇已被分配给文件，则记录文件的逻辑后续数据所存簇号。FAT 表有一份副本，就是我们看到的 FAT2。FAT2 与 FAT1 的内容通常是即时同步的，也就是说，如果通过正常的系统读/写对 FAT1 做了更改，那么 FAT2 也同样被更新。FAT 文件系统将文件数据存放区分成同等大小的簇，典型的簇大小为 32 扇区。每个文件根据它的大小可能占有一个或多个簇，这样一个文件由簇链表示。文件并不一定在一个连续的磁盘空间上存储，它们经常是在整个数据区域零散分布。

文件分配表(FAT)是簇的记录项列表。每个记录项记录了簇的 5 种信息中的一种，如表 7.1 所示。

表 7.1　FAT16 记录项的取值含义(十六进制数)

| 记录项的取值 | 对应簇的分配情况 |
|---|---|
| 0000 | 未分配的簇 |
| 0002～FFEF | 已分配,文件下一簇号 |
| FFF0～FFF6 | 系统保留 |
| FFF7 | 坏簇 |
| FFF8～FFFF | 已分配,文件结束簇 |

(3) FAT 文件系统根据根目录来寻址其他文件(包括文件夹/子目录),故根目录的位置必须在之前得以确定。FAT 文件系统就是根据引导区中存放的分区的相关参数与已经计算好的 FAT 表(两份)的大小来确定的。格式化以后,根目录的大小和位置其实都已经确定下来了,位置紧随 FAT2 之后,大小通常为 32 个扇区。根目录之后便是数据区第二簇。

(4) FAT 文件系统的一个重要思想是把目录(文件夹)当作一个特殊的文件来处理,在 FAT16 中,虽然根目录地位并不等同于普通的文件或目录,但其组织形式和普通的目录并没有不同。FAT 分区中所有的目录/文件的 FCB 占用 32B,其格式如表 7.2 所示。

表 7.2　FAT16 中的 FCB

<table>
<tr><th>字节偏移</th><th>字节数</th><th colspan="2">定义</th></tr>
<tr><td>0x0～0x7</td><td>8</td><td colspan="2">文件名</td></tr>
<tr><td>0x8～0xA</td><td>3</td><td colspan="2">扩展名</td></tr>
<tr><td rowspan="7">0xB</td><td rowspan="7">1</td><td rowspan="7">属性字节</td><td>00000000(读写)</td></tr>
<tr><td>00000001(只读)</td></tr>
<tr><td>00000010(隐藏)</td></tr>
<tr><td>00000100(系统)</td></tr>
<tr><td>00001000(卷标)</td></tr>
<tr><td>00010000(子目录)</td></tr>
<tr><td>00100000(归档)</td></tr>
<tr><td>0xC～0x15</td><td>10</td><td colspan="2">系统保留</td></tr>
<tr><td>0x16～0x17</td><td>2</td><td colspan="2">文件的最近修改时间</td></tr>
<tr><td>0x18～0x19</td><td>2</td><td colspan="2">文件的最近修改日期</td></tr>
<tr><td>0x1A～0x1B</td><td>2</td><td colspan="2">表示文件的首簇号</td></tr>
<tr><td>0x1C～0x1F</td><td>4</td><td colspan="2">表示文件的长度</td></tr>
</table>

(5) 在 FAT 文件系统的文件 FCB 中,记录了**文件名**和属于该文件的**起始簇编号**。该编号用于索引文件分配表记录项,FAT 表与 FCB 的关系如图 7.18 所示,这种结构是一

种索引链式结构，文件数据块的链接是通过 FAT 记录项链间接链接的，如果 FAT 表可以全部缓存于主存，文件数据块搜索可以很快；由于每个簇都要有一个 FAT 记录项，当分区很大时 FAT 表会很大，FAT 表不可能全部放在主存中，这样就会影响文件数据块的搜索速度。

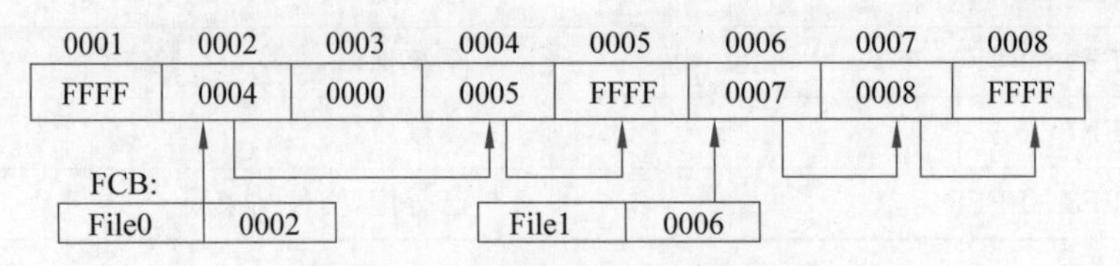


图 7.18 FAT 表与文件 FCB 的关系

(6) FAT 文件系统的目录文件中的目录项，实际上就是图 7.18 中的 FCB，FCB 中只包含其所描述的文件所占的第一个簇，这种存储结构属于索引链式结构，链指针域存在于 FAT 表项中，FAT 表项因为与簇对应，可以看作对应簇的索引，故这种链是索引链。

## 7.4 文件访问接口

操作系统必须为用户提供若干系统调用，以便有效地使用和控制文件。最基本的系统调用包括建立文件、删除文件、打开文件、关闭文件、读文件、写文件及其他一些系统调用，如设定文件读/写当前位置、获取文件属性、设置文件属性等。

目录可以看成一种特殊的文件，目录由目录项组成，目录项可以是文件控制块(FCB)，或文件名字和文件控制块索引信息。不管目录项是如何构成的，操作系统文件管理模块对目录的处理一定不同于对文件的处理。如果把目录看成特殊文件，则可把目录项看成特殊文件中的记录。某些操作系统(如 UNIX/Linux)对目录有一套不同于普通文件的系统调用接口。前面已经做了有关目录系统调用的功能说明。

UNIX/Linux 的针对普通文件的系统调用有 creat、unlink、open、close、read、write、lseek 等。

另外还有 Memory-map 方式文件访问接口，操作系统需要提供相应系统调用建立或解除文件与虚存空间的映射关系，对虚存空间的访问被映射到对文件的访问。

### 7.4.1 传统文件系统调用的实现

本节主要讨论建立文件、删除文件、打开文件、关闭文件、读文件、写文件 6 条基本系统调用的实现原理，并没有针对特定操作系统的系统调用讨论，各特定操作系统实现方法可能会有些差异。对其他系统调用，不予展开。读者可以上网去参看 Linux 的文件相关系统调用实现。

#### 1. 文件的建立与删除

当用户欲将一批信息作为文件保存在文件存储器中时，应向系统提出建立一个新文件的请求，这一请求通过执行“建立文件”系统调用来实现。

"建立文件"系统调用参数包括下述内容。

(1) 文件名。用户欲建立文件的文件名。对于多级目录结构应给出路径名。

(2) 文件说明和控制信息。此项内容与具体系统有关,一般包括操作限制、共享说明、口令、密码、最大长度等。

文件系统接到此系统调用命令后,先检查其参数的合法性,在文件目录结构的适当位置(在相应目录中)按提供的参数建立一个文件控制块。该系统调用仅完成建立文件控制块的工作,文件写入辅存则由"写文件"系统调用完成。为了节省辅存空间,通常为文件分配辅存空间在"写文件"系统调用处理时进行。

当一个文件已完成其历史使命,不再为用户需要时,应及时向系统声明删除该文件。"删除文件"系统调用参数一般只给出文件名。文件系统按文件名从目录中查出文件控制块后,先释放文件信息所占用的辅存空间,然后释放文件控制块所占用的辅存空间。

**2. 文件的打开与关闭**

系统将文件目录存于辅存文件卷中,在需要访问文件时,对应文件的文件控制块(FCB)需保存在主存中,在主存系统空间中设一张活跃(工作)文件目录表,用于存放当前一段时间内需读/写文件的文件控制块,这样既不占用过多的主存空间,又可显著减少文件在使用过程中针对辅存的目录查询时间。活跃文件目录表可看成文件目录项(含FCB)在主存的缓冲区,将经常要用到的文件控制块存放于缓冲区中。

系统为此专门提供了两条系统调用:打开文件、关闭文件。"打开文件"系统调用参数一般只需指出文件名(路径名),通知文件系统用户要使用相应文件。操作系统此时将该文件的控制块存入主存的活跃文件目录表。当进程在运行过程中打开一个文件后,为方便检索活跃文件目录表中的文件控制块,通常也将被打开的文件相关数据结构索引保留在进程内部。为此人们在进程 PCB 内建立了一个"打开文件表",专门记录该进程当前已打开的所有文件的若干有关的信息。

在此引进两个数据结构:为每个用户进程单独设置一张"打开文件表",保存该用户进程当前所有已打开文件信息;为整个操作系统设置一张"活跃文件目录表",保存系统内各用户进程当前所有已打开文件的文件控制块。

为节省"活跃文件目录表"所占用的主存空间,系统希望用户在不用(或暂时不用)某文件时,应及时通知系统收回其文件控制块所占的活跃目录表的空间,以便其他文件控制块使用。"关闭文件"系统调用便是为此而提供的。系统接到用户的"关闭文件"系统调用时,将其原来在活跃目录表中的文件控制块写回辅存目录,并释放活跃文件目录表中的相应项。当某文件被关闭后,如用户需重新使用该文件,则要再次打开该文件。系统重新将其文件控制块放入活跃文件目录表后,方能进行读/写。

在许多操作系统中,允许正被一个进程访问的文件同时也可以被其他进程访问。比如一个人事信息文件在被人事主管查询的同时,也应该可以被总经理查询,而不能让总经理等待人事主管查询完毕后再访问该文件,这样可以实现文件共享,提高系统性能。为此,在打开文件表和活跃文件目录表之间引入一个记录本次打开的"读/写状态信息表"。该表存放本次打开的读/写许可、文件读/写位置指针信息等,这些表格之间的关系如图 7.19

所示。

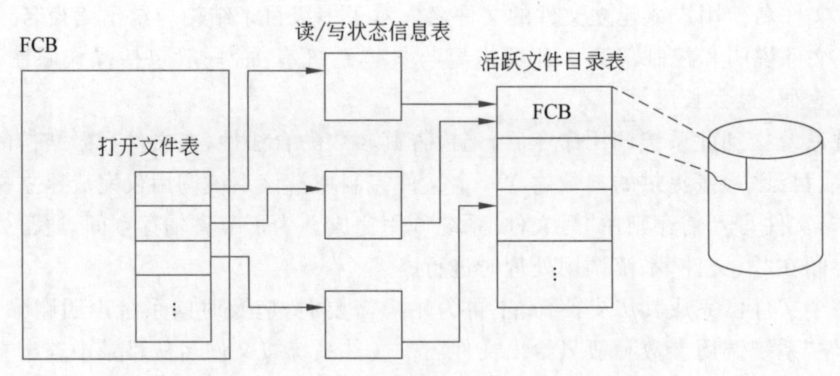


图 7.19　打开文件时所建的表格之间的关系

进程打开文件表,保存读/写状态信息表指针,读/写状态信息表中有指针指向活跃文件目录表的某个表项。打开文件的系统调用会返回用户程序的一个打开文件表中的表项索引号作为文件内部索引号。如图 7.19 所示,对同一个文件的两次不同的打开,会建立两个不同的读/写状态信息表,但它们共享同一个活跃文件目录表项。读/写状态信息表中分别记录下一次读/写操作所访问的数据偏移信息。比如同一进程的两个线程对某文件以读方式两次打开,各自从第 0 字节开始读数据,在各自的读/写状态信息表中记录本次读完成以后下次读的字节位置信息。

当打开一个先前已被打开的文件时,无须从辅存复制文件控制块,因为文件控制块已在主存,只需建立一个新的读/写状态信息表,并填入在活跃文件目录表中的文件控制块地址。同理,在关闭一个文件时,如果文件被打开过多次,关闭文件的系统调用处理只需要释放读/写状态信息表和所占的打开文件表项,最后一个关闭操作才真正释放活跃文件目录表中的文件控制块表项。

### 3. 文件的读/写

文件数据写入辅存或从辅存读出,是通过"写文件"或"读文件"系统调用来实现的。因此"写文件"或"读文件"系统调用参数包括下列内容。

(1) 文件内部号。

(2) 起始逻辑记录号/字节号(若省略,则表示将文件读/写状态信息表中的当前记录/字节作为起始逻辑记录/字节):表示要读/写的文件起始逻辑记录号/字节号,供文件系统模块根据 FCB 中的文件定位信息用于确定欲读/写信息的辅存地址。

(3) 记录数量/字节长度:此次欲读/写信息的长度。

(4) 欲读/写信息的主存地址。

系统接到读/写系统调用时,在逻辑上大致完成下列工作。

(1) 核实所给参数的合法性。

(2) 按文件内部号找到打开文件表中相应项,通过连接指针可获得读/写状态信息表、活跃文件目录表项,从活跃目录表项中得到该文件的文件控制块。

(3) 按文件控制块的内容核对操作限制和共享说明。

(4) 将逻辑记录号/字节号和长度转换成文件数据所对应的辅存物理地址。在写情况下,如果找不到对应的物理地址,表示文件辅存空间不够,应该先为文件申请辅存空间。

(5) 如果是写系统调用,则将数据从用户区复制到系统区,将物理地址、系统区主存地址、长度等参数填好,调用辅存驱动程序进行输出操作;如果是读系统调用,则先分配系统缓冲空间,将物理地址、系统区主存地址、长度等参数填好,调用辅存驱动程序进行输入操作,在输入完成后将系统缓冲区数据复制到用户区。

### 7.4.2　存储映射文件访问

前面所述的文件访问方法,需要编程者在进程用户空间准备好文件数据缓冲区,并且需要处理文件的哪部分数据就将该数据读入缓冲区,或从缓冲区写入文件,该缓冲区重用时需要进行多次读/写文件系统调用。即要访问文件中的数据时,必须先将一部分数据读到进程空间或在进程空间准备好部分数据写到文件,然后再处理下一部分数据。也就是说,文件中的数据是一部分一部分地从文件读到进程空间或从进程空间写到文件。

现在的操作系统都实现了进程虚拟存储。进程空间非常大,在进行文件访问时,有时不必为了节省进程空间,而把要访问的文件分成小段读入进程空间并进行处理。可以利用操作系统提供的存储映射(Memory-Map)系统调用,在要读/写文件前,将文件映射到一段进程虚地址空间。然后就可以直接读/写该段虚地址进行文件访问,如图 7.20 所示。当不再需要读/写该文件时,文件则与虚地址空间脱钩。

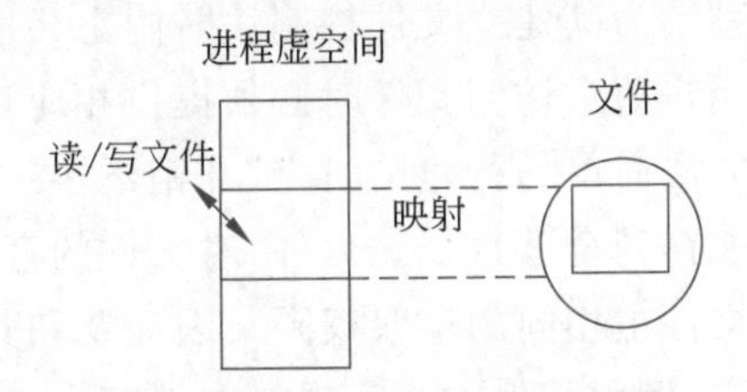


图 7.20　存储映射文件访问示意图

操作系统提供以下两条系统调用用于实现存储映射文件访问。

(1) 映射文件(map):打开文件后通过该系统调用将一个文件映射到一段进程地址空间。

(2) 取消映射(unmap):将文件与指定虚空间段脱钩。

在操作系统实现 Map 系统调用时,实际上建立了内部页表,将进程的某段空间页的页表项中辅存地址域指向了文件所在的辅存块。当用户初次访问该段的页时,操作系统缺页处理程序将对应文件块信息从辅存读入主存。当某页被存储管理页淘汰程序淘汰时,会被写到文件的对应辅存块中。将文件与指定虚空间段脱钩时,会将页帧内容写回文件并且释放映射文件的这段虚空间。

使用存储映射文件访问也有不利的一面。首先,操作系统内部不易实现将它与传统文件访问方式处理一致。如果操作系统对这两种文件访问方法进行不同的处理,需花费很大开销以保证应用两种文件访问方法数据是一致的。另外,文件可能还是大于进程空间,不一定能够将整个文件一次映射到虚空间。再就是存储映射文件访问无法让文件长度动态增长,而用写文件系统调用写到文件尾时可以动态申请辅存空间来增加文件长度。

## 7.5 文件保护

用户非常关心的是其存在计算机系统中的信息能否得到严格的保护。用户文件的破坏一般有两种可能：一是文件信息可能被其他用户或外来者窃取、破坏，或他人对文件进行未授权的访问；二是由于硬件方面的某些物理原因导致文件内容被破坏。前者是文件保护问题，后者是系统可靠性问题。

### 7.5.1 文件访问保护

要防止系统中的文件被他人窃取、破坏，以及在共享过程中对文件进行未授权的操作，就必须对文件采取有效保护。文件有许多保护方法，例如，对于单用户系统可简单地将其文件存储介质（如U盘）锁在保险柜里，但对于多用户文件系统，这样做无实际意义，必须寻求其他可行的方法。

#### 1. 口令保护

实施文件保护的一种方法是采用“口令”。用户在建立一个文件时即提供一个口令，系统为其建立文件控制块时附上相应口令，同时将口令告诉允许共享该文件的其他用户。用户请求访问文件时必须提供相应口令，仅当口令正确时才能打开文件进行访问。这种方法简单易行，且“时空”开销不多。缺点是口令直接存在系统内，不诚实的系统程序员可能得到全部口令。另外，对文件的存取权限不能分级控制，得知文件口令的用户均具有与文件主相同的存取权限。因此要和其他方法配合使用，即系统用口令识别访问文件的用户，而用其他方法实现对文件存取权限的控制。当前多数实用操作系统一般不提供此功能，而改由访问文件的应用程序如Word编辑器提供口令保护。

#### 2. 加密保护

对文件加密使文件窃取者即使得到文件也不能使用这些信息，即在文件写入时进行保密编码，读出时进行译码。这一编译码工作可由系统替用户完成，但用户请求读/写文件时需提供密钥，以供系统进行加密和解密。由于密钥不直接存入系统，只在用户请求读/写文件时动态提供，故可防止不诚实的系统程序员窃取或破坏他人的文件。

密码技术发展迅速，保密性很强，实现时也很节省存储空间，但需花费较长的译码时间。

#### 3. 访问控制

“口令”和“密码”技术都是防止用户文件被他人存取或窃取，并没有控制用户对文件的访问方式。要实施文件对不同用户进行不同的保护，就需要通过检查用户拥有的访问权限与本次存取操作是否一致，来防止未授权用户访问文件和被授权用户越权访问。

1）访问控制矩阵（访问表）

为了对用户的文件访问操作（如读、写、执行等）进行控制，操作系统可以在内部建立一个二维的“访问控制矩阵”：其中一维列出操作系统的全部用户名；另一维列出系统内的全部文件。矩阵中的每项指明用户对相应文件的访问权限。当用户的进程请求访问文件时，操作系统就通过访问控制矩阵，验证用户所需的访问与规定的访问权限是否一致。若越权，则拒绝此次用户对文件的访问。这种访问控制矩阵，可以分解成每个文件一个向量，说明所有用户对该文件的访问权限。将向量存放于文件控制块。由于这种“访问控制向量”的长度随着用户的增长而增长，文件控制块必须预留最大空间，故空间开销会很大，只有在较小规模的系统上才有实用价值。

具体实现时，在 FCB 中为文件建立一张访问表，列出所有用户名和对应的访问权限。如图 7.21 所示为文件 Text 的访问表，当用户欲访问 Text 文件时，操作系统为其验证“访问表”中规定的访问权限，如果越权则拒绝访问。

| 用户名 | 对Text文件的访问权限 |
| --- | --- |
| User1 | R　W　E |
| User2 | R　E |
| User3 | E |
| ⋮ | ⋮ |

R—读；W—写；E—执行

图 7.21　文件 Text 的访问表

2）简化访问表

当然，随着用户数的增加，“访问表”的空间也相当大。考虑文件共享的实际情况，通常一些公共文件是大家都可以读或执行的，私有文件只属于文件主个人私用，某些文件只允许少数与文件主具有协作任务的同组用户进行有限共享，故许多实际系统将用户分为三类：文件主(Owner)、同组的若干用户(Group)和其他用户。只需用三个域列出访问表中这三类用户的访问权限即可。然后直接保存在文件控制块中，当用户需要访问文件时，系统根据进程的用户所属的类型，在访问表中验证此次访问的权限。

由于文件主在创建文件时，在参数中说明创建者用户名及创建者所在组的组名，所以系统在建立文件的同时，也将文件主的名字、所属组名列在该文件的文件控制块中，用户进程按照文件控制块中说明的访问表权限进行访问。如果用户是文件主，就按照文件主所拥有的权限访问文件；如果用户和文件主在同一个用户组，则可以按照同组用户权限访问文件，否则只能按照其他用户权限访问文件。UNIX/Linux 等操作系统就是用该方法实现文件访问控制的。

## 7.5.2　文件备份

为了增强系统存储文件的可靠性，保证文件数据不破坏不丢失，一般简单的方法是给重要文件以多个副本。有两种形成文件副本的方法：一种是批量复制，即定时地进行文件备份；另一种是同步备份，就是说在写文件的同时备份该文件。

### 1. 批量备份

批量备份又叫批量转储，是将一批文件复制到后援存储器中。后援存储器可以是磁带、磁盘或光盘。目前常采用如下两种转储方法。

(1) 全量转储。把文件存储器中的全部文件定期(如每天一次)复制到后援存储器中。当系统出现故障或文件遭到破坏时，便可把最后一次转储内容从后援存储器复制回系统以恢复正常运行。这种方法浪费时间，在转储过程中要求停止使用任何文件。

（2）增量转储。每隔一段时间便把上次转储以来改变过的文件和新文件用后援存储器转储。关键性的文件也可再次转储。这能克服全量转储开销大的缺点，但用增量转储的方法对确保文件系统某时间点各相关文件一致性有一定难度，使用转储文件恢复到系统某个时间点的文件系统状态有一定困难。如何较快地确定上次转储以来改变过的文件和新文件，如何记录文件系统在各个转储点的状态，如何保证快速转储并且实现转储的原子性都是值得研究的课题。

文件转储方法不但可以保存文件，而且当系统出现病毒或人为数据破坏时，可用该办法修复系统。全量和增量转储都可以由专门的实用程序来实现，不一定有操作系统内核程序支持。

**2. 同步备份**

上述两种文件转储方法在上一备份时刻后生成或写过的文件不可能被恢复，而且恢复操作很麻烦。为了防止因磁盘介质损坏而引起文件破坏，可以采用同步备份的方法，主要的解决办法如下。

（1）镜像盘支持。系统拥有一份完全相同的镜像盘，在对磁盘写操作的同时，对称地写其镜像盘，确保一个存储介质损坏时，另一个介质数据能用。

（2）双机动态文件备份。上述镜像盘只能解决存储介质损坏问题，对计算机死机引起的文件系统破坏，它无能为力。双机动态文件备份是指有两台机器进行文件写操作时完全对称地工作，保证一台机器出错时，另一台机器还可以接着往下工作，如图 7.22 所示。有了双机动态文件备份，再加上双盘就可防止来自处理机和存储介质两方面损坏对文件系统引起的破坏。

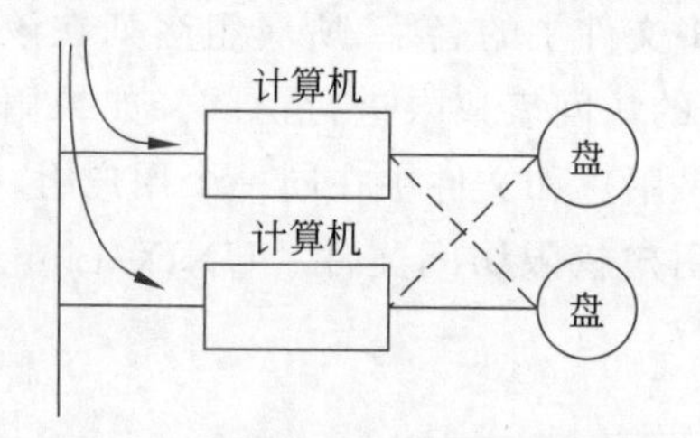


图 7.22 双机动态文件备份示意图

## 7.6 文件系统模型

按照设备管理有关 I/O 层次的划分，文件管理模块可以划入与设备无关层。可把文件看成一种虚拟的设备，文件管理模块则可以看成一种虚拟设备驱动程序。

文件管理模块是指负责存取和管理文件信息的机制，即负责文件的建立、删除、读/写、属性修改，以及对文件管理所需要的资源（如目录表、存储介质等）实施管理的软件部分，又称为文件系统。

在引入文件和文件系统后，用户可用统一的文件观点对待和处理各种存储介质中的各个逻辑相关信息，并按文件使用各种存储器，而不再以存储设备为单位进行I/O操作。因此，文件系统可视为用户与辅存的抽象接口。文件系统对它所管理的信息呈中性反应，它不清楚信息项（记录/字节块）的内容或信息项之间的关系，无法对它们进行任何解释，仅了解其顺序关系，故有别于数据库。文件系统有如下优点。

（1）方便灵活。用户无须记住信息在辅存的存放和分布情况，借助文件名和文件记录（字节）相对位置便可方便、灵活地对信息进行存取。访问事宜均由文件系统自动完成。

（2）安全可靠。文件系统还能提供保护措施，以防止授权或未授权的用户有意或无意的破坏性操作，避免由于各种故障或偶然性事故而产生的破坏行为。

（3）共享功能。为节省辅存空间，方便用户存取，协调相关用户共同完成某项任务，文件系统可为用户提供文件共享功能，使多个用户进程能共享访问同一文件。

本节引入一个文件系统的基本模型，其中子模块的层次关系如图7.23所示。

自从Dijkstra于1967年提出用层次结构方法设计操作系统后，Madnick于1968年首先把这一思想引入文件系统，将实现文件系统各种功能的一组软件分成6个软件级，层次中每级软件都依赖于它下面的级，且基于下属级软件而提供更强、更灵活的功能。这种层次结构方法使人们对一个复杂的文件系统的设计、构造和理解变得更容易，而且更利于文件系统的正确调试。

当然在具体进行文件系统设计时，并不一定与图7.23中所示的分级完全相同，这里主要是通过对该模型的解释，帮助读者对文件系统的功能有进一步的理解。

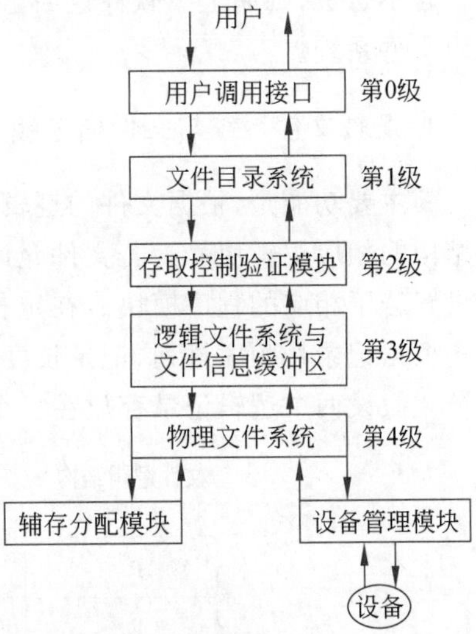

图7.23　文件系统的层次结构

**1. 用户调用接口**

文件系统为用户提供若干条与文件及目录有关的调用，如建立/删除文件、打开/关闭文件、读/写文件、建立/删除目录等。此层由若干程序模块组成，每个模块均对应一条系统调用。当用户发出系统调用时，控制即转入相应的模块。该级软件的主要功能如下。

（1）对用户级发出的系统调用参数进行语法检查及合法性检查。

（2）把系统调用码及参数转换成内部调用格式。

（3）补充用户默认提供的参数，并完成相应的初始化。

（4）调用下一级程序，并负责与用户的文件数据转接。

**2. 文件目录系统**

该级软件的主要功能是管理文件目录，主要任务如下。

（1）管理“活跃文件目录表”。当用户进程打开或关闭文件时，增加或删除活跃文件目录表中的相应项；当用户读/写文件时，需在该表中检索文件控制块。

(2) 管理"读/写状态信息表"。当用户进程打开或关闭文件时，增加或删除读/写状态信息表；当用户进程读/写文件时，需移动在该表中的文件当前读/写指针。

(3) 管理用户进程控制块中的"打开文件表"。

(4) 管理与组织在存储设备上的文件目录结构，支持有关操作，如建立、删除目录，查询子目录及文件等。其实现依赖下级，如读/写目录信息，申请物理空间用于存放目录信息等。

(5) 调用下一级存取控制模块，或调用下属其他级软件。

#### 3. 存取控制验证模块

文件保护功能主要由该级软件完成，它把用户的访问要求与文件控制块(open 时)或读/写状态信息表(read/write 时)中指示的访问控制权限进行比较，以确定访问的合法性。若不合法，则向上级软件返回出错信息，表示请求失败。如果合法，则将控制传递给逻辑文件系统。

#### 4. 逻辑文件系统与文件信息缓冲区

其主要功能是，根据文件的逻辑结构将用户欲读/写的逻辑记录/字节转换成文件逻辑结构的相应逻辑块号。若文件允许有不同的逻辑结构及不同的存取方法，则在该级分别设置若干相应的程序模块。在定长记录情况下，这种逻辑上的转换如下：文件的逻辑结构根据记录号顺序排列，记录长度为 $L$，文件逻辑地址空间根据物理块的长度 $N$ 以块划分。假设两个逻辑记录存放在一个块中，即 $2L=N$，如图 7.24 所示。

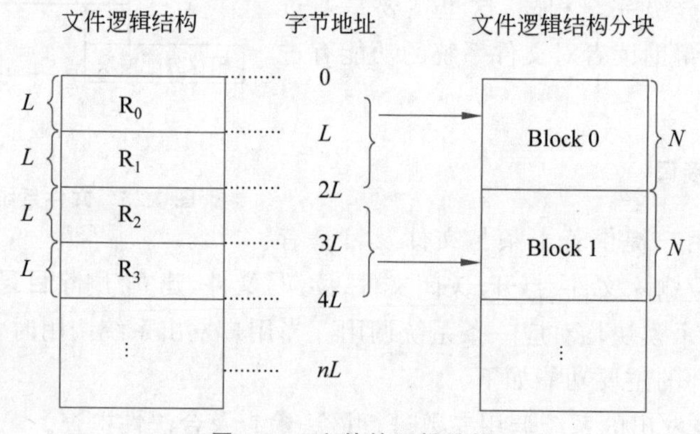


图 7.24 文件的逻辑结构

如果用户此次欲读出逻辑记录 $R_3$，则按下列两步求出欲读出的逻辑块号。

(1) $R_3$ 的字节地址＝记录号×记录长度＝$3L$

(2) $R_3$ 所在逻辑块号＝$R_3$ 的字节地址/物理块长度＝$3L/N=1$

再根据文件的物理结构请求下级软件读出该文件相对块号为 1 的物理块。然后根据 $R_3$ 所在物理块内的相对地址，即 $R_3$ 的字节地址 mod 物理块长度，计算出逻辑记录 $R_3$ 所在物理块内的 offset 位置，将 $R_3$ 记录内容返回给用户。

因此，该级软件的主要任务是将逻辑记录号转换为"逻辑块号"和"块内相对地址"，控制转给下级软件，进行实际的文件读/写。

操作系统通常在主存设立文件数据信息缓冲区，以利提高文件访问的速度，减少与辅助存储器数据交换的次数。系统将文件的某些“逻辑块号”数据存放于缓冲区中，系统将这些存有文件数据信息的缓冲区按照 Hash 队列形式链接起来。当要读/写某个文件的某“逻辑块号”时，按照文件内部号和“逻辑块号”首先到 Hash 队列中查找数据是否已经在主存的缓冲区。如果已经在缓冲区，则立即访问。在这一层中，也许要调用文件信息缓冲区操作。

文件数据信息缓冲区与辅存储设备缓冲区有什么区别呢？在设备管理中讨论过为辅存储设备设立主存缓冲区，利用辅存储设备的主存缓冲区可以加快辅存数据块的访问速度，减少与辅存数据的交换次数。对辅存储设备缓冲区的查找是通过设备号和物理块号，这与文件数据信息缓冲区采用的文件内部号与“逻辑块号”不同。辅存储器是存放文件的外部设备，既然系统已经提供了辅助存储器的缓冲区，为什么还要提供文件信息缓冲区？如何保证文件信息缓冲区和辅存设备缓冲区数据的一致性？引入文件信息缓冲区是为了节省系统程序执行的开销，在进行文件访问时，可以在逻辑文件系统层就确定数据是否在主存。如果设立以物理块检索的辅存数据缓冲区，则必须等到调用物理文件系统模块算出文件信息所在物理存储块号后，才能确定数据是否在主存缓冲区中。另外，当然不希望在文件信息缓冲区和辅存设备缓冲区中存放同样的信息，这样既浪费主存空间，也会带来数据复制不一致的情形。如 Linux 中的做法是，让文件信息缓冲区存放文件中的数据，让辅存设备缓冲区存放如文件控制块(inode)、文件卷管理信息超级块等元数据。

#### 5. 物理文件系统

物理文件系统的主要功能是，把逻辑记录所在的逻辑块号转换成实际的物理块号。当然，根据文件的物理结构不同，确定物理块号的方法也不同。

对于顺序文件结构，由于其文件控制块中含有文件第一个物理块地址，所以容易将逻辑块号转换成物理块号。

对于链接文件结构，由于文件控制块中含有文件第一个物理块地址，则可以通过链查找相应物理块。

对于索引文件结构，文件控制块中包含索引表，可以直接根据索引表查找相应物理块块号。

物理文件系统也负责与下层通信。若本次是写操作，且尚未给写入的记录分配辅存空间，则调用辅存分配模块分配物理块，然后再调用下级的设备管理程序(设备驱动)模块，进行实际的写操作。对于读操作，则直接调用设备管理程序模块，进行实际的读操作。

#### 6. 辅存分配模块

其主要功能是管理辅存空间，即负责分配辅存“空闲”空间和回收辅存空间。

#### 7. 设备管理模块

其主要功能如设备管理章节中所述，就是驱动程序。具有分配设备、I/O 请求调度、启动设备、处理设备中断、释放设备等功能。当高级软件欲实际读/写文件时，设备驱动程序模块为其完成相应的I/O操作。

需要指出的是，上述文件系统基本模型的分级方法不是唯一的，对各级功能也可调整。例如，有的系统将文件目录系统、存取控制验证模块、逻辑文件系统称为逻辑文件系统层次。对各子系统也有不同的称谓，如物理文件系统称为文件组织模块，但它们与模型的结构思想如出一辙，只要掌握了上述模型的层次结构思想，便可容易地解析其他文件系统了。

## 7.7 核心知识点

文件是用户所定义的一组相关信息，具有文件名等属性。也可以把文件看成一个逻辑空间，空间中存有相关信息。文件也可以看成是虚拟外设，用统一的接口进行外设I/O。

组织文件的基本单位是逻辑块或逻辑记录。文件逻辑的结构分为字节流式文件或记录式文件。访问文件一般采用顺序访问和随机访问，文件的物理结构主要分为顺序结构和索引结构。文件物理定位信息等属性都存于文件控制块中。

文件目录是文件的名址录，通常组织成树状目录结构。为利于多目录共享文件，也将目录组织成无环图结构。软链接与硬链接的最大不同是软链接可以跨分区共享文件。

对于目录，文件系统提供了一套目录系统调用，它有别于文件系统调用。

辅助存储器与逻辑卷并不一定一一对应，逻辑卷一般分成目录区和文件区。在磁盘存储器中通常用位向量、自由扇区链表和自由扇区成组链表来组织空闲空间。

FAT文件系统逻辑卷通常分为超级块、FAT表区和数据区。FAT文件是索引链接式物理组织，利用FAT表项把同一个文件的文件数据簇索引链接在一起。

文件系统通常提供的文件基本系统调用有建立文件、打开文件、读文件、写文件、关闭文件和删除文件。通过存储映射方式进行文件访问用得比较少。

为了保护文件，可以采用口令、加密、简化访问表等方法。系统备份文件有批量备份和同步备份两种，批量备份可分为全量转储和增量转储，同步备份有镜像盘和双机动态文件备份等方法。

采用层次结构的文件系统通常可分为用户调用接口、文件目录系统、存取控制验证模块、逻辑文件系统与文件信息缓冲区、物理文件系统、辅存分配模块和设备驱动模块。

## 7.8 问题与思考

**1. 文件信息如何存放在文件逻辑空间？**

思路：在操作系统看来文件是一个有字节编号的逻辑空间，用户进程通过read/write系统调用读写逻辑空间的某字节开始的若干字节，如read(fd,buf,size)就是读取当前逻辑字节开始的size字节到buf中。而文件信息是存放于这些逻辑字节空间中，而文件信息如何存放于文件逻辑字节空间由使用文件的应用程序来决定。应用程序也可以将文件信息按照用户所见序连续或非连续存放于逻辑字节空间，如果是非连续存放于逻辑字节空间，可以采用类似索引表将用户所见文件信息映射到逻辑字节，这个原理与把逻辑字节组成的逻辑块通过 FCB 中的索引表映射到辅存的物理块的思想是几乎一样的。

在页面淘汰时用于存放交换出页面数据的空间可以为一个文件，如 Windows 系统的 pagefile.sys，这个文件就是一个逻辑空间，用于存放淘汰出主存的页面。

**2. 要选择能存放大量小文件，又能存放大文件，而且能够管理巨大空间的文件系统，FAT 文件系统合适吗？什么文件系统合适？**

思路：FAT 文件系统打开一个文件，必须把文件的逻辑簇所存放的物理簇对应的 FAT 表项都存于主存中，如果不这样做，随机访问时则要经常访问辅存 FAT 区，开销太大，因此整个 FAT 表最好能够都存于主存中，如果文件分区巨大就意味着 FAT 表巨大（FAT 表项有下一簇号，也需要能存放最大簇号的空间），因此 FAT 文件系统不合适。

Linux 的 EXT 文件系统适合上述需求。EXT 文件系统采用索引结构。FCB(inode) 中的索引表包含若干直接寻址索引项，以及包含指向索引块的间接寻址索引项，如图 7.25 所示，$b$ 是索引表块长，一个索引项假设占 4B(如果要表示更大的块号，则应该占更大的空间)，则每个索引块可以放 $b/4$ 个索引项。对不大于 12 块的小文件而言，利用直接索引项存放文件逻辑块所在辅存物理块号，如果是大文件，则通过多级索引表示。打开文件时把该文件的索引表读入主存，由于索引表是集中存放的，容易按块从辅存读入。表示存储块分配否是用 bitmap 表，虽然不能把整个 bitmap 表放入主存，但是这个表只是在分配辅存空间时使用，对文件访问开销影响不大。

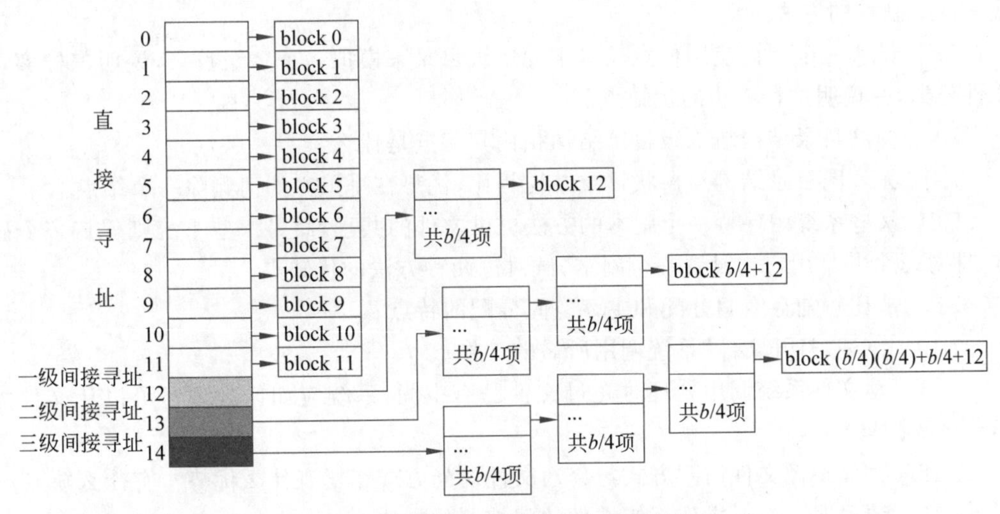


图 7.25　EXT 文件系统的文件索引表

**3. 一个文件怎么做到通过多个不同目录访问到？**

思路：我们经常希望不同的目录能够包含同一个文件。如果用多个文件副本显然不符合共享的理念。实现共享有两种方法：硬链接与软链接。硬链接是将不同目录中的目录项指向同一个 FCB，这样打开不同目录的文件时，其实都是找到了相同的 FCB，那当然就是打开同一文件了。这种硬链接要求必须是在同一文件卷(分区)中的不同目录的目录项指向相同的FCB,因为所谓指向FCB是在目录项中存一个FCB号,而每个不同的文件卷(分区)FCB编号都是从0开始编号的,故如果要让别的文件卷(分区)中的目录项用FCB号指向目的文件卷(分区)的FCB是不可能的,因为FCB号是相对号,这个FCB号不能跨分区使用。

那为了实现跨分区不同目录共享文件,就引入了软链接(Windows叫作快捷方式),就是在新目录中建立一个文件,这个文件包含一个"路径名"字符串,这个路径名就是要共享的原文件的路径名。在打开新文件时,open系统调用处理程序发现是一个软链接文件时,读出"路径名"字符串后,重新搜索"路径名"的FCB,完成打开文件系统调用。可以参考Linux的ln -s命令。

## 习　题

7.1　UNIX/Linux把文件看成线性字节空间,当一个文本串存放于这个空间时,用户所见的文本串一定是按所见序依次存放于线性字节空间中吗?为什么?

7.2　一个可以支持随机访问的文件应该用什么方式存放在辅存中?

7.3　若把文件单纯看作一个逻辑空间,要增加空间在末尾增长即可。但若允许文件:①能分别在开始、中间、末尾增加字节;②能分别在开始、中间、末尾减少字节。试讨论在顺序、链接及索引物理结构下的开销。

7.4　试述文件控制块的作用,请从缓存或其他的角度设计在树状文件目录中快速查找文件控制块的方法。

7.5　试用一个允许使用任意长名字的单级目录来模拟一个多级目录,说明怎样实现文件分类,并说明这种方法的优缺点。

7.6　树状目录结构与二级目录结构相比其特点是什么?

7.7　无环图目录结构与树状目录结构相比,优势在哪里?如何删除一个结点?

7.8　某些系统用保持一个副本的方法提供文件的共享,而另一些系统则保持多个副本,即对每个共享用户均设置一个副本,试讨论两种方法的优缺点。

7.9　请比较辅存空间分配和主存空间分配的特点。

7.10　试述"打开文件"系统调用所做的工作。

7.11　写文件系统调用处理时超过文件已有空间,系统应如何处理?可以让文件大小动态增长吗?

7.12　存储映像文件访问方式与普通文件访问方式相比有什么优势?有什么缺点?

7.13　请说明Linux操作系统文件访问控制的方法。

7.14　试述文件系统的层次结构及每级的功能。

7.15　文件控制块中的文件定位信息被用于文件系统层次结构的哪一层?

7.16　文件信息缓冲区在哪些I/O方式时有提高性能的作用?

7.17　假设文件系统支持字节流文件,现在要在此文件系统基础上实现文本文件。文本文件逻辑上由一行一行的文本组成,每行都有逻辑编号。应用程序要支持文本文件行插入、行删除功能。请问如果要在第一行前插入一行文本,不允许移动整个文件,应用程序设计者应该如何设计文件格式？

7.18　试分析 FAT 文件系统的索引链接结构的优缺点。

7.19　请设计一种多级目录结构文件系统，要求可支持相同文件由不同目录共享。我们可以将目录看作一个存放目录项的特殊文件来分配空间，目录和普通文件都可以动态增长。①设计目录项结构；②设计 FCB 存放空间结构；③设计 FCB 中不超过 10 项的索引表，既可以高效访问 9KB 及以内的小文件，也可以表示大于 9KB 的文件；④请问你的设计可表示的最大文件大小是多少字节？（假设设辅存块大小 1KB、辅存总块数可达 4G 块）

# 附录A shell脚本编程简介

bash是Linux环境下常用的一个shell命令解释器，它既可以接受来自终端命令行的输入，也可以接受来自脚本程序文件的输入。编写bash脚本程序，可以完成许多复杂的任务。这里简单介绍编写bash脚本文件的基本知识。读者可以利用脚本语言编写诸如多目录备份等复杂功能的脚本程序。

## A.1 注释和简单命令

先看一个简单的bash脚本文件hello。

```
#!/bin/bash
#name: hello
echo 'hello,world!'
```

脚本中可以加入注释，注释以字符#开始，至行尾结束。例如，文件hello的第二行就以注释的形式说明了该脚本的文件名。脚本的第一行有点特殊，它以#! /bin/bash开始[①]，表示这是一个bash脚本，应该用在/bin目录下的命令解释器bash来解释执行。文件hello的第三行是一条简单命令echo，它输出一个字符串'hello,world!'。

bash脚本中的简单命令分为两种：内部命令和外部命令。前者由bash直接执行，即在运行bash的进程执行，如cd，export，pwd，alias，echo，read和source等；后者需要通过创建一个子进程执行相应的可执行文件，如ls，rm，vi，less，mount，telnet，tar，make和gcc等。各命令的具体功能可参见附录C和相应的联机帮助。

另外，需要对引号做特殊说明。在脚本hello的第三行，字符串'hello，world!'被用单引号括起来，意思是说不对其中的特殊字符（这里是字符'!'）进行扩展。字符'!'是bash的历史扩展字符，具有特殊的含义。关于各种引号的使用方法，可以参考bash的联机帮助。

---

① 如果可执行文件bash安装在其他目录下，那么脚本第一行中的/bin/bash应改为实际的全路径名。

## A.2 环境变量

正如在 C 语言中可以定义数据变量一样，在 bash 脚本中也可以定义环境变量，方法如下。

```
$msg='hello, world!'
```

以上命令定义了一个环境变量 msg，它包含字符串'hello，world!'。注意，等号的两边不能有空格。通过在环境变量前加一个字符 $，可以使用该环境变量的值。

```
$echo $msg
hello, world!
```

这种方式在 bash 中称为“变量扩展”。为了将环境变量与周围的文字分开，也可以使用 ${msg}这种形式。

环境变量有一个特别好的用处：可以向命令解释器后面创建的子进程传递数据，而无论该子进程是运行一个普通的可执行文件还是另一个脚本，具体方法为：

```
$export $msg
```

这样，在以后启动子进程时变量 msg 就传过去了，可以在该子进程中使用此变量。

另外，还有一些只读的特殊环境变量，如 $1，$2，$3，…分别表示调用此脚本时的第 1,2,3,…个参数；$0 表示带全路径的脚本名；$ # 表示脚本的参数个数；$ * 表示由所有参数构成的一个单字符串；$？表示最近运行的命令的退出状态(0 表示成功)。

## A.3 控制结构

类似于 C 语言，bash 脚本语言也有控制流机制，如条件结构有 if 和 case 语句，循环结构有 for，while 和 until 语句。请注意，在下面的语法描述中，分号也可以用一个或多个换行符替换。

### A.3.1 if 语句

if 语句的语法为：

```
if test-commands; then
  consequent-commands;
[elif more-test-commands; then
  more-consequents;]
[else alternate-consequents;]
fi
```

其含义为：如果命令列表 test-commands 的返回值为 0，则下一步执行命令列表 consequent-commands，否则执行后续的 elif 语句中的命令列表，如果它返回 0，则执行相应的 more-consequents 命令列表。elif 语句可以有多个，也可以没有。如果最后一个 if 或 elif 后面的命令列表返回非 0 值，那么就执行命令列表 alternate-consequents。最后执行的命令的返回值为整个 if 语句的返回值，如果所有的条件判断都为假，则整个 if 语句的返回值为 0。

下面以脚本 test-if 为例进行说明。

```
#!/bin/bash
#name: test-if
if [ "${1##*.tar.}" = "gz" ]
then
   echo It appears to be a tarball zipped by gzip.
else
   echo It appears to NOT be a tarball zipped by gzip.
fi
```

此脚本判断一个文件名是否像一个被 gzip 压缩的 tar 文件的名字。值得说明的是，第三条语句[]是 bash 的一个内部命令，表示对其中的条件表达式进行测试。"${1##*.tar.}"="gz"是一个条件表达式，表示判断"${1##*.tar.}"是否等于字符串"gz"；"${1##*.tar.}"表示对环境变量$1(脚本的第一个命令行参数)做截断处理之后的字符串，具体过程解释如下：从左至右扫描字符串$1，发现从$1的第一个字符开始且满足模式*.tar.的最大子串，然后将其截掉，剩下的字符串即为结果。

在条件表达式中，除了判断两个字符串是否相等的运算符"="外，还有其他一些比较运算符。

文件比较运算符有：

```
-e filename:        判断文件 filename 是否存在
-d filename:        判断文件 filename 是否为目录
-f filename:        判断文件 filename 是否为常规文件
-r filename:        判断文件 filename 是否可读
-w filename:        判断文件 filename 是否可写
-x filename:        判断文件 filename 是否可执行
```

字符串比较运算符有：

```
-z string:                 判断字符串 string 的长度是否为零
-n string:                 判断字符串 string 的长度是否非零
string1 !=string2:         判断字符串 string1 与 string2 是否不等
```

算术比较运算符有：

```
num1 -eq num2:          判断整数 num1 与 num2 是否相等
num1 -ne num2:          判断整数 num1 与 num2 是否不等
num1 -lt num2:          判断整数 num1 是否小于 num2
num1 -gt num2:          判断整数 num1 是否大于 num2
```

### A.3.2　case 语句

case 语句的语法为：

```
case word in
[[(] pattern [| pattern]...)
   command-list ;;]
...
esac
```

其含义为：寻找与 word 相匹配的第一个 pattern，然后执行对应的命令列表 command-list。如果不匹配任何模式或字符串，则不执行任何代码行。

下面以脚本 test-case 为例进行说明。

```
#!/bin/bash
#name: test-case
if[ -e "$1" ]
then
   case ${1##*.tar.} in
      bz2)
         tar jxvf $1
         ;;
      gz)
         tar zxvf $1
         ;;
      *)
         echo "wrong file type"
         ;;
   esac
else
   echo "the file $1 does not exist"
fi
```

此脚本首先判断第一个命令行参数所指的文件是否存在，若存在则再判断它是否为一个后缀为.tar.gz 或.tar.bz2 的文件，并分别做解压缩处理。在此脚本中，如果文件存在，则至少要执行一个代码块，因为任何不与“bz2”或“gz”匹配的字符串都将与“*”模式匹配。

### A.3.3 for 语句

for 语句的语法为：

```
for name [in words ...]; do commands; done
```

其含义为：对于 words 中的每一个字符串，都将其赋给变量 name，然后执行命令列表 commands。举一个简单例子：

```
#!/bin/bash
#name: test-for
for para in "$@ "
do
    echo ${para}
done
```

运行结果：

```
test-for a b c
a
b
c
```

这个脚本遍历每一个命令行参数，并将其显示出来。$@是一个特殊的环境变量，前面已经提到过，表示由所有命令行参数构成的单字符串。

### A.3.4 while 语句和 until 语句

while 语句的语法为：

```
while test-commands; do consequent-commands; done
```

其含义为：只要执行命令列表 test-commands 的返回状态为 0(表示命令执行成功)，就执行命令列表 consequent-commands，不断重复此过程，直至 test-commands 的返回状态为非 0。举例说明如下。

```
#!/bin/bash
unset var
while ["$var" !="end" ]
do
    echo -n "please input a string(\"end\" to exit): "
    read var
    if [ "$var" ="end" ]
    then
```

```
        break
    fi
    echo "the string you input is $var"
done
```

此脚本首先提示用户输入一个字符串，如果输入的是“end”，那么就结束，否则显示该字符串并继续读入下一个字符串。其中，“unset var”的功能是取消变量 var 的定义，“read var”的功能是读入一个字符串并将其存到变量 var 中。unset 和 read 都是 bash 的内部命令。

until 语句的语法与 while 语句类似，只是将关键字 while 替换为 until 即可。所不同的是：until 语句退出循环的条件是命令列表 test-commands 的返回结果为 0，即正好与 while 语句相反。

## A.4　函　　数

在 bash 中，也可以定义与过程式语言（如 Pascal 和 C）类似的函数，并且 bash 中的函数也可以接受和处理命令行参数，其方式类似于脚本对命令行参数的使用，举例如下。

```
#!/bin/bash
#name: test-function
myunzip()
{
    if [ -e "$1" ]
    then
        case ${1##*.tar.} in
            bz2)
                tar jxvf $1
                ;;
            gz)
                tar zxvf $1
                ;;
            *)
                echo "wrong file type"
                ;;
        esac
    else
        echo "the file $1 does not exist"
    fi
}
myunzip a.tar.gz
myunzip b.tar.gz
```

此脚本与前面介绍的 test-case 非常类似，只不过它采用了函数的形式。从第三行到倒数第三行定义了一个函数 myunzip，在最后两行调用了此函数并分别传递了一个命令行参数，该参数在函数 myunzip 中可通过 $1 来访问。

需要说明的是，在 bash 中，函数内部创建的环境变量是全局的，这意味着，该变量在函数退出之后继续存在。如果希望在函数内部定义一个局部的环境变量，可以使用关键字 local。

## A.5 实验建议

读者可以编写 shell 程序来实现一些复杂的功能，比如寻找 2021 年 1 月前创建的且 size 超过 1GB 的 gz 文件并将其删除；将指定目录内已经更新的文件更新到备份目录等。

bash 脚本可以实现很多非常复杂的功能，读者进一步学习可参考互联网有关 shell 编程的文献以及书后的参考文献。

附录B

# 实现一个简单的 Linux 命令解释器

这是一个实现用户命令操作界面的实验,也是一个涉及多进程编程的实验。这里实现一个简单的命令解释器 myshell。它虽然简单,但已确立了构建复杂命令解释器的程序框架,读者可以在这个基础上添加自己感兴趣或者自己设计的功能。

## B.1 myshell 的语法

此命令解释器只能接收简单命令。命令行上的每一行输入都被视为一个简单命令,它由多个以空白字符(空格或制表符)分隔的词组成,其中第一个词是命令名,后面各词为命令的参数,词(word)定义为不含空白字符和换行符的字符串。用 BNF 格式表示如下:

```
<simple_command>::=<word>
                 | <simple_command><word>
```

## B.2 程序框架

程序的主执行框架如下:

```
for (;;){
        ① 显示提示符。
        ② 读入一行命令。
        ③ 判断此命令是否为“exit”,若是则退出。
        ④ 分析并执行这行命令。
}
```

主程序 myshell.c 如下。

```
#include <stdio.h>
#include <string.h>
```

```
#include <limits.h>
#include <unistd.h>
#include <sys/types.h>

#define PROMPT_STRING "[myshell]$"
#define QUIT_STRING "exit\n"

static char inbuf[MAX_CANON];
char* g_ptr;
char* g_lim;

extern void yylex();

int main (void) {
    for( ; ; ) {
        if (fputs(PROMPT_STRING, stdout) ==EOF)
           continue;
        if (fgets(inbuf, MAX_CANON, stdin) ==NULL)
           continue;
        if (strcmp(inbuf, QUIT_STRING) ==0)
           break;
        g_ptr =inbuf;
        g_lim =inbuf +strlen(inbuf);
        yylex();
    }
    return 0;
}
```

需要特别说明的是,框架中的“分析并执行这行命令”,它包含 myshell.c 中的三行语句:

```
g_ptr =inbuf;
g_lim =inbuf +strlen(inbuf);
yylex();
```

前面两行将命令行字符串的首尾指针放在了全局变量 g_ptr 和 g_lim 中,具体分析执行该行命令的任务由第三行的函数 yylex()来完成,这是由语法分析工具 flex 生成的。

## B.3 命令行的语法分析

我们采用专业的语法分析工具 flex,它使用方便,也易于对语法进行扩展和修改。虽然 flex 包含许多内容,但这里只涉及其中很简单的部分,读者通过不多的学习即可掌握。

B.2 节用到的 yylex()函数由 flex 根据一个输入文件 parse.lex 生成。此文件由三部分组成，下面分别进行介绍。

parse.lex 的第一部分，是 C 语言代码，包括后面要用的头文件、数据变量和函数原型。

```
%{
#include <errno.h>
#include <stdio.h>
#include <stdlib.h>
#include <unistd.h>
#include <string.h>
#include <sys/types.h>
#include <sys/wait.h>

//input related
extern char* g_ptr;
extern char* g_lim;

#undef YY_INPUT
#define YY_INPUT(b, r, ms) (r =my_yyinput(b, ms))
static int my_yyinput(char* buf, int max);

//cmd-arguments related
#define MAX_ARG_CNT 256
static char* g_argv[MAX_ARG_CNT];
static int g_argc =0;

static void add_arg(const char* xarg);
static void reset_args();

//cmd-handlers
static void exec_simple_cmd();
%}
```

在前一节的主函数中，命令行的输入信息被放在了全局变量 g_ptr 和 g_lim 中，这里进一步告诉 flex 如何使用该输入信息，具体是通过宏 YY_INPUT 和函数 my_yyinput 来实现的。

parse.lex 的第二部分描述了一组模式匹配规则，这是语法分析的核心。

```
%%
[^ \t\n]+       {add_arg(yytext);}
\n              {exec_simple_cmd(); reset_args();}
.               ;
%%
```

第 2 行的含义是，如果扫描到一个不含空白字符和换行符的字符串，则将其加入到参数数组中去（函数 add_arg(yytext)的功能是将该字符串 yytext 放到参数数组 g_argv[]中去，详细代码见下文的第三部分）。第 3 行的含义是，如果扫描到换行符，则将参数数组中的所有参数构成的序列当作一个简单命令去执行，然后清空参数数组。第 4 行的含义是，忽略其他所有字符（在这里，因为不匹配前两项规则的字符只剩下空白字符，所以实际忽略的是所有空白字符）。

parse.lex 的第三部分是前面用到的所有函数的定义。

```
static void add_arg(const char * arg)
{
      char * t;
      if ((t =malloc(strlen(arg) +1)) ==NULL) {
          perror("Failed to allocate memory");
          return;
      }
      strcpy(t, arg);
      g_argv[g_argc] =t;
      g_argc++;
      g_argv[g_argc] =0;
}

static void reset_args()
{
      int i;
      for(i =0; i <g_argc; i++) {
          free(g_argv[i]);
          g_argv[i] =0;
      }
      g_argc =0;
}
1 static void exec_simple_cmd()
2 {
3     pid_t childpid;
4     int status;
5     if ((childpid =fork()) ==?1) {
6         perror("Failed to fork child");
7         return;
8     }
9     if (childpid ==0) {
10        execvp(g_argv[0], g_argv);
11        perror("Failed to execute command");
```

```
12          exit(1);
13      }
14      waitpid(childpid, &status, 0);
15 }
static int my_yyinput(char * buf, int max)
{
      int n;
      n =g_lim?g_ptr;
      if (n >max)
          n =max;

      if(n >0) {
          memcpy(buf, g_ptr, n);
          g_ptr +=n;
      }
      return n;
}
```

关于如何执行一条简单命令，即函数 exec_simple_cmd()的实现过程，将在 B.4 节专门介绍，该函数中的行号是附加的。其他函数的实现比较直接，这里不多解释。

## B.4 简单命令的执行

函数 exec_simple_cmd()在执行时，所有的参数(包括命令名)都已按序放在了数组 g_argv[]中，因此此函数的功能就是创建一个子进程来运行这个命令并传递相应的参数，然后等待该子进程结束。

在函数 exec_simple_cmd()的第 5 行，调用函数 fork( )(这是创建进程系统调用)创建了一个子进程，随后子进程在做了第 9 行的条件判断后会执行第 10 行的函数调用 execvp()(这是更换进程执行程序系统调用)，此调用将会执行参数数组中的命令并传递参数。如果上述调用成功，那么第 11 行将没有机会被执行，否则子进程将在第 11 行报错后于第 12 行结束。父进程则在第 9 行做了条件判断后转而执行第 14 行，以等待子进程结束，然后返回。

## B.5 Makefile

最后来看本项目的 Makefile。

```
CC=gcc
CFLAGS=?g ?Wall
LEXSRC=parse.lex
SRC=myshell.c lex.yy.c
```

```
all:
    flex $(LEXSRC)
    $(CC) $(CFLAGS) -o myshell $(SRC) -lfl
```

命令 flex $(LEXSRC)生成程序文件 lex.yy.c,其中包含语法分析函数 yylex();最后一行命令编译主程序 myshell.c 和文件 lex.yy.c,并连接生成可执行文件 myshell。

## B.6 实验建议

本附录介绍了一个简单的命令解释器,它能够执行简单命令并传递参数。读者可以此为起点,加入其他感兴趣的特性,如管道、命令列表、任务控制和重定向等。

# 附录C Linux 常用命令

## C.1 用户终端命令

• 名称：cat

使用权限：所有使用者

使用方式：cat [-AbeEnstTuv] [--help] [--version] fileName。

使用说明：把文件串连接后传到基本输出(显示器或加 > fileName 到另一个文件)。

参数：

-n 或 --number：由 1 开始对所有输出的行数编号。

-b 或 --number-nonblank：和 -n 相似，只不过对于空白行不编号。

-s 或 --squeeze-blank：当遇到有连续两行以上的空白行时，就代换为一行的空白行。

例子：

cat -n textfile1 > textfile2 把 textfile1 的文件内容加上行号后输入到 textfile2 这个文件里。

cat -b textfile1 textfile2 >> textfile3 把 textfile1 和 textfile2 的文件内容加上行号(空白行不加)之后将内容附加到 textfile3。

• 名称：cd

使用权限：所有使用者

使用方式：cd [dirName]

使用说明：变换工作目录至 dirName。其中，dirName 表示法可为绝对路径或相对路径。若目录名称省略，则变换至使用者的 home directory(也就是刚 login 时所在的目录)。

另外，“~”也表示为 home directory 的意思，“.”则是表示目前所在的目录，“..”则表示目前目录位置的上一层目录。

例子：

跳到 /usr/bin/：

```
cd /usr/bin
```

跳到自己的 home directory：

```
cd ~
```

跳到当前目录的上上两层：

```
cd ../..
```

• 名称：chmod

使用权限：所有使用者

使用方式：chmod [-cfvR] [--help] [--version] mode file...

使用说明：Linux/UNIX 的文件存取权限分为三级，分别是文件拥有者、群组、其他。利用 chmod 可以借以控制文件如何被他人所存取。

mode 权限设定字串，格式如下：[ugoa...][[+-=][rwxX]...][,...]。其中，u 表示该文件的拥有者；g 表示与该文件的拥有者属于同一个群组(group)者；o 表示其他以外的人；a 表示这三者皆是。

+表示增加权限；-表示取消权限；= 表示唯一设定权限。

r 表示可读取；w 表示可写入；x 表示可执行；X 表示只有当该文件是个子目录或者该文件已经被设定过为可执行。

-c 表示若该文件权限确实已经更改，才显示其更改动作。

-f 表示若该文件权限无法被更改也不要显示错误信息。

-v 表示显示权限变更的详细资料。

-R 表示对当前目录下的所有文件与子目录进行相同的权限变更(即以递归的方式逐个变更)。

--help 显示辅助说明。

--version 显示版本。

例子：

将文件 file1.txt 设为所有人皆可读取：

```
chmod ugo+r file1.txt
```

将 ex1.py 设定为只有该文件拥有者可以执行：

```
chmod u+x ex1.py
```

将当前目录下的所有文件与子目录皆设为任何人可读取：

```
chmod -R a+r *
```

此外，chmod 也可以用数字来表示权限，如 chmod 777 file。

语法为：chmod abc file

其中，a,b,c 各为一个数字，分别表示 User,Group 及 Other 的权限。

r=4,w=2,x=1。

若要 rwx 属性则 4+2+1=7。

若要 rw-属性则 4+2=6。

若要 r-x 属性则 4+1=5。

• 名称：cp

使用权限：所有使用者

使用方式：

```
cp [options] source dest
cp [options] source... directory
```

使用说明：将一个文件复制至另一文件，或将数个文件复制至另一目录。

-a 尽可能将文件状态、权限等资料都照原状予以复制。

-r 若 source 中含有目录名，则将目录下之文件也皆依序复制至目的地。

-f 若目的地已经有同名的文件存在，则在复制前先予以删除再行复制。

例子：

将文件 aaa 复制(已存在)，并命名为 bbb：

```
cp aaa bbb
```

将所有的 C 语言源代码复制至 Finished 子目录中：

```
cp * .c Finished
```

• 名称：cut

使用权限：所有使用者

用法：cut -cnum1-num2 filename

说明：显示每行从开头算起 num1 到 num2 的文字。

例子：

```
shell>>cat example
test2
this is test1
shell>>cut -c0-6 example ##print 开头算起前 6 字节
test2
this i
```

• 名称：find

用法：find

使用说明：将文件系统内符合 expression 的文件列出来。可以指定文件的名称、类别、时间、大小、权限等不同信息的组合，只有完全相符的才会被列出来。

find 根据下列规则判断 path 和 expression，在命令行上第一个带“-”的参数之前的部分为 path,之后的是 expression。如果 path 是空字串则使用目前路径,如果 expression 是空字串则使用-print 为预设 expression。

expression 中可使用的选项有二三十个之多,在此只介绍最常用的部分。

-mount,-xdev:只检查和指定目录在同一个文件系统下的文件,避免列出其他文件系统中的文件。

-amin n:在过去 n 分钟内被读取过。

-anewer file:比文件 file 更晚被读取过的文件。

-atime n:在过去 n 天读取过的文件。

-cmin n:在过去 n 分钟内被修改过。

-cnewer file:比文件 file 更新的文件。

-ctime n:在过去 n 天修改过的文件。

-empty:空的文件

-gid n or -group name:gid 是 n 或是 group 名称是 name。

-ipath p,-path p:路径名称符合 p 的文件,ipath 会忽略大小写。

-name name,-iname name:文件名称符合 name 的文件,iname 会忽略大小写。

-size n:文件大小 是 n 单位,b 代表 512B 的区块,c 表示字节数,k 表示 kB,w 是 2B。

-type c:文件类型是 c 的文件。

d:目录。

c:字符类型文件。

b:块文件。

f:一般文件。

l:符号连接。

s:socket。

-pid n:process id 是 n 的文件。

可以使用()将运算式分隔,并使用下列运算。

```
exp1 -and exp2
!expr
-not expr
exp1 -or exp2
exp1, exp2
```

例子:

将当前目录及其子目录下所有扩展名为.c 的文件列出来:

```
#find . -name "*.c"
```

将当前目录及其下子目录中所有一般文件列出:

```
#find . -ftype f
```

将当前目录及其子目录下所有最近 20min 内更新过的文件列出：

```
#find . -ctime -20
```

• 名称：less

使用权限：所有使用者

使用方式：less [Option] filename

使用说明：less 的作用与 more 十分相似，都可以用来浏览文字文件的内容，不同的是：less 允许使用者往回卷动，以浏览已经看过的部分，同时因为 less 并未在一开始就读入整个文件，因此在遇上大型文件的开启时，会比一般的文书编辑器（如 vi）来的快速。

• 名称：more

使用权限：所有使用者

使用方式：more [-dlfpcsu] [-num] [+/pattern] [+linenum] [fileNames..]

使用说明：类似 cat，不过会一页一页地显示方便使用者逐页阅读，而最基本的指令就是按空白键(Space)就往下一页显示，按 B 键就会往回(Back)一页显示，而且还有搜寻字串的功能（与 vi 相似），查看使用中的说明文件，请按 H 键。

参数：

-num：一次显示的行数。

-d：提示使用者，在画面下方显示 [Press space to continue，q to quit.]，如果使用者按错键，则会显示 [Press h for instructions.]，而不是发出“哔”声。

-l：取消遇见特殊字节 ^L（送纸字节）时会暂停的功能。

-f：在计算行数时，以实际上的行数为准，而非自动换行过后的行数（有些单行字数太长的会被扩展为两行或两行以上）。

-p：不以卷动的方式显示每一页，而是先清除屏幕后再显示内容。

-c：跟 -p 相似，不同的是先显示内容再清除其他旧资料。

-s：当遇到有连续两行以上的空白行，就代换为一行的空白行。

-u：不显示下引号（根据环境变量 TERM 指定的 terminal 而有所不同）。

+/：在每个文件显示前搜寻该字串(Pattern)，然后从该字串之后开始显示。

+num：从第 num 行开始显示。

fileNames：欲显示内容的文件，可为复数个数。

例子：

more -s testfile：逐页显示 testfile 的文件内容，如有连续两行以上空白行则以一行空白行显示。

more +20 testfile：从第 20 行开始显示 testfile 的文件内容。

• 名称：mv

使用权限：所有使用者

使用方式：

```
mv [options] source dest
mv [options] source... directory
```

使用说明：将一个文件移至另一文件，或将数个文件移至另一目录。

参数：

-i 若目的地已有同名文件，则先询问是否覆盖旧文件。

例子：

将文件 aaa 更名为 bbb：

```
mv aaa bbb
```

• 名称：rm

使用权限：所有使用者

使用方式：rm [options] name...

使用说明：删除文件及目录。

-i：删除前逐一询问确认。

-f：即使原文件属性设为只读，也直接删除，无须逐一确认。

-r：将目录及以下文件逐一删除。

例子：

删除所有 C 语言程序文档，删除前逐一询问确认：

```
rm -i *.c
```

将 Finished 子目录及子目录中所有文件删除：

```
rm -r Finished
```

• 名称：rmdir

使用权限：目前目录有适当权限的所有使用者

使用方式：rmdir [-p] dirName

使用说明：删除空的目录。

参数：

-p：当子目录被删除后使它也成为空目录的话，则顺便一并删除。

例子：

将工作目录下名为 AAA 的子目录删除：

```
rmdir AAA
```

• 名称：at

使用权限：所有使用者

使用方式：at -V [-q queue] [-f file] [-mldbv] TIME

使用说明：at 可以让使用者指定在 TIME 这个特定时刻执行某个程序或指令，TIME 的格式是 HH：MM，其中的 HH 为小时，MM 为分钟，甚至可以指定 am，pm，midnight，noon，teatime（就是下午 4 点）等。如果想要指定超过一天内的时间，则可以用

MMDDYY 或者 MM/DD/YY 的格式。其中，MM 是分钟，DD 是第几日，YY 是指年份。另外，使用者甚至也可以使用像是 now＋时间间隔来弹性指定时间，其中的时间间隔可以是 minutes，hours，days，weeks。另外，使用者也可指定 today 或 tomorrow 来表示今天或明天。当指定了时间并按 Enter 键之后，at 会进入交谈模式并要求输入指令或程序，当输入完后按 Ctrl＋D 组合键即可完成所有动作，至于执行的结果将会寄回使用者的账号中。

参数：

-V：显示出版本编号。

-q：使用指定的队列(Queue)来存储，at 的资料是存放在所谓的 Queue 中，使用者可以同时使用多个 Queue，而 Queue 的编号为 a，b，c，…，z，以及 A，B，…，Z 共 52 个。

-m：即使程序/指令执行完成后没有输出结果，也要寄封信给使用者。

-f file：读入预先写好的命令文件。使用者不一定要使用交谈模式来输入，可以先将所有的指定先写入文件后再一次读入。

-l：列出所有的指定(使用者也可以直接使用 atq 而不用 at -l)。

-d：删除指定(使用者也可以直接使用 atrm 而不用 at -d)。

-v：列出所有已经完成但尚未删除的指定。

例子：

三天后的下午 5 点钟执行/bin/ls：

```
at 5pm +3 days /bin/ls
```

三个星期后的下午 5 点钟执行/bin/ls：

```
at 5pm +3 weeks /bin/ls
```

明天的 17:20 执行/bin/date：

```
at 17:20 tomorrow /bin/date
```

1999 年的最后一天的最后一分钟打印出"the end of the centrury !"：

```
at 23: 59 12/31/1999 echo the end of the century !
```

- 名称：password

使用权限：所有使用者

使用方式：password [-k] [-l] [-u [-f]] [-d] [-S] [username]

使用说明：用来更改使用者的密码。

参数：

-d：关闭使用者的密码认证功能，使用者在登录时将可以不用输入密码，只有具备 root 权限的使用者方可使用。

-S：显式指定使用者的密码认证种类，只有具备 root 权限的使用者方可使用 [username]选项指定账号名称。

• 名称：who

使用权限：所有使用者

使用方式：who -[husfV][user]

使用说明：显示系统中有哪些使用者正在上面，显示的资料包含使用者 ID、使用的终端机、从哪里连上来的、上线时间、呆滞时间、CPU 使用量、动作等。

参数：

-h：不要显示标题列。

-u：不要显示使用者的动作/工作。

-s：使用简短的格式来显示。

-f：不要显示使用者的上线位置。

-V：显示程序版本。

• 名称：mail

使用权限：所有使用者

使用方式：mail [-iInv] [-s subject] [-c cc-addr] [-b bcc-addr] user1 [user 2 ...]

使用说明：mail 不只是一个指令，还是一个电子邮件程序，对于系统管理者来说 mail 就很有用，因为管理者可以用 mail 写成 script，定期寄一些备忘录提醒系统的使用者。

参数：

i：忽略 tty 的中断信号(interrupt)。

I：强迫设成互动模式(Interactive)。

v：打印出信息，如送信的地点、状态等(verbose)。

n：不读入 mail.rc 设定文件。

s：邮件标题。

c cc：邮件地址。

b bcc：邮件地址。

例子：

将信件送给一个或一个以上的电子邮件地址，由于没有加入其他的选项，使用者必须输入标题与信件的内容等。而 user2 没有主机位置，就会送给邮件服务器的 user2 使用者。

```
mail user1@ email.address
mail user1@ email.address user2
```

将 mail.txt 的内容寄给 user2 同时抄送给 user1。如果将这一行指令设成 cronjob 就可以定时将备忘录寄给系统使用者。

```
mail -s 标题 -c user1 user2 <mail.txt
```

• 名称：kill

使用权限：所有使用者

使用方式：

```
kill [ -s signal | -p ] [ -a ] pid ...
kill -l [ signal ]
```

使用说明：kill 送出一个特定的信号(Signal)给进程 ID 为 pid 的进程，后者根据该信号而做特定的动作，若没有指定动作，预设是送出终止(TERM)的信号。

参数：

-s(Signal)：其中可用的信号有 HUP(1)，KILL(9)，TERM(15)，分别代表着重运行、杀掉、结束。详细的信号可以用 kill -l 查看。

-p：打印出 pid，并不送出信号。

-l(Signal)：列出所有可用的信号名称。

例子：

将 pid 为 323 的进程杀掉：

```
kill -9 323
```

将 pid 为 456 的进程重运行：

```
kill -HUP 456
```

- 名称：ps

使用权限：所有使用者

使用方式：ps [options] [--help]

使用说明：显示瞬间进程(Process)的动态。

参数：

ps 的参数非常多，在此仅列出几个常用的参数并大概介绍其含义。

-A：列出所有的进程。

-w：显示加宽、可以显示较多的信息。

-au：显示较详细的信息。

-aux：显示所有包含其他使用者的进程。

aux 输出格式如下。

```
USER PID %CPU %MEM VSZ RSS TTY STAT START TIME COMMAND
```

USER：进程拥有者。

PID：进程的 ID。

%CPU：占用的 CPU 使用率。

%MEM：占用的内存使用率。

VSZ：占用的虚拟内存大小。

RSS：占用的内存大小。

TTY：终端的次设备号(Minor Device Number of Tty)。

STAT：该进程的状态。

D：不可中断的静止(例如，进行 I/O 动作等)。

R：正在执行中。

S：静止状态。

T：暂停执行。

Z：不存在但暂时无法消除。

W：没有足够的内存分页可分配。

<：高优先级的进程。

N：低优先级的进程。

L：有内存分页分配并锁在内存里。

START：进程开始时间。

TIME：执行的时间。

COMMAND：所执行的指令。

• 指令：clear

用途：清屏。

## C.2 vi 编辑器的使用

编辑器是使用计算机的重要工具之一，在各种操作系统中，编辑器都是必不可少的部件。在 UNIX 及其相似的 Linux 操作系统系列中，为方便各种用户在各个不同的环境中使用，提供了一系列的编辑器软件，包括 ex，edit，ed 和 vi。其中，ex，edit，ed 都是行编辑器，使用不便，现在已经很少有人使用，而 vi 则使用较为普遍。

在系统提示字符(如 $，#)下，输入 vi<文件名>，vi 可以自动载入所要编辑的文件或是开启一个新文件(如果该文件不存在或缺少文件名)。进入 vi 后屏幕左方会出现波浪符号，凡是列首有该符号就代表此列目前是空的。

vi 存在两种模式：指令模式和输入模式。在指令模式下输入的字符将作为指令来处理，如输入 a，vi 即认为是在当前位置插入字符。而在输入模式下，vi 则把输入的字符当作插入的字符来处理。指令模式切换到输入模式只需输入相应的输入命令即可(如 a，A)，而要从输入模式切换到指令模式，则需在输入模式下按 Esc 键，如果不知道现在是什么模式，可以多按几次 Esc 键，系统如发出响铃声就表示已处于指令模式下了。

在命令模式时，有以下几种命令可以编辑模式。

a 从光标所在位置后面开始新增内容，光标后的内容随新增内容向后移动。

A 从光标所在列最后面的地方开始新增内容。

i 从光标所在位置前面开始插入内容，光标后的内容随新增内容向前移动。

I 从光标所在列的第一个非空白字节前面开始插入内容。

o 在光标所在列下方新增一列并进入输入模式。

O 在光标所在列上方新增一列并进入输入模式。

在指令模式下输入":q"":q!"":wq"或":x"(注意前面的冒号)，就会退出 vi。其中，":wq"和":x"是存盘退出，而":q"是直接退出，如果文件已有新的变化，vi 会提示用户保存文件，这时用户可以用“:w”命令保存文件后再退出，也可以用“:wq”或“:x”命令保存退出，如果不想保存改变后的文件，可以用“:q!”命令，这个命令将不保存文件而直接退出vi。

在命令模式下，vi的基本编辑命令有以下几种。

x　删除光标所在字符。

dd　删除光标所在的列。

r　修改光标所在字节，r后面接着要修正的字符。

R　进入取替换状态，新增文字会覆盖原先文字，直到按Esc键回到指令模式下为止。

s　删除光标所在字节，并进入输入模式。

S　删除光标所在的列，并进入输入模式。

事实上，在PC上使用vi时，输入和编辑的功能都可以在输入模式下完成。例如，要删除字节，可以直接按Delete键，而插入状态与取代状态可以直接用Insert键切换，不过就如前面所提到的，这些指令几乎是每台终端机都能用，而不是仅在PC上。在指令模式下移动光标的基本指令是h,j,k,l，在PC上直接用方向键就可以了，当然PC键盘也有不足之处。vi还有个很好用的指令，用u可以恢复被删除的文字，而U指令则可以恢复光标所在列的所有改变。这与某些系统中的Undo按键功能相同。

这些编辑指令非常有弹性，基本上是由指令与范围所构成。例如，dw是由删除指令d与范围w所组成，代表删除一个字或者单词d(Delete)w(Word)。

vi常见的指令列表如下。

d删除(Delete)。

y复制(Yank)。

p放置(Put)。

c修改(Change)。

v开始选取。

范围可以是下列几个。

e光标所在位置到该字的最后一个字母。

w光标所在位置到下个字的第一个字母。

b光标所在位置到上个字的第一个字母。

$光标所在位置到该列的最后一个字母。

0光标所在位置到该列的第一个字母。

)光标所在位置到下个句子的第一个字母。

(光标所在位置到该句子的第一个字母。

}光标所在位置到该段落的最后一个字母。

{光标所在位置到该段落的第一个字母。

值得注意的一点是，删除与复制都会将指定范围的内容放到暂存区里，然后可以用指令p贴到其他地方去，这是vi用来处理区段复制与剪切的办法。

某些vi版本，如Linux所用的elvis可以大幅简化这些指令。光标所在的位置就会反白，然后就可以移动光标来设定范围，然后直接下指令进行编辑即可。

cc可以修改整列文字；而yy则是复制整列文字；指令D则可以删除光标到该列结束为止所有的文字。

光标移动命令，除了h,j,k,l这4个基本的光标移动指令之外，还可以使用以下的命令。

0 移动到光标所在列的最前面。

$ 移动到光标所在列的最后面。

Ctrl+d 向下半页。

Ctrl+f 向下一页。

Ctrl+u 向上半页。

Ctrl+b 向上一页。

H 移动到视窗的第一列。

M 移动到视窗的中间列。

L 移动到视窗的最后列。

b 移动到下个字的第一个字母。

w 移动到上个字的第一个字母。

e 移动到下个字的最后一个字母。

^移动到光标所在列的第一个非空白字节。

附录D

# Linux 常用函数

D.4 部分是由 Pthred 库提供的线程编程接口函数，其他函数属于 Linux 系统调用接口函数。

## D.1 进程管理函数

• pid_t fork( )

功能：创建一个新进程，运行与当前进程相同的程序。

参数表：空。

返回值：若失败，返回值为-1；否则，父进程返回子进程的 pid 号，子进程返回 0。

头文件：<sys/types.h>

• pid_t waitpid(pid_t pid, int * status,int options)

功能：使得父进程的执行得以保持，直到子进程退出（即使父进程先处理完，也要等到子进程结束）。当子进程退出时，父进程收集子进程的信息，并继续执行直到退出。

参数表：

pid：子进程的 id。

status：返回参数，保留子进程结束时的状态信息。

options：进程等待选项，可以为 WCONTINUED，WNOHANG，WNOWAIT 或者 WNUTRACED。

返回值：如果成功，返回被等待的子进程的 pid；否则，若指定了 WNOHANG 标志，并且子进程状态无效，则返回 0，其余的失败将返回-1。

头文件：<sys/types.h> <sys/wait.h>

• exec 系列函数

功能：完成对其他程序的调用。用户在调用 exec 函数时，进程的当前映像将被替换成新的程序。换言之，如果成功调用了一个 exec 函数，函数的调用不会返回，而新的进程将覆盖原进程所占用的内存空间。通常用子进程调用运行 exec 函数，父进程等待直到子进程结束。

exec 系列函数有 execl，execlp，execle，execv 等。

示例：创建一个进程，由子进程调用命令 ls，父进程等待子进程结束后退出，并以特定方式显示输出。

```
#include <stdio.h>
#include <unistd.h>
#include <stdarg.h>
#include <time.h>
#include <sys/types.h>
#include <sys/wait.h>
#include <unistd.h>
#include <stdlib.h>
int tprintf(const char * fmt, ...);
void waitchildren(int signum);

int main(void) {
    pid_t pid;                                              /* 调用进程号 */

    pid = fork();                                           /* 创建进程 */
    if(pid == 0) {                                          /* 子进程 */
        tprintf("Hello from the child process!\n");
        setenv("PS1", "CHILD \\$", 1);
        tprintf("I'm calling exec.\n");
        execl("/bin/ls", "/bin/ls", "-1","/etc",NULL);      /* 调用 ls 命令 */
        tprintf("You should never see this because the child is already gone.\n");
    }
    else if(pid != -1) {                                    /* 父进程 */
        tprintf("Hello from the parent, pid %d.\n", getpid());
        tprintf("The parent has forked process %d.\n", pid);
        tprintf("The parent is waiting for the child to exit.\n");
        waitpid(pid, NULL, 0);                              /* 等待子进程结束 */
        tprintf("The child has exited.\n");
        tprintf("The parent is exiting.\n");
    }
    else {
        tprintf("There was an error with forking.\n");
    }
    return 0;
}

int tprintf(const char * fmt, ...)
{
    va_list args;
```

```
    struct tm *tstruct;
    time_t tsec;
    tsec =time(NULL);
    tstruct =localtime(&tsec);
    printf("%02d:%02d:%02d %5d| ",
        tstruct->tm_hour,
        tstruct->tm_min,
        tstruct->tm_sec,
        getpid());
    va_start(args, fmt);
    return vprintf(fmt, args);
}
```

## D.2　文件管理函数

• int stat(char * path,struct stat sbuf)及 int lstat(char * path, struct stat sbuf)

功能：两个函数用这些信息来填充一个类型为 struct stat 的结构。这两个函数的区别在于，lstat 不对符号链接进行追踪，而只是返回链接本身的信息；而 stat 对符号链接进行追踪，直到链接的最末端。

参数表：

path：需要获得信息的文件路径。

sbuf：返回的文件信息(若调用成功)。

返回值：如果该函数被正确执行，则返回 0；否则，返回－1。

头文件：<sys/stat.h>

• int open(char * path,int flags,mode_t mode)

功能：打开一个文件，并返回文件的 fd。

参数表：

path：要打开的文件名。

flags：打开文件的方式。可用的值有 O_CREAT，O_RDONLY，O_WRONLY，O_RDWR，O_NONBLOCK，O_APPEND，O_TRUNC，O_EXECL，O_SHLOCK 以及 O_EXLOC 或者合适的组合。

mode：打开文件的权限，请参考附录 C 中的 chmod 命令一节。

返回值：如果成功地打开参数指定的文件，返回该文件的 fd；否则，返回-1。

头文件：<fcntl.h>

• int read(int fd,void * buf,int count)

功能：从指定文件中读取特定长度的内容至某缓冲区。但要注意，该文件必须具有读权限。

参数表：

fd：指定文件的 fd。

buf：目标缓冲区。

count：需要读入的数目(以字节计)。

返回值：实际读入的字节数。

头文件：<fcntl.h>

• int write(int fd,void * buf,int count)

功能：将指定的数据以指定的大小写入指定的文件。同样要求该文件必须具有写权限。

参数表：

d：指定文件的 fd。

uf：源缓冲区。

count：需要写入的数目(以字节计)。

返回值：实际写入的字节数。

头文件：<fcntl.h>

• int close(int fd)

功能：关闭指定文件。

参数表：

fd：指定文件的 fd。

返回值：如果成功地关闭文件,则返回 0;否则,返回−1。

头文件：<fcntl.h>

• long lseek(int fd,int count,int flags)

功能：将指定文件的读/写指针移动特定的偏移量。

参数表：

fd：目标文件的 fd。

count：偏移量的大小。

flags：文件指针移动选项,可选值有 SEEK_SET,SEEK_CUR,SEEK_END,分别表示文件开始位置、文件指针当前位置及文件结束位置。

返回值：文件指针的新位置。

头文件：<fcntl.h> <io.h>

示例：打开一个文件,对该文件进行读/写操作,并将文件指针移到指定的位置。

```
#include <stdio.h>
#include <errno.h>
#include <sys/types.h>
#include <sys/stat.h>
#include <fcntl.h>
#include <unistd.h>
#include <string.h>
```

```
int main(void){
    int fd;                                              /*文件描述符定义*/
    char *buffer;
    char show[80];
    int len1,len;
    buffer="It is a test!";
    if((fd=open("test1.c",O_CREAT | O_RDWR))==-1){  /*文件的打开*/
        printf("cannot open file !\n");
        exit(0);
    }
    len1=write(fd,buffer,strlen(buffer));                /*对文件进行写操作*/
    lseek(fd,3,SEEK_SET);                                /*文件指针的移动*/
    len=read(fd,show,80);                                /*对文件进行读操作*/
    show[len+1]='\0';                  /*请读者思考,没有该行,会出现什么情况?*/
    printf("file is:%s, len is %d.\n",show,len);
    close(fd);                                           /*关闭文件*/
    return 0;
}
```

## D.3　进程间通信函数

- int pipe(int fd[2])

功能：创建一个管道和两个文件描述符。

参数表：

fd：管道文件的描述符数组。其中，fd[0]文件描述符将用于读操作，而 fd[1]文件描述符将用于写操作。

返回值：成功，返回值是 0；如果创建失败，将返回-1。

头文件：标准头文件组。

示例：创建管道，子进程向管道写信息，父进程从管道中读取信息。

```
#include <stdio.h>
#include <unistd.h>
#include <errno.h>
#include <stdarg.h>
#include <time.h>
#include <string.h>

#define FD_READ 0
#define FD_WRITE 1

void parent(int pipefds[2]);
```

```
void child(int pipefds[2]);
int write_buffer(int fd, const void * buf, int count);
int read_buffer(int fd, void * buf, int count);
int readnlstring(int socket, char * buf, int maxlen);
int readdelimstring(int socket, char * buf, int maxlen, char delim);
int tprintf(const char * fmt, ...);

int main(void){
    int pipefds[2];                                  /* 定义管道文件描述符 */
    pipe(pipefds);                                   /* 管道创建 */
    if(fork())                                       /* 进程创建 */
    parent(pipefds);
    else
        child(pipefds);
    return 0;
}

void parent(int pipefds[2]){                         /* 父进程从管道中读取信息 */
    char buffer[100];
    close(pipefds[FD_WRITE]);                        /* 关闭管道写 */
    tprintf("The parent is ready.\n");
    /* 等待数据,从管道中读取信息,并显示 */
    while(readnlstring(pipefds[FD_READ], buffer, sizeof(buffer))>=0){
        tprintf("Received message: %s\n", buffer);
    }
    tprintf("No more data; parent exiting.\n");
    close(pipefds[FD_READ]);                         /* 关闭管道读 */
}

void child(int pipefds[2]){                          /* 子进程向管道写信息 */
    char buffer[100];
    /* First, close the descriptor that the child doesn't need. */
    close(pipefds[FD_READ]);                         /* 关闭管道读 */

    tprintf("The child is ready.\n");
    tprintf("Enter message(Ctrl+D to exit): ");
    while(fgets(buffer, sizeof(buffer), stdin)!=NULL){
                                                     /* 接收从终端输入的数据 */
        tprintf("Transmitting message: %s\n", buffer);
        write_buffer(pipefds[FD_WRITE], buffer, strlen(buffer));
                                                     /* 数据写入管道 */
        tprintf("Enter message(Ctrl+D to exit): ");
    }
```

```
    tprintf("Client exiting.\n");
    close(pipefds[FD_WRITE]);                               /* 关闭管道写 */
}

int write_buffer(int fd, const void * buf, int count){  /* 写信息到管道 */
    const void * pts = buf;
    int status = 0, n;
    if(count < 0) return(-1);
    while(status != count){
        n = write(fd, pts+status, count-status);
        if(n < 0) return(n);
        status += n;
    }
    return(status);
}

int read_buffer(int fd, void * buf, int count)
{                                                         /* 从管道中读取信息 */
    void * pts = buf;
    int status = 0, n;
    if(count < 0) return(-1);
    while(status != count){
        n = read(fd, pts+status, count-status);
        if(n < 1) return n;
    status += n;
    }
    return(status);
}

int readnlstring(int socket, char * buf, int maxlen)
{
    return readdelimstring(socket, buf, maxlen, '\n');
}

int readdelimstring(int socket, char * buf, int maxlen, char delim)
{
    int status;
    int count = 0;
    while(count < maxlen - 1){
    if((status = read_buffer(socket, buf+count, 1)) < 1){
        printf("Error reading: EOF in readdelimstring()\n");
        return -1;
```

```
    }
    if(buf[count] ==delim){            /* 找到分隔符 */
        buf[count] =0;
        return 0;
    }
    count++;
    }
    buf[count] =0;
    return 0;
}

int tprintf(const char * fmt, ...)
{                                      /*特定输出格式*/
    va_list args;
    struct tm * tstruct;
    time_t tsec;
    tsec =time(NULL);
    tstruct =localtime(&tsec);
    printf ("%02d:%02d:%02d %5d| ", tstruct->tm_hour, tstruct->tm_min,
tstruct->tm_sec,
        getpid());
    va_start(args, fmt);
    return vprintf(fmt, args);
}
```

## D.4 多线程库函数

• int pthread_create(pthread_t * thread, const pthread_attr_t * attr, void *(* routines)(*void), void* arg)

功能：创建以 routines 为线程体，以 arg 为参数，具有 attr 线程属性的线程。

参数表：

thread：返回参数，新线程的句柄。

attr：新生成线程的属性，如果值为 NULL，则具有默认的线程属性设置。

routine：线程指定运行的函数，该函数必须具有 void * 返回值、void * 单参数的形式。

arg：该线程运行函数的参数。

返回值：如果成功地创建该线程，函数返回 0；否则，返回一个非 0 的错误码。

头文件：<pthread.h>

• int pthread_join(pthread_t thread, void ** status)

功能：等待一个线程结束，并将结束时的状态返回。

参数表：

thread：被等待的线程。

status：返回参数，线程结束时的状态。

返回值：如果线程成功结束，返回 0；否则，返回非 0 的错误码。

头文件：<pthread.h>

- int pthread_mutex_lock(pthread_mutex_t * mutex)

功能：如果信号量 mutex 未加锁，则为其加锁；否则，该线程阻塞。

参数表：

mutex：需要加锁的信号量。

返回值：如果成功加锁，返回值为 0；否则，返回非 0 的错误码。

头文件：<pthread.h>

- int pthread_mutex_unlock(pthread_t * mutex)

功能：为指定的信号量解锁。

参数表：

mutex：需要加锁的信号量。

返回值：如果成功解锁，返回值为 0；否则，返回非 0 的错误码。

头文件：<pthread.h>

示例：创建一个线程，进行运算和显示输出信息，主程序也对相同的变量进行运算，输出相应信息。

```
#include <pthread.h>
#include <stdlib.h>
#include <unistd.h>
#include <stdio.h>

int myglobal;
pthread_mutex_t mymutex=PTHREAD_MUTEX_INITIALIZER;      /* 定义静态互斥 */

void * thread_function(void * arg)
{
    int i,j;
    for( i=0; i<20; i++){
        pthread_mutex_lock(&mymutex);                   /* 加锁 */
        j=myglobal;
        j=j+1;
        printf(".");
        fflush(stdout);
        sleep(1);
        myglobal=j;
        pthread_mutex_unlock(&mymutex);                 /* 解锁 */
    }
```

```
    return NULL;
}

int main(void)
{
    pthread_t mythread;
    int i;
    if(pthread_create(&mythread, NULL, thread_function, NULL)){
        printf("error creating thread.");
        abort();
    }
    for(i=0; i<20; i++){
        pthread_mutex_lock(&mymutex);                          /*加锁*/
        myglobal=myglobal+1;
        pthread_mutex_unlock(&mymutex);                        /*解锁*/
        printf("o");
        fflush(stdout);
        sleep(1);
    }
    if(pthread_join(mythread, NULL)){
        printf("error joining thread.");
        abort();
    }
    printf("\nmyglobal equals %d\n",myglobal);
    exit(0);
}
```

# 参考文献


[1] 罗宇,文艳军. 操作系统[M]. 5 版. 北京：电子工业出版社,2019.

[2] A S Tanenbaum. 现代操作系统[M]. 4 版. 陈向群,译. 北京：机械工业出版社,2017.

[3] A Silberschatz, etc. Operating Systems Concepts[M]. 6th ed. New Jersey: John Wiley & Sons,2002.

[4] William Stalling. Operating Systems-Internals and Design Principle[M]. 6th ed. New Jersey: Prentice Hall,2009.

[5] Linux 源代码. http://lxr.linux.no/source.

[6] Daniel P Bovet, Marco Cesati. Understanding the Linux Kernel[M]. 3rd ed. Sebastopol: O'Reilly,2005.

[7] Uresh Vahalia. UNIX Internals-The New Froutiers[M]. New Jersey: Prentice Hall,1996.

[8] Nutt G. 操作系统现代观点[M]. 3 版. 罗宇,等译. 北京：机械工业出版社,2005.

[9] bash 参考手册,http://www.gnu.org/manual/bash/index.html.

[10] Cameron Newham. Learning The Bash Shell[M]. 3rd ed. Sebastopol: O'Reilly, 2005.

# 图书资源支持

感谢您一直以来对清华版图书的支持和爱护。为了配合本书的使用，本书提供配套的资源，有需求的读者请扫描下方的“书圈”微信公众号二维码，在图书专区下载，也可以拨打电话或发送电子邮件咨询。

如果您在使用本书的过程中遇到了什么问题，或者有相关图书出版计划，也请您发邮件告诉我们，以便我们更好地为您服务。


**我们的联系方式：**

地　　址：北京市海淀区双清路学研大厦A座714

邮　　编：100084

电　　话：010-83470236　010-83470237

客服邮箱：2301891038@qq.com

QQ：2301891038（请写明您的单位和姓名）


资源下载：关注公众号“书圈”下载配套资源。

资源下载、样书申请

书圈

图书案例

清华计算机学堂

观看课程直播